全国中医药行业高等教育"十四五"创新教材
中医骨伤科学器官系统整合系列教材

中医骨伤科学总论

（供中医骨伤科学专业用）

主　编　杨凤云　杨文龙

全国百佳图书出版单位
中国中医药出版社
·北京·

图书在版编目（CIP）数据

中医骨伤科学总论 / 杨凤云，杨文龙主编 . —— 北京：中国中医药出版社，2021.10

全国中医药行业高等教育"十四五"创新教材

ISBN 978 – 7 – 5132 – 7096 – 0

Ⅰ．①中⋯　Ⅱ．①杨⋯②杨⋯　Ⅲ．①中医伤科学—中医学院—教材
Ⅳ．① R274

中国版本图书馆 CIP 数据核字（2021）第 155446 号

中国中医药出版社出版

北京经济技术开发区科创十三街 31 号院二区 8 号楼

邮政编码　100176

传真　010-64405721

河北省武强县画业有限责任公司印刷

各地新华书店经销

开本 787×1092　1/16　印张 15.5　字数 346 千字

2021 年 10 月第 1 版　2021 年 10 月第 1 次印刷

书号　ISBN 978 – 7 – 5132 – 7096 – 0

定价　78.00 元

网址　www.cptcm.com

服 务 热 线　010-64405720
购 书 热 线　010-89535836
维 权 打 假　010-64405753

微信服务号　zgzyycbs
微商城网址　https://kdt.im/LIdUGr
官 方 微 博　http://e.weibo.com/cptcm
天猫旗舰店网址　https://zgzyycbs.tmall.com

如有印装质量问题请与本社出版部联系（010-64405510）

全国中医药行业高等教育"十四五"创新教材
中医骨伤科学器官系统整合系列教材

专家指导委员会

名誉主任委员 许鸿照（江西省国医名师）

邓运明（江西省国医名师）

主 任 委 员 杨凤云（江西中医药大学附属医院副院长 江西省名中医）

副主任委员 詹红生（上海中医药大学曙光临床医学院中医骨伤科学教研室主任）

黄桂成（南京中医药大学教授）

委 员（按姓氏笔画排列）

王 力（江西中医药大学附属医院关节科主任）

刘 峰（江西中医药大学附属医院足踝骨科主任）

刘福水（江西中医药大学附属医院针刀整脊科主任）

李 勇（江西中医药大学附属医院脊柱一科主任）

肖伟平（江西中医药大学附属医院脊柱二科主任）

吴夏勃（中国中医科学院望京医院主任医师）

余 航（江西中医药大学附属医院康复科主任）

张 兵（江西中医药大学附属医院骨与软组织肿瘤科主任）

张恒青（江西中医药大学附属医院儿童骨科主任）

陈 岗（江西中医药大学附属医院骨运动医学科主任）

邵继满（江西中医药大学附属医院放射科主任）

武煜明（云南中医药大学教授）

欧阳厚淦（江西中医药大学解剖教研室主任）

柳 剑（北京积水潭医院副主任医师）

饶 泉（江西中医药大学附属医院修复重建科主任）

徐 辉（北京积水潭医院主任医师）

郭长青（北京中医药大学教授）

梁卫东（江西中医药大学附属医院创伤科主任）

秘 书 杨文龙（江西中医药大学附属医院副主任医师）

全国中医药行业高等教育"十四五"创新教材
中医骨伤科学器官系统整合系列教材

《中医骨伤科学总论》编委会名单

前　言

　　本系列教材是根据教育部、国家卫生健康委员会、国家中医药管理局《关于加强医教协同实施卓越医生教育培养计划 2.0 的意见》（教高〔2018〕4号）的精神要求，适应医学科学理论和我国中医骨伤科学专业改革及发展的需要，由江西省中西医结合学会骨伤科专业委员会主任委员、江西省医学会骨科医学分会副主任委员杨凤云教授牵头，组织相关人员撰写的全国中医药行业高等教育"十四五"创新教材、中医骨伤科学器官系统整合系列教材。

　　本系列教材，结合《中医正骨学》《中医筋伤学》《中医骨伤科基础》《骨伤科影像学》《中医骨病学》《针刀医学》《中医整脊学》等课程内容，对近年来出现的新理论、新方法和新技术进行了补充、归纳并深度整合成书，包括《中医骨伤科学总论》《全身性骨病及躯干部骨伤病》《上肢部骨伤病》《下肢部骨伤病》。通过器官系统课程改革，更好地帮助医学生构建知识体系，提高学生发现问题、分析问题和解决问题的能力，有利于培养学生的临床思辨能力和创新能力，切实有效提高教学效率和教学质量。

　　本套教材主要特点包括：

　　1. 贴近临床，系统教学

　　秉承专科发展推动学科发展理念，以培养"早临床、多临床、反复临床"的高素质、复合型、创新型骨伤人才为宗旨，以骨科临床亚学科为器官分类依据，以科学严谨的治学态度，积极推动以器官系统教学为主体的教改模式，以适应中医骨伤亚学科细分的时代需求。

　　2. 注重操作，图片重制

　　严格依照教学目标及行业规范，结合中医执业医师考试大纲及住院医师规范化培训要求，对相关图片，尤其是临床操作图片进行高清绘制，使教师好上课，学生好复习，实习好查阅，考试好通过。

3. 统一标准，规范用语

用语以临床指南、专家共识及行业主流教材为标准，确保涉及交叉学科教学内容的一致性及完整性，规范全文用语，使全文行文流畅。

4. 博采众长，不避中西

在汲取中医传统辨证思路及治疗手段的同时，也积极融入西医学新理念、新方法、新思路，使学生能从更广阔的思维角度里全面认识和理解骨伤致病机理、治疗原则及方法。

5. 学科合作，院校联合

秉承多学科合作理念，积极邀请多院校、多学科专家联合协作，认真总结，详细讨论大纲内容及教学框架，夯实理论基础，保持各学科间步调统一，衔接通畅，以满足现代中医骨伤教学要求。

6. 传承经典，融入现代

既重视骨伤传统著作及治疗方法的传承，又积极融入现代医学新理念、新方法。既培养学生中医思维及中医素养，又满足学生学习相关西医学知识需求，力求为国家培养中西医理念贯通的新时代骨科人才。

7. 按篇分类，逻辑合理

对撰写内容按篇幅系统分类，教研室既可按顺序排课，也可由多教师按各分论同时期上课，满足各高等中医院校骨伤科教研室的合理需求，确保教学进度和教学质量。

2021 年 7 月

编写说明

　　《中医骨伤科学总论》是中医骨伤科学器官系统整合系列教材的第一本。本教材分上、中、下三篇。上篇为中医骨伤科学基础理论，中篇为诊断基础，下篇为骨伤病治疗基础。编写结构在传统教材总论部分内容的基础上，增加了骨伤流派介绍、生物力学基础、实验室检查、肌骨超声辅助检查、针刀、整脊及热敏灸疗法、海姆立克急救法、损伤控制理念、围手术期患者快速康复理念、疼痛阶梯药物治疗方案及步行辅助器械的使用，并结合了《医宗金鉴·正骨心法要旨》相关内容进行重新编排，对大部分操作图片进行高清绘制，以保证教材内容的传承与创新。

　　本教材由长期从事临床和教学工作的教师联合编写而成。杨凤云负责引言内容，并起草修订编写大纲，审定全部书稿；杨文龙担任第二主编，负责配图制作，并协同审订全部书稿内容。

　　各篇概述由夏汉庭编写，第一章由陈岗、夏汉庭、梅鸥编写，第二章由欧阳建江编写，第三章由许权、杨文龙编写，第四章由陈虞文和吴凡编写，第五章由杨文龙、吴凡、张期、晁芳芳编写，第六章由洪源、杨文龙编写，第七章由陈虞文、刘敏、晁芳芳、石雷编写，第八章由陈虞文和杨文龙编写，第九章由康健、方婷、杨文龙编写，第十章由肖伟平和杨文龙编写，第十一章由肖伟平和杨文龙编写，第十二章由杨文龙编写。

　　本教材在编写中存在不足或疏漏之处，恳请广大读者批评指正，以便修订时提高。

《中医骨伤科学总论》编委会

2021 年 7 月

目 录

上篇　中医骨伤科学基础理论

中医骨伤科学的历史源远流长。从周代起，已有关于伤科急救处理方法的记述。自此以后，诸多优秀的名医大家，取得了许多领先于时代的成就。如晋代葛洪在《肘后备急方》中首创颞下颌关节脱位口内整复法，唐代蔺道人在《仙授理伤续断秘方》详细记载了骨折治疗的处理原则，其中椅背复位法、手牵足蹬法等复位手法沿用至今，元代危亦林著《世医得效方》首次采用悬吊复位法治疗脊柱骨折，比西方早近六个世纪。清代吴谦《正骨心法要旨》提出了正骨八法，对后世产生很大影响。

随着西医学的兴起，中西医融合成为了骨伤科的发展方向。中医骨伤科在保持"整体观念，辨证施治"的特色，以及经过漫长的历史检验的情况下，借由生理学、病理学、影像学、诊断学及基础研究等取得的进展，不断深化了中医骨伤科对疾病的认识，丰富了中医骨伤科学的内涵。例如，有学者提出中医理论所描述的"肾主骨生髓"，部分是基于骨形态发生蛋白相关的信号通路而产生的；近年来，又有学者提出"髓"是物质基础，与骨髓中具有干细胞特征的细胞群体有密切关系。这些研究都极大地拓宽了中医骨伤科学发展的前沿视野，有助于更好地服务于人类的健康事业。

本篇将详细介绍中医骨伤科学源流及骨伤流派，并介绍骨节、筋络的形态与功能、发生与发育、生物力学性能。本篇旨在构建中医骨伤科学基础理论体系，为后续内容夯实基础。

（夏汉庭）

第一章　中医骨伤科学源流

【学习目标】
1. 掌握各时代中医骨伤医家的主要成就。
2. 熟悉中医骨伤科学各流派的学术特点及其形成背景。
3. 了解中医骨伤科的起源及其发展的历程及产生的历史背景。

第一节 中医骨伤科学发展史

中医骨伤科学是研究人体皮肉、筋骨、气血、脏腑、经络等损伤与疾病的一门学科，属于中医学"疡医""金镞"的范畴，又称"接骨""正体""正骨""伤科"等，现统称为骨伤科，是中医学重要的组成部分，也是中华民族与疾病抗争的智慧结晶，对中华民族的繁衍昌盛和世界医学发展产生了深远影响。

一、起源

在旧石器时代，古人便利用自然界的树叶、草茎及矿物粉外敷、包扎伤口；在新石器时代，已能制造早期的医疗器械，如砭刀、骨针、石镰等。中华民族的祖先在与自然环境生存斗争中产生了原始的热熨疗法并形成了早期的理疗按摩法以及导引法，在秦代时期，《吕氏春秋·古乐》曰："昔陶唐氏之始，阴多滞伏而湛积，水道壅塞，不行其原，民气郁阏而滞著，筋骨瑟缩不达，故作为舞以宣导。"这对中医骨伤的发展有着启蒙的作用。

二、萌芽

在夏代时期，开始了酿酒，酒可通血脉、行药力，也可麻醉止痛、消毒。在商代时期，冶炼技术取得很大发展，砭石逐渐被金属刀、针替代，《韩非子》记载古人"以刀刺骨"，说明"刀"已经作为骨伤科手术工具了。《甲乙经·序》曰："伊尹以亚圣之才，撰用神农本草以为汤液。"这为中药内治打下了基础。甲骨文就记载了几十种骨伤科疾病，如疾手、疾肘、疾胫、疾止、疾骨等，并有按摩、外敷药物及药熨治病记录。到了周代，将医生分为"食医""疾医""疡医""兽医"，其中疡医就是外科和骨伤科医生。《礼记·月令》记载："孟秋之月命理瞻伤，察创，视折，审断，决狱讼，必端平，戮有罪，严断刑。"这说明当时已经采用"瞻""察""视""审"四种诊断方法。在此时期出现外伤名医俞跗，《史记·扁鹊传》记载："臣闻上古之时，医有俞跗，治病不以汤液醴酒。"

三、形成

在汉代时期，据考证，1973 年在长沙马王堆汉墓中发掘出土一批医学帛书，这些医书的内容比《黄帝内经》更为古老，保存了骨折、创伤及骨病的诊治记录，内容包括手术、练功及方药等。其中《足臂十一脉灸经》记载了"折骨绝筋"（即闭合性骨折）；《阴阳脉死候》记载了"折骨列肤"（即开放性骨折）；帛画《导引图》还绘有导引练功图与治疗骨伤疾病的文字注释（图 1–1）。

《五十二病方》是我国现存最早的医方著作，主要记录 52 种疾病的治疗方法，其主要成就有：①记载"诸伤""胕伤""骨疽""骨瘤"等骨伤病证。②对"伤痉"（破伤风）有详细的描述："痉者，伤，风入伤，身信（伸）而不能诎（屈）。"这是对创伤后严重并发症－破伤风的最早记载。③使用水银膏治疗外伤感染是世界上应用水银于外伤科的最早阐述。

图 1-1　帛画《导引图》

《黄帝内经》通过尸体解剖获得较为系统的人体解剖知识，对"痈疽""骨蚀""骨痹""痿证"等骨病的病因病机有较系统的论述。如《素问·痹论》曰："风寒湿三气杂至，合而为痹也。"此外，《神农本草经》记载中药 365 种，其中应用于骨伤科内服或外敷的药物近 100 种；《吕氏春秋·季春纪》主张用练功的方法治疗足部"痿躄"，为后世骨伤科"动静结合"的理论奠定了基础。西汉淳于意留下的《诊籍》记录了"堕马致伤"和"举重致伤"两例完整伤科病案。东汉华佗发明了麻沸散，用以全身麻醉，施行剖腹术和刮骨术，并创立了五禽戏。东汉张机所著《伤寒杂病论》以六经论伤寒，以脏腑论杂病，创立了以理法方药结合的辨证论治方法，是我国第一部临床医学巨著，书中记载了许多攻下逐瘀方药，如大承气汤、大黄牡丹皮汤等，书中还记载了牵臂法人工呼吸、胸外心脏按摩等创伤复苏术。

四、进步

在东晋、隋唐时期，中医骨伤技术有着明显进步，东晋葛洪《肘后备急方》为中医骨伤科学发展作出了卓越贡献，具体体现在：①最早记载下颌关节脱位口腔内整复方法："葛氏方治卒失欠颌车蹉跌张口不得还方，令人两手牵其头，暂（渐）推之，急出大指，或昨伤也。"②奠定小夹板外固定治疗骨折的基础："地黄烂捣熬之，以裹伤处，以竹编夹裹，令遍缚，令勿动，勿令转动，一日可十易，三日差。"③首创口对口吹气法抢救猝死患者。④指出开放性创口早期处理的重要性并采用桑皮线进行肠缝合术。⑤记载烧灼止血法及颅脑损伤等危重症的救治方法。

南北朝龚庆宣整理的《刘涓子鬼遗方》是我国现存最早的外科专著，对金疮和痈疽的诊治有较为详尽的论述。隋代巢元方所著《诸病源候论》是我国第一部病因学专著，将骨伤科疾病列为专章，他指出破伤风是创伤后并发症，精辟论述了金疮化脓感染的病因病机，提出清创疗法四要点，即清创要早、要彻底、要正确分层缝合、要正确包扎，为后世清创手术理论打下坚实理论基础。

唐代孙思邈所著《备急千金要方》，在骨伤科方面总结了补髓、生肌、坚筋、壮骨等类药物，记载了颞下颌关节脱位手法复位后采用蜡疗、热敷、针灸等外治法，提出大医精诚医德观。唐代医僧蔺道人（原名佚）曾结庵于宜春修道并留下传书——《仙授理伤续断秘方》，为我国现存最早的一部骨伤科专著，其主要贡献有：①分述骨折、脱位、内伤三大类证型，提出了正确复位、夹板固定、内外用药和功能锻炼四大治疗原则。②对筋骨并重、动静结合的理论做了进一步阐发，他指出："相度损处、拔伸，或用力收入骨、捺正。"③首次将髋关节脱位分为前脱位和后脱位两种类型，采用手牵足蹬法用于治疗髋关节后脱位，首先采用"椅背复位法"整复肩关节脱位。④提出了损伤按早期、中期、后期治疗的方案，为骨伤科辨证、立法、处方用药奠定了基础。

五、发展

在宋代时期，随着中医骨伤进一步发展，将医事制度分为九科，骨伤科属于疮肿兼折疡科，元代"太医院"设十三科，其中包括"正骨科""金镞兼疮肿科"。宋代宋慈著《洗冤集录》是我国现存最早的法医学专著，对骨与关节有详细的阐述，同时还记载了人体各部位损伤的致病原因、症状及检查方法。《圣济总录》中总结了宋代以前的骨伤科医疗经验，强调骨折、脱位复位的重要性；记载了刀、针、钩、镊等手术器械，对腹破肠出的重伤采用合理的处理方法。张果在《医说》中介绍了"凿出败骨"治疗开放性胫腓骨骨折成功的病案，并采用脚踏转轴及以竹管搓滚舒筋的练功方法。李仲南在《永类钤方》中首创过伸牵引加手法复位，治疗脊柱屈曲型骨折，此外还创制了"曲针"用于缝合伤口，并提出以"有无粘膝"体征作为髋关节前后脱位的鉴别。

元代南丰（今江西南丰县）医家危亦林在《世医得效方》中将麻药（草乌散）用于患者复位过程中，并在世界上首次采用悬吊复位法治疗脊柱骨折，书中记载："凡挫脊骨，不可用手整顿，须用软绳从脚吊起，坠下体直，其骨便自然归窠。"危亦林总结出"二十五味方"和"清心药方"，其功用"治跌扑损伤，骨碎骨折，筋碎骨折，筋断刺痛，不问轻重，悉能治之，大效"。

六、兴盛

在明代，中医骨伤走向兴盛，明代太医院将伤科分为"接骨"和"金镞"两个专科，至隆庆五年（1571）改名正骨科。明代《金疮秘传禁方》记载了用骨擦音作为检查骨折的方法，主张切除已穿出皮肤的污染骨折端，以防感染。明永乐年间朱橚等编著的《普济方·折伤门》辑录了公元15世纪以前的正骨技术，共收录骨伤科方1256首，是15世纪以前治疗骨伤方药的总汇。明代薛己著《正体类要》二卷论述了仆伤、坠跌金伤治验、烫火伤治验。薛己认为"肢体损于外，则气血伤于内，营卫有所不贯，脏腑由之不和"，强调八纲、脏腑、气血辨证，注重整体与局部关系。著名医家李时珍的《本草纲目》载药 1892 味，其中与骨伤科有关的药物 170 余种。明代王肯堂《证治准绳》对骨伤科的方药进行了归纳整理；对肱骨外科颈骨折采用不同体位固定；对髌骨脱位、骨折复位固定有详细的描述。

清代吴谦等所著《医宗金鉴》，是我国第一部官修医学全书，其骨伤分卷《正骨心法要旨》理论与实践结合，图文并茂；书中归纳正骨手法为"摸、接、端、提、推、拿、按、摩"八法，今又称为正骨八法；其创造和改革了多种固定器具，如对脊柱中段损伤采用通木固定，下腰部损伤采用腰柱固定，四肢长骨干骨折采用竹帘、杉篱固定，髌骨骨折采用抱膝圈固定，运用攀索叠砖法整复腰椎骨折脱位（图 1-2）。钱秀昌著《伤科补要》对髋关节后脱位采用屈髋、屈膝拔伸回旋法整复。王清任所著《医林改错》通过尸体解剖纠正了前人有关脏腑记载的错误，善以活血化瘀法治疗损伤，创制大量经典方，如血府逐瘀汤、通窍活血汤、膈下逐瘀汤，身痛逐瘀汤等，至今仍指导着骨伤科临床。

图 1-2　攀索叠砖法

七、近现代发展史

至中华人民共和国成立前（1840—1949），骨伤科著作甚少，较有代表性的是 1852 年赵廷海所著《救伤秘旨》，收集少林学派的治伤经验，记载人体 36 个致命大穴，介绍了损伤各种轻重症的治疗方法，收载"少林寺秘传内外损伤主方"，并增加了"按证加减法"。以前处于萌芽状态的骨折切开复位、内固定等技术不仅没有发展，而且基本上失传了。此时，中医骨伤科的延续以祖传或师承为主，医疗活动只能以规模极其有限的个人诊所形式开展。借此，中医许多宝贵的学术思想与医疗经验才得以流传下来，但大部分伤科经验仍流散于民间，缺乏整理和提高。全国各地骨伤科诊所，因其学术渊源的差别，出现不少流派，较著名的包括河南省平乐镇郭氏正骨世家，天津苏氏正骨世家，上海石筱山、魏指薪、王子平等骨伤八大家，各具特色，在当地影响甚隆。

中华人民共和国成立后，在党和国家政策支持下，全国各省市逐步建立中医药院校，培养中医骨伤人才，建立了中医骨伤科学研究所（院），对中医骨伤科学相关医籍资料进行搜集、整理和创新。很多地区建立了骨伤专科医院，中医院设立了骨伤科。1958 年，方先之、尚天裕学习著名中医苏邵三正骨经验，博采全国各地中医骨伤科之长编写《中西医结合治疗骨折》，提出"动静结合，筋骨并重，内外兼治和医患合作"治疗骨折的四项基本原则，一直有效地指导着临床实践至今。1986 年，中华中医药学会骨伤科分会成立，通过不断的交流学习，一方面继承发扬中医骨伤的特长，将传统中医骨伤特色与现代治疗技术相结合；另一方面利用当前先进的科学技术深入研究骨伤病治疗机制，发掘中医骨伤的精髓，进一步结合西方的内固定方法，使中医骨伤科学进一步走出国门，登上世界舞台，为人类健康作出更大贡献。

（夏汉庭　梅鸥）

第二节　骨伤流派简介

骨伤科作为医学的重要组成部分源远流长，在几千年的临床实践中积累了丰富的经验，并世代传承，早已发展成为一门拥有众多学术流派的独特中医学科。随着时代的不断变化，这些流派在学术的传承与发展中发生着巨大改变。特别是近几十年来，现代科学技术与现代医学的不断发展，传统中医药的传承与发展面临着巨大的挑战和压力，梳理中医骨伤现代流派，旨在更好的传承发展中医骨伤科学。

一、上海魏氏伤科

上海著名中医伤科专家魏指薪教授于 19 世纪末出生在山东省曹县的一个医学世家，是魏氏伤科第二十一代传人。其学术思想基于中医的整体观念，以筋骨并重为本，重视伤科治疗的分期辨证，强调手法是整骨复位的首务，认为"整骨容易顺筋难"，主张各类损伤都应早期进行引导锻炼。

魏氏伤科理论体系的核心就是既重视手法整骨复位，又重视辨证内治调理。魏氏伤科认为实施手法整骨复位的同时，应结合患者身体状况进行整体辨证，辅以中药的内服调理。魏氏伤科十分注重手法整复和导引锻炼相结合的治疗方法，手法应当遵循"轻摸皮，重摸骨，不轻不重摸筋肌"的原则，不但能够触摸其外，测知其内，而且能够拨乱反正，正骨入穴，使筋脉条达，气血顺畅。

二、上海石氏伤科

石氏伤科，约 1870 年由江苏无锡迁至上海。肇始于石兰亭（讳蓝田），习武理伤，皆有造诣。奠基于石晓山，先生自幼熟习拳棒，及至晚年仍对接骨入骱纯熟而敏捷。发展而声誉卓然的是石筱山、石幼山这一代。晓山先生有三子，长子石颂平继承父业，且对外科疾病诊治亦有造诣，惜英年早逝。因此，当时分别在神州中医专门学校、上海中医专门学校就读的筱山、幼山先生先后辍学，在父亲诊所襄诊。1929 年起共设诊所，至 1933 年诊所由老城区的新新街迁至当时法租界连云路，声名日盛，至四十年代中期已为"沪上伤科名家"。

石氏伤科特色的学术思想主要包含以下五个方面：①气血兼顾，以气为主，以血为先。②调治兼邪，独重痰湿。③动静结合，内外相应。④整体理念，呵护脾胃。⑤勘审虚实，施以补泻。石氏认为："伤科疾病，不论在脏腑、经络或在皮肉筋骨，都离不开气血。"石氏伤科一般常以十二字为用，即拔、伸、捺、正、拽、搿、端、提、按、揉、摇、抖。石氏伤科针对这些手法操作提出两点：一是无论正骨还是理筋，此十二法在应用方面并没有严格的区分界限，根据不同的治伤需求，可以互换使用；二是理筋手法不仅用于筋伤，接骨前后也应注意理筋，使之活动顺和，骨折恢复后期，亦应将理筋手法作为辅助手法。石氏伤科在临证时极为重视第二点，认为目前仍有必要予以强调。石氏伤科还认为用手绑扎固定的方法，也应该属于治伤手法的一种。

三、平乐郭氏正骨

平乐郭氏正骨又称"平乐正骨"，是由居住在原河南省洛阳市平乐村的郭氏家族第十七代族人郭祥泰首创，是医学界一支著名的骨伤学术流派，也是河南中医药学发展进程中的一个杰出代表，由于其疗效奇特、历史悠久、传人众多，目前已成为全国有较大影响的正骨学术流派。其归纳总结出了以辨气血失调，辨气血变化，辨气病、血病特点，辨伤科杂病气血病理特点，审气血辨证与整体辨证关系为内容的"平乐正骨气血辨证理论"，以整体辨证、内外兼治、筋骨并重为内容的"三原则"和以治伤手法、固定方法、药物疗法、功能疗法为主的"四方法"。到了第七代传人，平乐正骨学术思想又被发展成为"六原则"和"六方法"，并构建了平乐正骨的"平衡理论"体系。

平乐正骨的治伤手法分为两种：①复位手法，骨折、脱位一般均有移位发生，这些移位若不恢复正常，则会在一定程度上影响机体的正常功能。②治筋手法，骨正筋柔，气血自流。在复位手法方面，平乐正骨传人坚持《黄帝内经》宗旨，在平乐祖传的拔伸、压棉、缚理、定槎、砌砖和推拿等手法的基础之上，继承发展并加以创新，总结出推挤提按、拔伸牵引、折顶对位、嵌入缓解、回旋拨槎、摇摆推顶、倒行逆施、旋撬复位等正骨手法；同时，还强调医生要熟练掌握和运用这些手法，全面分析患者病情，以恢复筋骨肌肉的正常形态和功能为目的。针对脱位、伤筋、骨折及颈肩腰腿痛等伤科杂症应该在整体辨证的基础上实施手法复位操作。

四、岭南西关正骨

广州岭南西关正骨形成于明末清初，经后人传承，至今已有三百余年历史，是岭南医学的重要组成部分，也是广州地区极富岭南医学特色的传统正骨疗法。在长期的学术传承与发展中，西关正骨分为诸多分支，并各自形成了独特的学术思想和治疗准则。其中，何氏伤科在伤科疾病辨证施治过程中，强调以"四诊""八纲"为依据，以内治"八法"为基础，注重调和气血、治疗兼病，并将外伤骨折的接骨过程分为三期。李氏伤科不仅重视局部和整体兼顾，手法与药物并重的治疗准则，而且特别强调动静结合和早期功能恢复的重要性，善用杉树皮夹板固定治疗骨折。在伤科辨证中，蔡氏伤科尤其推崇明代著名医学家薛己的伤科内治法及"先天肾命与后天脾胃兼顾"的学术思想，从理法方药方面，为后研究者提供了一套较为完整的伤科疾病辨证施治的治疗规范。梁氏骨伤的学术思想传承医籍《伤科讲义》将其自身学术的核心思想总结归纳为四点：①强调整体观念，注重气血与经络。②不局限于传统经典，注重临床与创新。③提出伤科诊断的特殊四诊。④注重内外结合治疗，与护理饮食并重。

西关正骨传人结合多年经验，创立了驰誉中外的"三绝"，即杉皮夹板、百年名药、整复理伤。西关正骨整复理伤的核心要素就是其独特的正骨手法，向来有以武辅医的传统，理伤手法尤其强调学习筋骨解剖的重要性，这样才能在临床中取得复位准确、愈合快速的效果。西关正骨将自身独特的正骨手法归为旋、推、顶、压、扳、抖、牵、按八种。西关正骨手法的学习特别重视实践操作，并强调只有经过多年的临床学习才能达到熟能生巧、应用自如的水平。

五、少林伤科学派

少林伤科学派渊源于南齐，形成于明代，发展于清朝至现代，经过历代传人的不断提高，成为独具特色的流派，主要表现在内伤诊断、穴道论、伤科辨证等方面。在诊断方面有四望诊伤方法，即望眼、甲（爪）、脚底、阳物；四望中，以望眼、甲（爪）最具临床意义。倡导气血学说，以经络学说、子午流注为理论基础，创立血头行走穴位论和致命大穴论。以经络气血传输为理论依据，脏腑经络、穴道部位为辨伤基础，以少林寺秘传内外损伤方、点穴疗法及正骨夹缚为治疗方法；还注重脉学，以浮、沉、迟、数、滑、涩六脉变化来判定伤势，推断预后，判别轻重，辨证施药。

六、盱江骨伤流派

盱江，今名抚河，古称盱水。自西汉以来，盱江流域学术繁盛，名医辈出，江西古代十大名医中有八人出自盱江流域，形成了独特的"盱江医学流派"，在中国医学史上占有重要地位，盱江骨伤是其中一颗璀璨的明珠。唐代道士蔺道人晚年于江西宜春隐居，所著《仙授理伤续断秘方》授予当地一"老叟"，为当地骨伤医术发展留下火种；元代危亦林，江西南丰人，家中五代行医，所著《世医得效方》为元朝骨伤集大成者，影响后世几代骨伤医家。

盱江骨伤具有名医多、医著多、理论渊源、专科特色鲜明等特点，传承与创新是盱江骨伤的灵魂。近现代李如里、涂文辉、许鸿照、邓运明、杨凤云等在传承前人理论下进一步发展，在外伤病治疗中，内治法上提出了"治血重治水"等学术观点，认为损伤初期肿胀其要点在血水泛出，瘀积停留脏腑组织，出血和郁积共存，治宜凉通，即凉血扼其源（出血），通利活血清其体（瘀血和积水）；损伤中晚期肿胀的主要病机则是血水积滞，壅阻络道，要点在积滞，治宜温通，即通阳利水导其滞，活血逐瘀散其积，其中损伤晚期肿胀常兼有气虚和寒湿，在温阳利水通滞的同时兼顾健脾益气或散寒除湿。在外治法上提出"治骨重筋肉"的理念，通过"扶骨捋筋，扶骨抚肉"，在骨折整复前需拨正筋位，扶正损肉，以助于复位时稳定骨位，疏通经脉，散瘀消肿。在慢性筋骨病中，杨凤云发现，阳虚水湿不运聚而为痰是中老年骨痹、骨痿等退行性疾病的共同病机，结合现代分子生物学研究方法，提出退行性骨病中，骨髓间充质干细胞异常成脂分化对应中医病机中描述的"痰饮聚集"。据此提出了以加味阳和汤为代表、以温阳化痰为法治疗慢性骨病，以中医药调节内源性干细胞功能与分化的新发展与新思路，并取得系列成果，拓宽了盱江医学内涵。

七、八桂骨伤流派

八桂是广西的别称，属于壮族聚集地，中医药历史悠久。据考古发现广西土著先民很早就使用砭针、陶针、骨针治病。八桂中医骨伤具有明显的地域特点、民族特点及特殊的诊疗手段。八桂骨伤是中医骨伤众多流派中的一支，在长期的生产生活及临床实践活动中为广大人民群众解决疾苦，是以中医整体观为原则，以独特的诊治手法，结合现代医学的手段，配合中草药的应用等形成的别具特色的地方医学流派；主要代表人物有陈善文、梁锡恩、韦贵康、李士桂等，治疗方药有正骨水、云香精、十一方药酒、五方散，并以驳骨术、韦式脊柱整治手法为著。

陈善文先生擅长中医外科，对跌打损伤、骨折、风湿、丹毒等有深入的研究，精于驳骨法，号称"陈氏无痛驳骨法"，其一生诊治病患无数，其创制的云香精、正骨水闻名于世。梁锡恩擅长用中草药治疗各种疑难杂症，尤其是对开放性骨折、破伤风、外伤后遗症、内伤整骨、外伤康复的诊治颇有疗效。治疗骨伤疾病时特别注重患者功能的恢复，强调患者的全身治疗与局部的治疗相结合，内服药物与外敷药物相结合，以药物调理人体气血，并创制十一方酒、五方散及生肌拔毒膏，对跌倒外伤及慢性溃疡伤口颇有神效。李桂文教授从事中医骨伤临床、教学科研工作三十余年，善于通过中西医结合治疗骨伤疾病，依据病情或取手术或取中药，尤其擅长推拿治疗软组织损伤，主持研制多功能骨科治疗仪，创制多种膏、丹、丸、散、药酒，临床疗效佳。朱少廷教授对骨伤科理论深有研究，在继承发扬中医骨伤科传统优势的同时，结合现代医学，以中医的整体观、局部与整体兼顾、固定与活动统一、骨与软组织并重等理论指导骨伤科医疗实践，熟练运用中医传统手法整复骨折脱位；对中西医结合治疗骨与关节创伤，尤其是股骨颈骨折和其他关节内骨折、感染性骨折、退行性骨关节炎、颈肩腰腿痛及先后天畸形等骨伤疾病，疗法颇有成效。韦贵康创制的一系列韦氏手法名传于海内外，尤其是脊柱损伤性疾病和脊柱相关性疾病的诊治方法更是见解独到。

八、北京清宫正骨流派

清宫正骨流派传承脉络，蒙古医生绰尔济实为清宫正骨流派的鼻祖，至乾隆年间，上驷院最著名的是注重手法，辅以药物，法药并举的蒙古绰班御医伊桑阿。至道光年间，上驷院绰班处最著名的是主张以摸法为纲、八法相辅相成的蒙古医生德寿田。德寿田门下弟子有桂祝峰（正白旗蓝领侍卫）等，桂祝峰门下弟子有文佩亭等，文佩亭门下弟子有刘寿山（北京中医学院）等，刘寿山其门人有孙树椿（中国中医科学院）等。

清宫正骨流派学术思想体现在：筋喜柔不喜刚；辨位施术，辨病与辨证结合，有病就有证，辨证才能识病，两者是密不可分的。临床诊治时，既要辨病，又要辨证，只有病、证合参，才能选用适当方药，恰当的手法；内治与外治相辅，同时外伤筋骨，往往内动脏腑，动静结合，主动为主，在筋伤的治疗恢复中，动是积极的，动静结合，取长补短，相辅相成，练功锻炼的目的就是通过促进气血的流动以加强肢体关节的活动，防止并发症的发生，促进损伤组织的愈合，"动静结合，主动为主"是功能练功的基本法则；筋伤辨治，气血为要，临床所见内伤、外伤，其病机是伤后气血循行失常，由之而发生一系列的病变；外伤因局部疼痛、青紫瘀肿明显，血伤肿、气伤痛症见清楚，而内伤却有形无形，虚实夹杂，或以气伤为主，累及于血，或以血伤为重，损及于气；因气血伤损的程度不同，可分别发生气滞、气逆、气闭，或血瘀、血虚、血热等相应病变，临证时更需辨证明确，方能有效医治。清宫正骨流派特色技术包括颈椎病的不定点旋转手法、腰椎间盘突出症三板法、腰3横突综合征三板法、踝关节扭伤的摇拔戳等手法的操作技术。

九、岭南林氏正骨

岭南林氏正骨流派是精武门人林应强在几十年实践总结出来的一套正骨推拿手法。林氏正骨流派在临床中重视"骨错缝、筋出槽"伤科理论，并明确指出实行手法之前，必须熟知人体现代解剖学。人体内分布着许多骨骼、筋肉和韧带等解剖学结构，而岭南林氏正骨所重视的"骨错缝、筋出槽"理论恰恰是解剖学结构病变的体现。

"骨错缝、筋出槽"是指筋骨关节正常的形态结构、空间位置或功能状态发生了异常改变，导致关节活动范围受限，属于解剖学上的病理状态。此情况的实质是筋骨力学失衡，即骨关节筋膜的正常解剖位置发生改变，同时出现了小关节的活动范围异常的情况，如关节受限、僵硬等。治疗的关键点在于理筋和正骨，恢复筋骨力学平衡。在手法治疗过程中要做到对局部解剖、筋骨移行方向有正确的掌握，将受伤筋骨恢复正常人体解剖的限度范围。只有真正掌握正常人体解剖的相关知识，才能正确整复错位，调正骨缝，恢复患者的筋骨力学平衡，达到"法从手出，手随心转"的境界。岭南林氏正骨尤重解剖与摸法，在发展过程中以筋骨并治、内外相辅治疗贯穿始终，且巧用固定器具，将"爆发力"为特色的快慢扳手法作为其技术体系的重要组成部分，对现代中医骨伤科的发展具有重要指导意义。

十、苗医骨伤

苗医药是中国传统医学中的重要组成部分，其历史可以追溯到蚩尤九黎时代。苗医药来源于苗族人民的日常生活和生产活动。由于苗族人生活劳动多在崇山峻岭或茂密丛林之中，常会受到毒虫、猛兽、狂犬侵袭，或农具、武器及不慎摔跌等伤害而导致皮破骨裂、骨折、出血，或感染、中毒等，常常造成身体病残，甚至危害生命。苗医骨伤正是在这种背景下形成并得到了相当大的发展，形成了具有民族特色的以"气、血、水"理论为核心，以"两纲五经""三十六大症、七十二疾、一百零八小症、四十九翻"及"热病冷治""冷病热治"为主要治则的"纲、经、症、疾"疾病诊疗系统。苗医骨伤和中医骨伤在用药上面有一定的相似之处，两者都运用温性和辛味药物。因温性药物可温通血脉，辛味可行气而助活血祛瘀之功效。但苗医骨伤也与中医骨伤用药有不同之处，苗医骨伤用药多属活血化瘀、祛风除湿、清热解毒药，药性温、寒为主，味多苦、辛。中医骨伤用药多为补益、祛风湿、解表药，药性多温而少寒凉，味多辛、甘。这是由于苗族人民长年生活在瘴气、毒气笼罩的深山之中，自然环境艰苦，卫生条件差，受伤后难免不受瘴气的影响引发伤口感染，所以用药必须清热解毒。况且苦味药多用于治疗热证、火证，特别针对山林瘴气致病有独特作用。

此外，苗医骨伤还大量使用虫类药物和动物类药物，这是因为苗族聚居的苗岭山脉和武陵山脉气候温和，丛林密布，动植物种类繁多的缘故。中医骨伤虽然也有使用动物药，但没有苗医骨伤那么频繁和广泛。中医骨伤药物多采用水煎，而苗医骨伤多采用酒和童便作为溶剂。《本草纲目》记载："人尿（童子尿）气味咸，寒，无毒。""疗血闷热狂、扑损、瘀血在内运绝。"《本草从新》曰："凡跌打损伤、血闷欲死者，以热尿灌之，下咽即醒。一切金疮受杖，并宜用之，不伤脏腑。"苗医骨伤科是苗族在相对封闭的环境中创立并不断完善中发展起来的，用药特点与中医骨伤有类似的地方，有浓郁的民族特色。但苗医骨伤也存在一定不足，譬如许多方中并未注明具体药物用量，只注明"适量"，这不利于苗医的推广应用，苗医中的童便虽然在骨伤疾病中广泛运用，但与现代医学的卫生观念相悖。类似这样的药物还有很多，应如何发掘运用还有待进一步深入研究。

（陈岗　梅鸥）

第二章 骨节、筋络的结构与功能

【学习目标】

1. 掌握骨与软骨组织形态、分类及其生理功能，参与骨代谢的因素及骨组织膜内成骨、软骨内成骨修复过程，骨折愈合各阶段的修复特征，骨的生物力学性能特征。

2. 熟悉骨组织的血液供应特征，关节的结构与功能，骨骼系统的有机代谢，骨节、筋络的生长过程及特点。

3. 了解关节的润滑机制、软骨的渗透性、黏弹性特征，筋络的生物学特征，骨对外力作用的拉伸、压缩、弯曲、剪切四种载荷生物力学反应特征及骨断裂的载荷方式，应力遮挡效应，骨科常用材料的生物力学特点。

骨节与筋络是骨伤科对人体运动系统解剖的定义，古人很早就认为骨节筋络与五脏六腑关系密切。骨节者，为运动系统的刚性结构，包括骨、软骨与关节；筋络者，为经筋络脉，是运动系统的软性结构，包括肌肉、肌腱、韧带、神经及血管；骨节筋络的每种组织结构有着不同的生理学特征及机能，是骨伤科运动医学的解剖功能学基础。

第一节 形态和功能

一、骨节形态和功能

（一）骨的组织形态结构

骨节指人体的骨骼系统，是人体坚硬的活性组织，包括骨和软骨、关节，属于结缔组织，是人体主要的支撑结构。

1. 骨的形态分类 将骨按其形状可分为长骨、短骨、扁骨和不规则骨。

长骨：是机体长条形状的骨骼，包括肱骨、桡骨、尺骨、股骨、胫腓骨、趾骨等。

短骨：是机体较短形态的骨骼，如腕部的舟骨、月骨、三角骨、豌豆骨、大小多角骨，头状骨、钩骨和踝部足舟骨、楔骨等跗骨。

扁骨：是机体扁平状的骨骼，如颅骨的顶骨、枕骨，以及肋、胸骨和髂骨等。

不规则骨：如脊柱的椎骨、颅骨的底骨、面部的骨、肩胛骨，坐骨和耻骨等。

另外，也可以按照骨的解剖位置分为中轴骨骼与附肢骨骼，中轴骨骼为机体中心的骨骼，包括颅骨、躯干骨骼，附肢骨为外周骨骼，包括四肢骨骼系统。

2. 骨组织学结构 骨的微观结构是由骨膜、骨皮质、骨松质、骨髓所组成，骨骼系统还有多种骨骼细胞及骨基质，维持着骨骼正常的代谢。正常的骨组织学结构为板层状结构，又称板层骨，成熟的板层骨可分为皮质骨和松质骨，板层骨内的胶原纤维排列规则，如在密质骨内，胶原纤维环绕血管间隙呈同心圆排列；在松质骨内，胶原纤维与骨小梁的纵轴平行排列（图 2-1）。

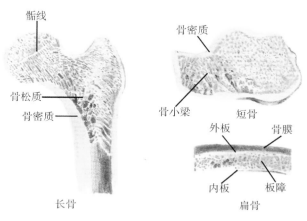

图 2-1　骨的内部构造

（1）骨膜　骨膜是由致密的结缔组织组成的纤维膜，包括骨外膜和骨内膜，其中包被在骨表面的称为骨外膜，衬附于骨髓腔表面的称为骨内膜。骨外膜分为纤维层和新生层或成骨层，纤维层在骨外膜外层，包括较多的骨膜表面神经和骨膜血管网。骨内外膜内富有成骨细胞，它在骨的生长发育和骨折修复中起着重要的作用。

（2）骨皮质　骨皮质又称密质骨，构成骨的表层，如长骨的骨干、短骨与不规则骨的外层、扁骨的内外板。由哈弗管连接的哈弗系统组成骨单位，骨单位中央有中央管，周围有许多层环状结构，包括外环骨板层和内环骨板环。皮质骨的特点是替代过程慢，弹性模量高，抗扭、抗弯的能力较强。

（3）骨松质　骨松质为松质骨，在发育期间，它充满于骨髓、短骨和不规则骨，存在于皮质骨包绕下的骨体内，均充满松质骨；扁骨内、外板之间的松质骨，又称板障。松质骨的密度低，骨小梁稀疏。

（4）骨髓　骨髓可分为红骨髓和黄骨髓。红骨髓具有促进骨再生作用，随着年龄的增长，特别是到机体老化时，基本上被黄骨髓替换。婴儿骨骼中均为红骨髓，成年人红骨髓仅见于松质骨内，其他部位被含脂肪的黄骨髓逐渐代替。胸骨内终生都有红骨髓，髂骨常作为临床植骨的供区。

（5）骨细胞　骨相关细胞包括骨细胞系的成骨细胞、骨细胞及具有成骨潜能的各种干细胞。另外，来自髓系细胞的破骨细胞也是骨相关细胞的重要组成部分。在一定条件下，具有成骨潜能的干细胞（骨骼干细胞、间充质干细胞等）分化为成骨细胞，成骨细胞逐渐沉淀钙质，最终形成骨细胞。同时，髓系细胞中的单核细胞在一定条件分化为多核巨细胞，即破骨细胞，通过附着在骨组织表面，吸收骨表面的有机物和矿物质，行使骨吸收功能。由破骨细胞主导的骨吸收和成骨细胞系主导的骨形成，是维持骨组织新陈代谢和骨量稳定的基本耦联，也对维持骨骼正常生理功能发挥重要作用。

（6）**骨基质**　骨基质包括有机物与无机物两种成分：①有机物主要是Ⅰ型胶原，占体内胶原总量的90%，其结构由单链胶原分子的三联螺旋结构形成，还有Ⅱ型胶原、葡糖胺聚糖 – 蛋白复合物，如骨粘连蛋、磷脂及磷蛋白、骨钙蛋白等。②无机物主要有羟基磷灰石及磷酸骨钙。

3. 血液供应　骨节的血液供应来源于三个途径（图 2-2）。

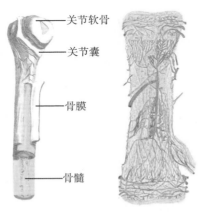

关节软骨

关节囊

骨膜

骨髓

图 2-2　长骨的结构与血液供应

（1）**骨干的骨膜动脉**　骨干的骨膜动脉来源于骨膜外层中的致密血管网，通过伏克曼管穿入骨皮质，然后与哈弗管相连通。

（2）**骨干的骨髓动脉**　骨干的骨髓动脉即骨干的营养动脉，为骨的滋养动脉，通常在长骨骨干的中部，通过斜行管道穿入骨皮质进入骨内，在抵达骨髓腔时发出升降两支至骨的两端，这些血管在骨髓中不断地分出分支，直至布满全骨。

（3）**骨骺及干骺端动脉**　该组血管来自其周围软组织，如肌肉附着点、韧带、关节囊附着等，从干骺端周围小骨孔进入骨内，血运较丰富，呈网状结构，当其进入软骨下时形成终末小血管祥。

（二）骨的生理功能

骨节在中医学属于奇恒之腑，《灵枢·经脉》曰："骨为干。"《素问·脉要精微论》曰："骨者髓之府，不能久立，行则振掉，骨将惫矣。"其指出骨的作用是支撑机体之本、保护内脏、储存精髓。骨与肾气强盛虚衰关系密切，肾藏精、精生髓。髓养骨，合骨者肾也，故肾气的充盈与否能影响骨的成长、壮健与再生；反之，骨受损伤，可波及肾，两者相互影响。肢体的运动有赖于骨节功能的正常，骨的机能表现如下：

1. 支撑机体、保护内脏　骨的有机物和无机物结构给骨骼支撑自身重力及承担外力提供了坚强的保障，钙盐类无机物保障了骨骼的承载硬度，胶原等其他有机物给机体提供了缓冲震荡等机能，特别是胸廓及骨盆，给机体内脏提供了坚强的外围防护。

2. 参与人体运动　骨节的承载外力能力为机体的运动提供了保障，与肌肉等动力结构共同作用，使得机体能随意运动。

3. 保障生活及生产劳动　坚强的骨骼系统是机体生存之本，能给生活和生产劳动提供保障。

4. 造血功能　肾藏精，精生髓，主骨生髓。骨的重要组成——骨髓，包括黄骨髓和红骨髓，其中红骨髓内含有间充质干细胞、造血干细胞等，受到髓腔内各种生物信号的诱导和调控，分化为造血基质细胞及血细胞等，因此具有造血功能。

（三）软骨的组织形态结构

软骨是一种有弹性和一定硬度的结缔组织，表面较为光滑，质地硬韧，由软骨细胞和软骨基质构成，呈透明凝胶状态，主要含黏多糖和蛋白质。因含水较多，故富有弹性。软骨表面覆盖有由致密结缔组织构成的软骨膜，膜内有血管，缺乏神经，软骨膜内层有不少干细胞及前体细胞，可转变为软骨细胞。软骨层无血管及神经，其营养主要依赖软骨膜中的血管供应，无软骨膜的软骨从关节液中直接摄取营养。软骨细胞是软骨内唯一的细胞类型。研究表明，软骨的功能主要来自软骨细胞分泌的软骨细胞外基质。软骨细胞的功能主要是维持软骨细胞基质。

（四）软骨的分类

1. 按软骨基质中所含纤维成分及数量分类 按软骨基质中所含纤维成分及数量分类，可分为透明软骨、纤维软骨和弹性软骨。

（1）透明软骨 透明软骨的基质较均匀，常呈淡蓝色而半透明，所含的胶原纤维较细，排列散乱，与基质折光率相似。透明软骨在成人机体中分布最广，同时也是软骨化骨之前的主要形式，如肋软骨、关节面的关节软骨。

（2）纤维软骨 纤维软骨是一种致密结缔组织，为软骨间的过渡形式，新鲜状态呈不透明。其特点为细胞含量相对较少，胶原纤维含量相对较多，如椎间盘、腕及锁骨端的关节盘，还有肩、髋关节窝的边缘软骨。

（3）弹性软骨 弹性软骨呈黄色，基质内含有大量弹性纤维，纤维分支多，走行方向各异，富有弹性，交织成网络结构，如外耳、咽喉等。

2. 按骨化与否分类 按骨化与否分类，可分为永久性软骨和暂时性软骨。

（1）永久性软骨 终生保持软骨状态，如椎间盘、骨关节面、肋软骨等。

（2）暂时性软骨 在一定时期内保持软骨状态，如长骨的形成，在骨骼出现以前，软骨是骨骼生成之初的主要成分，又如骨软骨板在发育过程中不断骨化成骨，直至青春期结束，骨骺愈合后而消失。

（五）软骨的生理机能

1. 成骨作用 软骨有化骨的功能，在胚胎发育过程中，大多数的骨均是由间充质先形成软骨，然后再逐渐替换成骨。在青春发育过程中，长骨端的骺软骨也有化骨作用，直至青春期结束。

2. 支撑作用 软骨有支撑作用，由于它较骨的弹性大，因此在支撑机体的同时，尚允许适当运动，如胸骨的肋软骨、喉头的喉结、支气管的软骨环等。

3. 抗磨作用 软骨较光滑、摩擦系数小、抗磨力强，这些性能有助于关节灵巧活动。

4. 抗张压力作用 因软骨内含水较多，同时含有胶原纤维和含水糖蛋白，这些特殊成分使得软骨具备抗外力作用。软骨的负荷承载作用对于关节的负重与运动极其重要，软骨的缺失可导致关节承重能力降低，患者出现运动后疼痛及关节活动受限，导致关节退行性改变。

（六）骨连接的形态组织结构

骨与骨之间连接为骨连接，包括直接连接和间接连接。

1. 直接连接 直接连接可分为不活动的骨性连接与微量活动的纤维连接，如颅骨矢状缝、骶椎椎骨之间及骨盆髂骨、坐骨与耻骨之间的连接为骨性连接，骨间膜之间的韧带连接为纤维连接。

2. 间接连接 间接连接又称滑膜关节，是骨连接的最高分化形式，具有较大的活动性，是人体提供运动的解剖基础。关节的基本构造包括关节面、关节囊和关节腔这些主要结构，还有附属结构，如关节周围的韧带、脂肪、滑膜。

关节的形态多种多样，根据关节的运动模式可分为以下几种类型（图2-3）。

（1）单轴关节 单轴关节只能在一个平面做运动，包括两种形式。

1）屈戌关节：屈戌关节又称滑车关节，一侧骨关节头呈滑车状，另一侧骨有相应的关节窝；通常只能绕冠状轴做屈伸运动，如指间关节。

2）车轴关节：车轴关节由圆柱状的关节头与凹面状的关节窝构成，关节窝常由骨和韧带连成环；可沿垂直轴做旋转运动，如寰枢关节和尺桡骨近侧关节等。

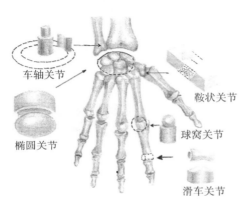

图2-3 滑膜关节分类

（2）双轴关节 双轴关节能绕两个互相垂直的运动轴进行两组运动，也可进行环转运动，包括两种形式。

1）椭圆关节：关节头呈椭圆形凸面，关节窝呈相应椭圆形凹面，可沿冠状轴做屈、伸运动，沿矢状轴做内收、外展运动，并可做环转运动，如桡腕关节、寰枕关节等。

2）鞍状关节：两端关节面均呈鞍状，互为关节头和关节窝。鞍状关节有两个运动轴，可沿两轴做屈、伸、收、展和环转运动，如拇指腕掌关节。

（3）多轴关节 多轴关节具有两个以上的运动轴，可做多方向的运动，通常也有两种形态。球窝关节形态为关节头较大，呈球形，关节窝浅而小的肩关节，可做屈、伸、收、展、旋内、旋外和环转运动；还有关节窝特别深，但运动范围受到一定限制，如髋关节。

（七）关节的生理机能

1. 关节的运动方式 关节的运动形式是沿三个互相垂直的轴所做的运动。

（1）屈伸运动 屈伸运动是指关节沿冠状轴进行的运动，如肘关节屈曲时关节夹角变小，伸直运动时关节夹角变大。

（2）收展运动　收展运动是关节沿矢状轴进行的运动。运动时，骨向正中矢状面靠拢称为收，远离正中矢状面称为展，如手指和足趾的收展运动。

（3）旋转运动　旋转运动是关节沿垂直轴进行的运动。肱骨围绕骨中心轴向前内侧旋转，称为旋内，向后外侧旋转，称为旋外。

（4）环转运动　环转运动为复合运动，是指骨的近端在原位转动，远端则做圆周运动，能沿两轴以上运动的关节均可做环转运动，如肩关节、髋关节和腕关节等，环转运动实际上是包括关节的屈、展、伸、收等一系列动作。

2. 关节的机能

（1）杠杆作用　在人体的运动中，骨是杠杆，骨骼肌作用于杠杆而产生动作。在各种动作中，关节就成为动作的枢纽或支点。

（2）支撑和缓冲作用　关节除了参与运动外，还参与支撑机体和分担负荷体重的作用，特别是在行走、奔跑或受到外力冲压时，它可起缓冲作用。

二、筋络形态功能

筋络是指人体的软组织结构，"筋"的范围较广泛，广义的"筋"是指皮肤、皮下组织、筋膜、肌肉、肌腱、韧带、关节囊、滑液囊；"络"是指人体内经脉和络脉的总称。体内直行的干线称为经，由经脉分出来的支脉称为络。经络是人体气血运行、脏腑组织和联系肢体的通路。两者共同给机体运动提供动力及保障体内的静力稳定。

（一）肌肉

1. 组织形态结构　肌肉分为平滑肌、心肌和骨骼肌，骨骼肌由肌纤维（肌腹）和肌腱组成，肌肉含有丰富的血管和神经。肌腱分为起止点，通过两点固定后骨骼肌规律收缩，产生相应肢体活动。肌纤维根据其外观不同可分为红肌纤维和白肌纤维，红肌纤维也称为Ⅰ型纤维、慢肌纤维或慢氧化纤维，其肌红蛋白和细胞色素含量较高，呈暗红色。红肌纤维收缩慢，但能持续、剧烈地收缩，主要参与肌肉的维持性工作。白肌纤维也称为Ⅱ型纤维，其肌浆中的肌红蛋白及线粒体含量较少，呈淡红色。白肌纤维收缩快，但持续时间较短，主要参与肌肉的大力量和快速度的爆发性工作。

2. 生理功能　肌肉的生理功能主要是力学作用，包括运动、支撑、保护，还有产生热量、促进血液回流等，均来自肌肉收缩的继发作用。

（1）收缩　肌肉具有收缩功能，通过电生理反射中枢神经系统中运动神经元的胞体与树突在来自突触的刺激下，在轴索内开始产生动作电位，三磷酸腺苷（ATP）提供化学能量情况下，机体通过肌纤维的肌电生理运动大脑在接受外来信号后，将化学能转化为机械能，从而产生收缩动作。

（2）杠杆力　肌肉的轻微运动可使骨产生大肢体关节的运动，其本质为杠杆运动。肌肉一端起于骨的近位端，另一端则跨越关节止于远端的骨骼上，形成了一个杠杆系统。在运动过程中骨是杠杆，杠杆的支点是关节，作用于杠杆的力量来自肌肉。

（二）韧带与肌腱

1. 组织形态结构　韧带与肌腱组织结构特征相同，是由致密的结缔组织构成，纤维间孔隙很小，纤维排列呈束状或波浪状。韧带是连接骨与骨之间短而宽的负重结构，肌腱则是连接肌肉与骨的长而窄的结构；韧带附着于骨的部分是从一种组织到另一种组织的过渡部分，韧带的附着区通常可分为两类：直接附着或间接附着，间接附着更为常见。腱骨联合处包含四种不同移行结构，分别称为韧带区、纤维软骨区、钙化纤维软骨区和骨区。

2. 生理功能　韧带有较强的韧性和弹性，具备稳定关节、保护关节的作用。如膝关节的前、后交叉韧带，还有髋关节的圆韧带，这些韧带均有稳定关节，保持关节面的对合关系，保障机体关节在运动时的稳定性。

（三）神经

1. 组织形态结构　神经包括脊髓神经及肢体周围神经。神经纤维指由神经细胞体延伸出的包绕有髓鞘和雪旺氏细胞一起的长突轴突，包括感觉神经元神经纤维（感觉纤维）和运动神经元的神经纤维（运动纤维）。神经外膜、神经束膜和神经内膜上的血管网构成了周围神经良好的脉管结构，脊神经按节段排列，有两条神经根与脊髓相连，即前根（运动或传出性）和后根（感觉或传入性）。脊髓前角的神经细胞发出前根即传出纤维，在脊髓的前外侧面走出脊髓纤维形成运动支；感觉性的后根即传入纤维经后角而进入脊髓。在脊柱近旁各脊神经前支中，由颈1到颈4脊神经前支构成颈神经丛；由颈5到胸1构成臂神经丛；由腰1到腰4构成腰神经丛；由腰4到骶4构成骶神经丛。肋间神经为脊神经前支，它有12对，除了第一对肋神经参与构成臂丛外，其余均不参与神经丛。脊髓上与大脑、延髓相连，位于脊椎管内，脊髓上端始于颅底枕骨大孔，下端终于第二腰椎水平，再往下为脊髓的终丝。

2. 生理功能

（1）**支配运动功能**　通过支配肌肉运动，控制肢体关节运动功能。

（2）**支配躯体感觉**　通过支配躯体皮肤支配，控制躯体感觉功能。

（3）**调节内脏功能**　通过控制内脏自主神经系统，调节内脏神经功能。

（四）血管

1. 组织形态结构　完整的血管系统应由心脏、血管和造血器官、淋巴管、淋巴结和淋巴液组成。血管的发生与发育循环系统由心脏和血管组成，按动脉管径的大小，可分为大、中、小、微四级。它们之间相互移行没有明显的界线。其基本结构都由内、中、外三层膜构成。静脉也根据管径的大小分为大静脉、中静脉、小静脉和微静脉。但静脉管壁结构的变异比动脉大，甚至一条静脉的各段也常有较大的差别。静脉管大致也可分内膜、中膜和外膜三层，但三层膜常无明显的界限。静脉壁的平滑肌和弹性组织不及动脉丰富，结缔组织成分较多。与运动系统有关的是中动静脉、小动静脉。

2. 生理功能　血管的主要作用是为机体各脏器组织输送血液，运回代谢产物，是运输物质的重要器官，能保障肌肉、内脏器官的正常供氧及供血，从而维持正常的机体功能。

（欧阳建江）

第二节　发生与发育

骨、软骨与筋膜和肌肉均由胚胎的间充质细胞分化而来，每个密集的间叶雏形将直接或间接地转化为骨，人体大部分骨骼由软骨成骨而来，只有少数骨为膜内成骨。

一、骨节发生与发育

（一）软骨的发生与发育

1. 软骨发生　软骨发生于间充质。可最早追溯到受精卵发生初期，间充质细胞发育成为上胚层和下胚层两层，到胚胎发育第 2 周形成三胚层，即上胚层分化为外胚层和间胚层，间胚层又分化成中胚层。中胚层的壁层和外胚层相贴，成为体壁的部分原基。中胚层的脏层与内胚层相贴，成为消化管壁平滑肌和结缔组织的原基。中胚层的其余组织为间充质，它可分化为结缔组织、软骨、骨、肌肉和心血管等。在胚胎发育第 5 周时，间叶细胞逐渐增大，密集成前软骨层，形成前软骨发生中心，而后经分裂分化后转变为大而圆的成软骨细胞，成软骨细胞逐步分化为软骨细胞，细胞团周围的间充质则分化为软骨膜。

2. 软骨发育　软骨的生长发育包括两种模式，一种是软骨内生长，又称间质内生长，通过软骨细胞的不断增殖而增加细胞数量，通过细胞代谢及正常的细胞衰老、退变凋亡来维持细胞内环境稳定；另一种是软骨膜下生长，软骨膜内侧细胞不断增殖，分化为成软骨细胞，由成软骨细胞生成新的基质，再转化为软骨细胞。软骨膜的内层细胞分化成为软骨细胞的能力可保持终生，成年时期保持静止状态，当机体需要时，如骨折发生阶段，该软骨细胞再次恢复分化能力，促进修复。

（二）骨的发生和发育

1. 骨的发生　骨的发生也是在三胚层阶段，中胚层的间充质细胞可分化成骨细胞，骨的发生有膜内成骨和软骨内成骨两种方式。

（1）膜内成骨　膜内成骨是指在间充质分化形成的胚性结缔组织膜内直接成骨。原发性膜内成骨是最主要的成骨形式，额骨、顶骨、枕骨、颞骨、颌骨、锁骨等均以此种方式发生。

首先在将要成骨的部位由间充质细胞分化为胚性结缔组织，其中部分分化为骨祖细胞，后者进一步分化为成骨细胞，并由成骨细胞在部位生成骨组织。最先形成骨组织的部位称为骨化中心，随着骨化中心的逐渐扩大和改造，骨小梁形成并不断增长加粗，数量增多，逐步构建成多孔隙网格状的松质骨。以后松质骨的表面部分逐步改建为密质骨，周围的结缔组织则分化为骨膜。

（2）软骨成骨 软骨成骨包括软骨内成骨及软骨膜下、骨膜下成骨。软骨内成骨是从软骨中心开始成骨，软骨膜下与骨膜下成骨是从软骨膜下或骨膜下自外周开始成骨，这种成骨方式也称软骨外周成骨。

1）软骨内成骨：成骨过程与膜内成骨发生基本相似，约在胚胎第三周开始，软骨膜内层的干细胞或软骨祖细胞，分化为成骨细胞，在软骨的外表形成了骨领，然后不断地扩展、增厚、变长，最终形成骨干，代替了软骨的支撑作用。骨领形成后，其表面的软骨膜称为骨外膜。

软骨内骨化是成骨的必经历程，需要经历一下几个阶段：①初级骨化中心的出现：软骨细胞分裂、增殖并变得肥大，形成了钙化的软骨基质；在营养和氧供应充足时，干细胞或软骨祖细胞不断分化为成骨细胞，附于软骨基质表面上成骨，形成初级骨化中心。②骨髓腔的形成：骨外膜的血管连同干细胞或软骨祖细胞，以及干细胞或软骨祖细胞分化而来的成骨细胞和破骨细胞一起穿入骨领，进入初级骨化中心，破骨细胞溶解钙化的软骨基质，形成许多不规则的腔隙，多腔隙融汇成骨髓腔。③干骺端形成：位于干、骺交界处的骨髓腔在两侧有新形成的骨小梁，形成干骺端（图2-4）。

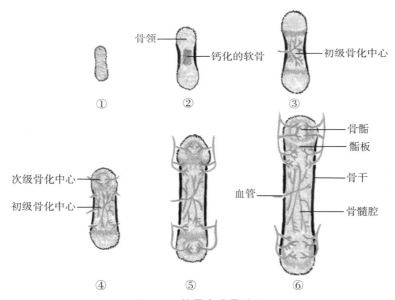

图 2-4 软骨内成骨过程

当长骨生长缓慢或暂停增粗时，骨干表面往往形成临时性外环骨板，破骨细胞可将其溶解而形成一些纵向的沟或隧道，来自骨干表面或骨髓腔面的血管穿行其中，随同血管进入的成骨细胞衬附在这些纵向沟或隧道的内面，从外向内逐层形成同心圆排列的骨板，构建成一个立体柱状的结构，即是骨单位结构。

2）软骨外周成骨：在膜状骨或软骨的基础上，首先在海绵状中心骨钙盐沉着形成骨化点，由此向周围产生新骨质。软骨内成骨贯穿于整个生长期，产生骨结构的纵向生长。骨膜下成骨则使得骨结构增厚，产生骨结构的增粗增长。

2. 骨的发育 骨的发育一般是指出生至青春期结束这一段时间的生长发育。骨发育包括体积增大和长度增长两个方面。以长骨为例，既包括长度增长，又包含骨干变粗，在骨的发育中存在初级骨化中心向次级骨化中心发展的过程（图 2-5）。一方面，骨形成不仅出现在中心及长骨的骨干，在长骨骨干与骨骺的交界处，有一片软骨区称为骺板，骺板内的软骨细胞具有增生能力，可以骨化使骨伸长；另一方面，通过骨膜下的干细胞逐步分裂分化形成成骨细胞，成骨细胞不断积累形成新的骨组织，使骨骼体积增加，骨骺的骨直径增大，从而发生骨干的增粗和增长。在发育的同时，骨内另一种细胞是破骨细胞，逐渐吸收骨干中央的部分退变骨细胞，形成骨髓腔。到 18～20 岁时，软骨失去增殖能力，骺板完全被骨组织所代替，软骨随之消失，即所谓的暂时性软骨。软骨消失后，骨骺与骨干的愈合称为骨骺闭合。发生骨骺闭合后，意味着该骨骼结构停止增粗增长的发育，停止生长。

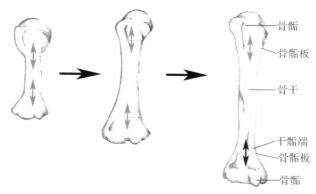

图 2-5　长骨的发育

二、筋络发生与发育

（一）骨骼肌的发生与发育

骨骼肌由中胚层演化而来，一部分由中胚层生肌节的体节演化而来，另一部分则来自间充质细胞，极少部分由外胚层形成。生肌节与间充质的细胞分化为成肌细胞，成肌细胞能进行有丝分裂，细胞中央有一椭圆形的细胞核，细胞质内有多量核蛋白体，胞质内已有肌原纤维，随着成肌细胞内肌原纤维的逐渐增多，核蛋白体逐渐减少，细胞的形态逐渐变长，许多细长的肌原纤维组成肌纤维，许多个成肌细胞互相融合在一起，形成一个长条管状细胞，称为肌管。随着肌原纤维的逐渐增多，在肌管中央的细胞核向周缘移动，肌管逐渐形成骨骼肌纤维。儿童到一定年龄后，肌肉中肌纤维的数目就不再增加，但肌纤维的长度和直径可继续增长变粗，肌纤维中的肌原纤维可增多，肌浆亦可增多。运动仅可使肌浆增多和饱满，以及肌纤维间的结缔组织增多。肌肉细胞发育成熟后，不能再进行分裂。在肌肉受到严重伤害时，紧贴在骨骼肌细胞膜表面的肌卫星细胞，可分化为成肌细胞和肌细胞，由它们来修补创伤。

（二）肌腱、韧带、筋膜的发生与发育

肌腱、韧带和筋膜都发源于胚胎时期的中胚层，中胚层的间充质是胚胎早期的原始结缔组织，其细胞具有很强的分裂和分化能力，随着胚胎发育，间充质可分化成各种结缔组织细胞，如成纤维细胞、成软骨细胞、成骨细胞、网状细胞和脂肪细胞等。

成纤维细胞能产生纤维和基质，其功能十分活跃，而纤维细胞的功能则不活跃或相对静止。成纤维细胞生产的纤维有三种：胶原纤维、网状纤维和弹性纤维。大部分肌腱、韧带是以胶原纤维为主体的致密结缔组织所构成的，但也有极少部分以弹性纤维为主体的致密结缔组织，如椎弓间黄韧带、声带韧带等。

（三）神经的发生与发育

神经系统包括中枢神经和周围神经，主要由神经组织组成。神经组织来源于胚胎时期的外胚层，外胚层神经板的细胞分化出成神经细胞和成胶质细胞。成神经细胞进一步分化成为神经细胞，它是一种高度的特化细胞，分化得比较完全，很少见到细胞分裂，无再生能力。成胶质细胞进一步分化为神经胶质细胞，它是一种辅助细胞，充满灰质和白质中，代替了结缔组织的空位，起着控制循环和神经交换物质的作用。

（四）血管的发生与发育

循环系统由心脏和血管组成，血管的发生是源于中胚层，中胚层间充质细胞分别分化为成纤维细胞、具有成纤维细胞功能的平滑肌细胞和内皮细胞，以及部分胶原纤维、弹性纤维的结缔组织，它们一起共同组成了血管（外膜、平滑肌、内膜）；外膜内含有结缔组织的成纤维细胞，其再生主要靠成纤维细胞。肌层和内膜的再生主要靠平滑肌，由于平滑肌细胞具有成纤维细胞的性质，能产生胶原纤维、弹性纤维和基质，使内膜局部增厚。血管内膜的内皮细胞是一种更新较慢的细胞，细胞很少分裂，静脉内皮细胞的分裂能力较动脉内皮细胞强，因此更新再生能力较动脉强。

（欧阳建江）

第三节　新陈代谢

一、骨节的新陈代谢

机体的骨节与筋络在生长过程中需要不断地改建自身结构，以维持正常结构的生理功能，通过新陈代谢过程将自体基因传代，并在机体各种激素调控下维持正常生长发育、代谢修复。《黄帝内经》里明确指出："阳化气，阴成形。"其阐述了新陈代谢的"化气""成形"两个对立面，机体通过异化作用的"化气"过程，消除退变衰老的组织，通过同化作用的"成形"过程，修复再生新的组织以保持正常的组织新陈代谢过程。

（一）骨的新陈代谢

骨组织结构在任何时期始终存在着骨重建与骨吸收两个生理过程，通过这两种对立矛盾的过程，保证了骨组织新陈代谢正常进行。在机体发育阶段，其成骨作用大于破骨的作用，骨骼才能生长发育；在成人阶段成骨与破骨保持动态的平衡；在老年阶段则破骨作用略大于成骨作用。

1. 骨重建过程 骨重建过程是由成骨细胞主导的骨生成过程。成骨细胞和早期、中期的骨细胞都具有成骨作用，由于成骨细胞内含有丰富的粗面内质网、发达的高尔基复合体、能提供能量的线粒体，故能生产制造骨基质的胶原蛋白和糖蛋白成分。骨基质中无机质的形成就是钙化过程，胶原纤维先在骨基质中铺成模板，成骨细胞将从体液中摄取来的钙和磷合成新的钙化基质，最后结晶成为羟基磷灰石结晶，将胶原纤维牢牢地固定在骨基质中。

2. 骨吸收过程 骨吸收过程是由破骨细胞主导的溶骨过程。破骨细胞含有大量的溶酶体，能够分泌各种水解酶，并在酶的作用对矿化的骨基质进行分解吸收，使得该区域的骨量发生下降。破骨细胞很活跃，一个破骨细胞可侵蚀溶解一百个成骨细胞所形成的骨质。另外骨细胞也具有一定的溶骨作用，它对细胞周围的骨质可溶解吸收。随着溶骨吸收期后，在破骨细胞溶骨而形成的陷窝或隧道上开始成骨过程。一个破骨细胞活动需3周左右，其吸收过程就终止。由成骨细胞来进行骨重建或再塑，需3～4个月，这样旧骨就被新骨所代替，周而复始地进行着骨的新陈代谢。

（二）软骨的新陈代谢

软骨的新陈代谢在发育期间十分活跃，由成软骨细胞分化为软骨细胞，它只能生产制造胶原，但不能沉淀钙盐，故软骨基质构成主要为水分及胶原纤维。成人后的软骨部分由软骨膜和骨膜下干细胞或软骨祖细胞分化为软骨细胞，由它分泌软骨基质，并与新生的血管和结缔组织共同来软骨的修复。

（三）钙、磷的新陈代谢

人体内99%的钙以羟基磷灰石的形式存在，少量为无定形钙是羟基磷灰石的前体。羟基磷灰石是钙构成骨和牙的主要成分，起着支持和保护作用。磷除了构成骨盐成分、参与成骨作用外，还是核酸、核苷酸、磷脂、辅酶等重要生物分子的组成成分，发挥各自重要的生理功能。许多生化反应和代谢调节过程需要磷酸根的参与，ATP和磷酸肌酸等高能磷酸化合物作为能量的载体，在生命活动中起着十分重要的作用。钙磷的代谢对骨骼生长与发育有重要影响，主要如下。

1. 钙磷来源 人体的钙磷主要来源于食物中，如牛奶、豆类，以及家禽、鱼、谷类、坚果类食物。这些食物中，碳酸钙为食物中钙的常见化合物，在正常情况下机体不易产生磷缺乏。

2. 摄入方式 在人体摄入过程中，口服钙需要在小肠中吸收，小肠每日仅吸收1/8

口服的钙（食物中），其 7/8 被消化道排出，小肠上皮细胞在维生素 D_3 的作用下，在细胞质中形成钙结合蛋白，钙离子通过钙结合蛋白转运入血液，故适当补充维生素 D_3 可有效促进钙质吸收。在吸收钙的同时，小肠上皮细胞亦将磷一起吸收入血，血磷水平为每一百毫升含 3～4mg，钙的正常值波动很小，稍有波动机体会进行及时调整，而磷的波动上下可 3～4 倍，但不会立即产生对机体的影响。

3. 钙磷代谢的激素调节　钙经小肠上皮细胞吸收入血后，血中钙的水平或含量要维持在正常生理范围，超过了水平要将钙转移至骨而储存起来供骨和全身组织代谢用，多余的则排出体外。血浆中的磷以有机与无机两种形式出现，大部分有机磷是磷脂，无机磷则绝大多数是以正磷酸离子形式存在。临床上所指的血清磷即无机磷，当作磷来进行测定。血液中磷的水平不像钙一样保持不变，而是随年龄与代谢情况的变化而有所改变，但人体内的钙磷比例应是保持平衡的。

与钙磷代谢密切相关的激素有甲状旁腺激素、降钙素及活性维生素 D。主要为：①甲状旁腺激素：甲状旁腺激素能刺激破骨细胞的活化，促进骨盐溶解，使血钙增高与血磷下降。促进肾小管对钙的重吸收，抑制对磷的重吸收。②降钙素：降钙素通过抑制破骨细胞的活性、激活成骨细胞，促进骨盐沉积，从而降低血钙与血磷含量。③活性维生素 D：1,25-（OH）$_2$-D$_3$ 被认为是一种钙调节激素，它的主要作用是促进小肠上皮细胞对钙磷的吸收，促进破骨细胞和骨细胞的溶骨作用和骨吸收作用，同时还有轻微促进钙磷的沉积作用。此外，它虽有轻度促进肾小管对钙的重吸收，但其更主要的作用是抑制肾小管对磷酸根的重吸收，从而起到了排磷保钙的作用。

（四）内分泌系统对骨代谢的影响

1. 垂体　垂体前叶分泌的六种激素，分别是促肾上腺皮质激素、促甲状腺素、促卵泡激素、促黄体生成激素、催乳激素和生长激素。前四种可以调节其他内分泌腺的发育和分泌。催乳激素、促黄体生长激素及促卵泡激素又常统称为促性腺激素，与生殖机能有关。除生长素外，其他 5 种激素各自均有靶腺体或靶器官，如促甲状腺素，只能对甲状腺起作用；而生长素则无针对性的靶器官或靶组织，它对全身各系统、各器官、各组织的生长发育均起作用，也可以是整个人体的靶器官。垂体分泌的生长素对骨和软骨的生长发育不能直接起作用，它必须先在肝脏或肾脏里经过处理变成生长激素，即类胰岛素因子一类的物质，才能促进成骨细胞和成软骨细胞对胶原和硫酸软骨素的合成和沉积。

2. 甲状腺　分泌甲状腺素，其中三碘甲腺原氨酸（T_3）都是幼儿时期骨生长必需的激素，甲状腺素 T_3、T_4 可使骨细胞中线粒体变粗大，使 ATP 的形成加快，使骨细胞蛋白合成加快，并影响肾小管上皮细胞 24- 羟化酶系的功能，加快形成 24,25（OH）$_2$D。因此甲状腺素使骨生长加快。但甲状腺素又能使骨的干骺端闭合加速，从而使骨骺闭合，终止骨骼发育。在甲状腺功能亢进时，可使骨的吸收增高，可促进成骨细胞向破骨细胞方面转化。

甲状腺对血钙浓度的反应很敏感，它通过甲状腺间质中的滤泡旁细胞分泌的降钙素，来降低血钙。降钙素可抑制破骨细胞和增强成骨细胞的功能，抑制间充质分化为破骨细胞，阻止骨溶解和骨吸收的活动。降钙素降低血钙的作用迅速，但持续时间短暂。

3. 甲状旁腺 甲状旁腺激素（PTH）有调节血钙的作用。PTH 和 1,25（OH）$_2$D 协同可使骨原细胞加快转化为破骨细胞，加强破骨细胞的溶骨作用，增强骨吸收，从而提高血中钙的浓度。PTH 可增强肾小管上皮细胞对 1,25（OH）$_2$D 的合成，共同来促进小肠上皮细胞对钙的吸收，同时也能增强肾小管对钙的重吸收和对磷酸根的加速排出。当血钙增高时，PTH 的分泌就要受到抑制，继而肾小管合成 1,25（OH）$_2$D 也受到抑制，骨吸收和小肠对钙的吸收均受抑制，这样就使增高的血钙恢复到正常范围。

4. 性腺 主要分泌的激素为雌激素和雄激素，可促进骨的生长发育。雌激素作用更为明显，可增强成骨细胞的功能，当女性进入青春发育期时骨的生长速度十分快，故身高增长迅速，但雌激素使骨骺早期闭合的效应较雄激素为强。因而女性生长要比男性生长早停数年。雄激素不仅可增加骨的生长速度，而且可使骨骼变粗，由于雄激素有促进蛋白质合成的功能，因而可增加骨基质。此外，雄激素也有促使骨骺闭合的作用，但较女性为晚，故男性身高一般高于女性即基于此理。

二、骨、软骨的修复与再塑

（一）再生修复

细胞及组织坏死后，由正常功能的细胞分裂出新生的细胞来补充，称为再生。骨组织的再生包括生长发育过程中的生理性再生和损伤后的再生修复，均是由骨内膜下骨髓腔面及骨小梁上衬覆的骨原细胞繁殖分化为成骨细胞和破骨细胞，然后制造新的骨质来代替旧的骨质。骨的再生能力较强，而软骨组织的再生能力较弱，只有损伤轻微在有软骨膜处的软骨损伤，可由成软骨细胞和软骨细胞分裂增殖制造软骨基质来修复。

（二）骨重建

1892 年 Wolff 提出的骨重建的定律中，提出了影响骨重建的理论：骨骼受应力的影响，负荷增加骨增粗，负荷减少骨变细，骨折再塑过程也遵循这一定律。骨折后如有移位，在凹侧将有明显骨痂形成，其内部骨小梁将沿着压应力的传递方向排列，而在凸侧将有骨的吸收。骨力求达到一种最佳结构即骨骼的形态与物质受个体活动水平的调控，使之足够承担力学负载，但并不增加代谢转运的负担

根据此再塑改建规律，可以得出骨折愈合后，安排合理的运动和力学载荷（或适当负重）可以调节骨断端的成骨细胞和破骨细胞功能，对骨髓腔再通，骨桥接处骨痂进行再塑，矫正损伤的骨骼，恢复骨骼的连续性完整。骨折修复与再塑过程有许多复杂因素参与，如年老、体弱、局部血供情况、骨损伤的严重性、周围组织破坏程度、骨折断端嵌夹有软组织阻挡骨痂生长、骨折对位对线情况、治疗的规范性，这些可控或不可控的因素，特别是后期的力学载荷的影响，均可影响骨组织的修复。

三、筋络的新陈代谢

（一）肌肉的再生

本节论述的肌肉是指横纹肌（骨骼肌），肌肉不同于骨、软骨细胞，它不能分裂、不能自我复制，因此其再生能力较骨及软骨低。肌肉受伤后，肌纤维断裂，肌细胞核分裂成类似多核巨细胞，先形成纵纹，后形成横纹，使损伤的肌纤维残端得以修复伸长。若受伤部位的肌纤维膜（肌内膜）尚存留，肌纤维的残端能生长进入残存的肌内膜内，使肌肉仍然保有肌收缩的功能，但此前提是支配此肌肉的运动神经纤维必须健存。有时肌受伤部位的肌卫星细胞受到刺激后，分裂增殖为成肌细胞，由它来修复受伤部位，但这种功能十分有限。故在肌肉受伤时，特别是比较严重时，往往是由成纤维细胞用结缔组织来修复受伤的肌肉组织，即产生瘢痕组织，当然这种修复的代价是会降低肌肉收缩功能。

（二）肌腱、韧带的再生

肌腱和韧带都是结缔组织，受到外界伤害后，包在腱外及伸进腱内的各级疏松结缔组织中的成纤维细胞开始增生，并活跃地制造胶原蛋白来修复伤处。同时周围毛细血管也开始增生，待修复完毕时，毛细血管也逐渐消失。腱断裂修复后，胶原纤维还需要改建才能承受原来的机械负荷。缝合连接肌腱或韧带的断端，可减少修复距离，缩短愈合时间，减少不愈合及疤痕愈合的可能性。

（三）神经的再生

在中枢神经系统内神经胶质细胞的再生能力较强，当脑和脊髓受伤时，一般只由胶质细胞及其纤维的新生来修补，形成神经胶质性瘢痕，而神经细胞则无再生能力。周围神经再生修复要根据神经节是否完整来决定修复过程，如果神经节细胞未受损害，其所属的神经纤维受伤断裂后，会发生两断端各自回缩，此时如果将损伤两端对合正确，则神经轴较易再生修复。如两端中间有间隙，或结合过紧，则神经轴不能顺利向远位端神经鞘膜中伸入，容易屈曲。故周围断裂后，需要进行外科手术将两断端缝合连接，减少发生变性改变的概率。神经伤断经过缝合后，近位端神经纤维约在 10 天后才开始向远位端生长，平均每天生长约 1mm。肢体功能必须在神经纤维自切断处直至该神经远位断端末梢终末器官被接通后才能恢复，这个过程需数月甚至数年左右。

（四）血管的再生

1. 毛细血管网再生　血管的再生是从毛细血管开始的，血管内皮细胞增大、胞核分裂。由这种新生的血管母细胞，向外突出形成毛细血管幼芽。此后细胞不断分裂新生，幼芽伸长成实性索条状，以后由于血液的冲击，逐渐将幼芽管腔开通使血液通过，成为新生的毛细血管。许多新生的毛细血管互相联络成毛细血管网。而后这种再生的毛细血管，壁外的间叶细胞分化出平滑肌、胶原纤维、弹力纤维及血管外膜等，最后发展形成小动脉和小静脉。

2. 自生性生长 在发生上和原有的血管无关，直接由组织内的间叶细胞新生分化形成新的毛细血管，大致与胚胎时期的血管发生相似。这种形成方式最初是有类似于幼稚母细胞的细胞平行排列，以后在细胞间出现的小裂隙，并与附近的毛细血管相接通，遂有血液通过。被覆在裂隙内的细胞即变成内皮细胞，构成新生的毛细血管，其后亦可发育成为小动脉和小静脉。

（欧阳建江、夏汉庭）

第四节　生物力学性能

生物力学是研究人体活动的力和运动的一门学科，涉及工程学、医学、体育，以及仿生学、生物医学工程学和康复工程学等有的一般性问题。在骨伤科领域中，应用生物力学的概念和原理解释人体正常和异常的解剖及生理现象，有助于骨伤科医生更好地理解和治疗肌肉骨骼系统的疾病，它已成为现代骨伤科医生必须具备的科学基础。

一、基本概念

人体在运动过程中与外界接触，必然产生一些力的作用，这些力可分为三种类型，作用于骨的外力、肌肉收缩和韧带张力引起的内力及骨之间的内反应力。力也称为负荷，作用于骨可引起骨的轻微变形。特殊骨的力反应可用定最分析方法叙述承受力和引起变形之间的关系。力和变形之间的关系，反映了完整骨的结构行为。在中等量的负荷情况下，承受负荷的骨会出现变形，当负荷去除时，骨的原有形状和几何学便恢复。如果骨骼系统遭受严重创伤，超过了其所能承受的负荷，则会引起严重变形，并可能发生骨断裂。骨所承受的力量越大，引起骨的变形就越严重，易引起长骨的断裂，骨承受轴向力与承受弯曲或扭转力，有很大的差异。以下几个生物力学概念是骨伤科生物力学的理论基础。

（一）载荷

载荷是作用在物体上的外力，常分为压缩、拉伸、剪切及扭转等。

（二）变形

变形是指受力物体形状发生的暂时的或永久性的变化载荷的变化引起变形的相应变化。

（三）应力

应力是指受力物体内力的强度。任何物体承受力时会引起物体的变形，改变了原有的尺度，在物体内将会产生内力，用来分析受力物体的内部抵抗，有助于材料的选择。

应力的单位为帕（Pa）。

（四）应变

应变是指受力物体变形量的变化。物体任何一点均会发生变形，称为该点的应变，内力强度称为该点的应力；应变是形变与原尺度之比，即应变 = 长度的变化 / 原始长度。由于应变是相同单位的物理量的比，故应变本身无单位。骨在任何一点遭受力产生的应变，从数学上说，与任何一点的应力有关。在应力和应变之间的定量关系，受组成整个骨的物质特性的影响。如果整个骨承受较大负荷，就会超出骨组织所能耐受的极限应力或应变。那么在这一点上，将会产生机械性的损伤，骨的断裂也会发生。如果组成骨的物质特性很差，如骨软化，造成骨断裂的应力和应变要比正常组织构成的骨要低。不同的应力导致的应变是不相同的。

（五）弯曲

横杆以两种方式承受弯曲负荷，这两种类型的弯曲一般称为纯弯曲和三点弯曲，一根简单的横杆承受纯弯曲负荷，在横杆一侧产生凸面，而另一侧产生凹面。这种作用，在整个长度的横杆产生不变的弯曲负荷，在横杆凹侧的材料将会产生压应变。横杆凹侧有较高的压应力，而在横杆的凸侧有较高的张应力。

（六）扭转

圆棒承受负荷，顺其纵轴扭转，在棒的任何横切面上，剪性应变将会发生在横向和纵轴方向，剪性应变同时联合有剪性应力。剪性应力和应变的大小，与棒的中心轴的距离有比较大的差别，如在棒材料的表面，剪性应力最大。

（七）骨科植入材料

1. 金属材料 骨科植入金属材料通常由低碳不锈钢、钴－铬－钼合金及镍等构成，每种金属具有不同的刚度，金属材料常出现的问题包括应力遮挡（材料弹性越大，遮挡效应越强）、离子释放、钴铬合金导致巨噬细胞增生而造成的滑膜退变、镍所诱发的组织细胞反应等。近年来逐步应用于临床的骨小梁钽制金属，因其生物相容性优越、优异的耐腐蚀性、特殊的类松质骨三维空间结构及独特的表面结构，而越来越受到临床的关注。相关的生物力学概念如下。

（1）疲劳断裂 疲劳断裂发生在应力小于其拉伸极限强度的、周期性负载过程中。疲劳断裂的发生取决于应力的大小及载荷的周期次数，如应力小于材料的耐性极限，则材料可以负载近无数次（大于 10^6 次）而不发生断裂；当应力大于耐性极限，其疲劳现象可用应力与载荷周期次数表示，即应力－载荷周期曲线。

（2）应力遮挡 骨科内固定系统承担着人体骨骼的支撑及力学传导作用，为骨折的正常愈合提供保障，但过于坚强的固定材料，必然削弱骨折断端的抗压能力。当不同弹性模量的成分并联承担载荷时，较高弹性模量的成分承担较多的载荷，即对低弹性模量成分起到应力、应变分担作用，这种力学分流现象称为应力遮挡。应力遮挡效应是指由于固定材料的力学分流对骨骼造成强度降低及愈合延迟等生物学影响。适当的应力可促进骨折愈合，内固定的应力遮挡效应可使得固定物下的骨质接收的应力刺激减少或消失，当内固定物拆除或疲劳断裂后，该处骨质无法承载正常的载荷，而发生骨折断端的再次断裂。

（3）蠕变 蠕变是指金属材料的变形随时间的延长而增加的现象，如果在突发性应变产生后，施以恒定的载荷，金属仍继续发生变形，则显示其蠕变的特性，这样可以造成永久性变形并可能影响其力学性能。

（4）腐蚀 腐蚀是指金属材料在人体内高盐环境中发生的化学溶解，腐蚀可通过下列手段得以缓解：选用相近的材料（如钢板与螺钉）、内植物的合理设计、金属材料的钝化。

常见的腐蚀包括：①电腐蚀：电化学性破坏。②裂隙腐蚀：发生在疲劳裂隙处，常伴有低氧性肌紧张。③应力腐蚀：发生在高应力区。④磨损腐蚀：产生于材料外表面的微弱摩擦运动。⑤其他类腐蚀：包括夹杂物、颗粒间的腐蚀现象．

2. 非金属材料 骨科植入非金属材料包括聚乙烯、甲基丙烯酸树脂、硅酮及陶瓷等。

（1）高交联聚乙烯 高交联聚乙烯（HDP）是一种分子量极大的聚合物，构成中含有长碳链，常用来构成负重关节的人工假体。该材料具有良好的韧性、延展性及弹性。其表面摩擦小，具有耐磨性。聚乙烯是一种黏弹性材料，表面易出现擦伤，它还是热塑性材料，高温下易发生变化其张力较骨组织低，弹性模量较小，聚乙烯的碎屑可引起细胞性溶骨反应。

（2）甲基丙烯酸树脂 甲基丙烯酸树脂（PMMA）通常称为骨水泥，以注浆的形式（非黏合）固定内植物并分配载荷其抗拉强度差，抗压能力亦不如骨组织，弹性模量较小通过真空、离心技术及正确操作技术植入骨水泥，可降低其内部"蜂窝"的形成，从而增加骨水泥的强度，减少发生裂纹的机会。在注入骨水泥的过程中，受者可出现血压骤降，其碎屑可激活巨噬细胞，造成假体松动，大剂量应用时易产生滑膜炎。

（3）陶瓷 陶瓷是成分较复杂的一类材料，含有在高氧化状态下以离子方式连接的金属与非金属成分，其中包括生物性质较稳定的化合物，陶瓷具有典型的高弹性模量、抗压能力强、抗拉能力弱、质地脆、易断裂等特点。近年来出现了新型全瓷材料氧化锆材料，因其强度高于金属而应用于骨科临床。

3. 生物材料 骨科植入生物材料具有其独特性质，包括黏弹性（随时间变化的应力－应变状态）、蠕变、应力松弛等。

（1）异体骨 异体骨由胶原及羟基磷灰石组成，胶原的弹性模量低、延展性好，但抗压能力差。羟基磷灰石是一种刚度及抗压能力都强的脆性材料。上述两者的结合形成一种各向异性材料，可抵抗多种外力，其中抗压的能力最强，抗剪切的能力最弱，抗拉的能力中等。

（2）异体肌腱 异体肌腱仅抗拉能力强，其弹性模量为骨的10%，具有蠕变、应力松弛的特点。

（3）异体韧带　异体韧带是抵抗关节主要力的韧带，可抵抗多方向载荷，存在着骨吸收现象。

二、骨节生物力学性能

（一）骨的生物力学性能

从生物力学角度来讲，骨组织是一种双相复合材料，一相为无机物，另一相为胶原和无定形基质。在这类材料中，当坚固脆性材料嵌入另一种力度较弱但柔润性强的材料中后，复合材料的性能比其中任何一种单纯材料更加坚韧。

从功能上来说，骨最重要的力学性能是它的强度和刚度，研究骨载荷即外加力量影响下的力学特征改变，有助于临床更好地了解骨的强度和刚度，以及其他的力学性能。骨抵抗破坏的能力称为骨的强度，抵抗变形的能力称为骨的刚度。载荷能造成组织结构体形变或尺寸改变，当一个已知方向的力作用于结构体，就可以测出结构体的形变并绘制出载荷–形变曲线图。通过曲线图可以得到关于结构体的强度、刚度及其他力学性能信息。

1. 骨的载荷　骨的载荷通常是指施加于骨组织上的外力。根据外力的不同形式，骨的载荷可分为拉伸载荷、压缩载荷、弯曲载荷、剪切载荷、扭转载荷和复合载荷等（图2-6）。

（1）拉伸载荷　拉伸载荷是指在骨的表面施加大小相等、沿轴线方向相反的力所产生的载荷。拉伸载荷在骨的内部产生拉应力和应变。如在进行拔河比赛时上肢骨处于被拉伸状态。

（2）压缩载荷　压缩载荷是指在骨的表面施加大小相等、沿轴线方向相对的力所产生的载荷。压缩载荷在骨的内部产生拉应力和应变。例如，在举重运动时，四肢骨均处于被压缩状态。

（3）弯曲载荷　弯曲载荷是指在骨的表面施加使其沿轴线发生弯曲的载荷，如颈椎、腰椎的屈伸运动等。

（4）剪切载荷　剪切载荷是指在骨的表面施加大小相等、方向相反、作用线相距很近的载荷。剪切载荷在骨的内部产生剪应力。

（5）扭转载荷　扭转载荷是指在骨的表面施加使其沿轴线发生扭转的载荷，如腕关节、踝关节的旋转运动等。

（6）复合载荷　人体在运动时，往往受到不同力的作用，这种作用于骨表面上两种以上的力称为复合载荷。

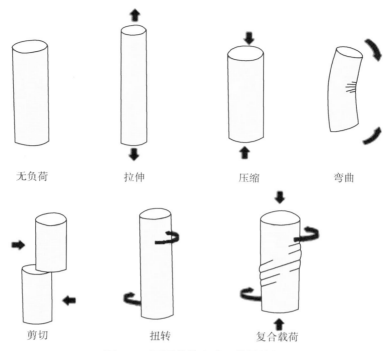

无负荷　　　　　拉伸　　　　　压缩　　　　　弯曲

剪切　　　　　扭转　　　　　复合载荷

图 2-6　不同载荷方式下的骨特征

　　2. 骨的应力和应变　不同形式的外部应力作用于骨骼时，骨骼内部可产生相应的阻抗以抗衡外部的作用力，称为骨的应力。骨骼中的细胞能感受到这些力的相互作用，并通过传导及自身的加工整合，最终转变为骨骼的重构或重塑，这种变化称为骨的应变。应力和应变在骨的生长发育中有重要作用，合理的应力可以促进骨的生长和发育，而当骨所承受的应力和应变超过其承载能力时就会有骨折发生。

　　3. 骨的刚度和强度　骨的刚度和强度是骨组织重要的力学特性。骨的刚度是指骨骼抵抗变形的能力。刚度可以使骨骼在承受一定外部载荷时，产生不超过一定范围的弹性变形，维持骨骼的结构不被破坏。骨的强度是骨骼抵抗外部载荷的能力也是骨的内在特性。骨的强度分为弹性强度、最大强度和断裂强度。不同部位和不同方向载荷对骨的强度的影响差别很大，如股骨纵向极限拉伸强度是 135MPa，横向极限拉伸强度则只有53MPa；而松质骨的强度在很大程度上取决于骨小梁的密度和走向。

（二）关节软骨的生物性能特征

　　关节软骨表现具备一种独特的力学性质，包括关节软骨的黏弹性及渗透性，当软骨组织受到挤压时可使液体渗出。在生理负载状态下，关节软骨是一种可承受高应力的材料，负载下软骨的力学特征也是软骨生物力学特征的重点内容。

　　1. 关节软骨的黏弹性特征　当一种材料受到持续均衡负重或变形时，它的反应随时间变化，则这种材料具有黏弹性。蠕变和应力松弛是黏弹性材料的两个基本反应，当材料承受载荷量持续不变时，发生蠕变，快速初始变形，之后变形缓慢渐进化性增加，称为蠕变，直到到达平衡。当黏弹性固体承受持续不变的变形时，发生应力松弛，快速高初始应力，之后应力缓慢渐变性降低，保持固定变形，这种现象称为应力松弛。

2. 关节软骨的渗透性　充满液体的多孔材料可以是渗透性的，也可以是非渗透性的。如果孔与孔是相互连通的，则材料是渗透性的。渗透性是测量多孔材料中液体流动的难易程度，与液体在多孔渗透性材料中流动产生的摩擦阻力成反比。因此渗透性是物理学定义，它检测的是液体以一定速度在多孔渗透性材料中流动受到的阻力。组织间液与多孔渗透性材料孔壁相互作用产生摩擦阻力。当组织承受高负载时，通过增加摩擦阻力阻滞组织间液流动，组织会变硬使液体流出更困难，这种机制对关节润滑也起到重要作用。

3. 关节软骨的润滑作用　滑膜关节一般承受很大范围的负载，但是正常环境下软骨表面却很少被磨损。在各种环境下的关节软骨中两种润滑均有发生（图2-7）。

（1）边界润滑作用　关节活动时，关节软骨表面产生相对运动。边界润滑剂的吸收层可防止面与面的接触，消除大部分的表面磨损，从而保护软骨表面，滑膜关节面上有一层润滑物分子，是一种特殊的糖蛋白，可以防止两关节面直接接触。两关节面的这种滑液膜层厚度为1～100nm，能够承担负荷，有效地减轻摩擦耗损。

（2）液膜润滑作用　液膜润滑使用一薄层润滑剂使得关节面分离，负荷由液膜压力支撑。液膜最小厚度一般小于20μm。

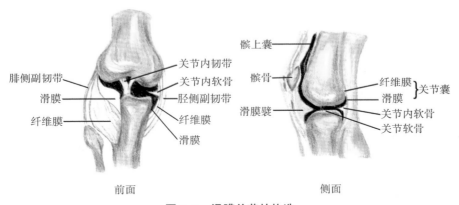

图2-7　滑膜关节的构造

三、筋络生物力学性能

（一）骨骼肌的生物力学特征

1. 骨骼肌的物理特性　骨骼肌的物理特性主要包括伸展性、弹性和黏滞性三个方面。骨骼肌在外力作用下可以被拉长，而在去除外力后被拉长的骨骼肌会恢复到原来的长度，这就是骨骼肌伸展性和弹性的表现。骨骼肌的黏滞性主要是指肌肉在收缩时，肌纤维细胞之间的摩擦力。骨骼肌的黏滞性与温度有很大关系，温度越高，其黏滞性越低；温度越低，其黏滞性就越高。因此，运动前的热身运动可以有效降低肌肉的黏滞性，提高肌肉的运动功能。

2. 骨骼肌的生理特性　骨骼肌的生理特性包括兴奋性、传导性和收缩性等。骨骼肌受到外部刺激后可以产生兴奋，并通过兴奋 – 收缩偶联机制进行传导，进而引起肌肉的收缩。骨骼肌的收缩按其长度变化可以分为向心收缩、离心收缩、等长收缩和等动收缩。向心收缩时肌肉起止点相互靠近，长度缩短。离心收缩时肌肉纤维被慢慢拉长，同时肌肉收缩产生张力。等长收缩时骨骼肌在收缩过程中长度不变，不产生关节运动，但肌肉内部的张力增加。等长收缩可维持肢体姿势，为其他关节的运动创造适宜的条件。等动收缩时，肌肉以恒定的速度在整个关节范围内收缩，肌肉收缩时产生的力量与外界的阻力始终相等。

3. 骨骼肌受载时的收缩变化　当神经冲动刺激所支配的肌肉时，肌肉产生收缩。肌肉收缩的速度与其所受载荷的大小有关。在向心性收缩时，低载荷下肌肉收缩的速度高于高载荷下肌肉收缩的速度。随着肌肉收缩的速度变小，肌肉的收缩力增加，当肌肉等长收缩力趋于最大时，肌肉缩短的速度趋于零。

（二）肌腱和韧带生物力学特征

黏弹性是肌腱和韧带重要的机械力学特性，黏弹性可以使肌腱和韧带能承受很强的张力，传导肌肉的收缩力至关节并带动关节运动，同时能够抵抗外力避免关节过度伸展引起损伤。肌腱和韧带的黏弹性与受载荷的速率关系密切。快速的载荷可以使肌腱和韧带产生较大的刚度，储存较高的能量，从而防止被较强的应力所拉断；而在慢速重复的载荷可以使肌腱和韧带发生塑性变形，这些塑性的变形会随着载荷的不断重复而增加，当载荷超过肌腱和韧带的生理负荷范围，就会有微断裂产生。

（三）神经生物力学特征

1. 周围神经的抗拉伸性　周围神经由较强的抗拉伸载荷的特性，可以被一定程度的延长。不同神经的抗拉伸强度各不相同。一般情况下，周围神经被延长达到约 20% 时，就到达了弹性极限；被延长 25% ～ 30% 时，其结构就会被完全破坏。由于周围神经庞大微循环系统的因素，快速短暂的牵拉可以促进血液从大血管经神经外膜、神经束膜和神经内膜最后达到神经纤维，从而改善神经的血供。长时间较大强度的牵拉可以使神经内流体压力增大，神经束内的毛细血管网络受压而闭塞，周围神经系统出现微循环障碍而引起神经损伤。

2. 周围神经的抗挤压性　周围神经受到挤压时会出现感觉麻木、疼痛和肌肉无力等症状。因而，周围神经的抗挤压性、压迫程度和模式等机械因素对神经结构的影响也被广泛研究。周围神经对微环境要求非常高，尤其是对血液供应的敏感度非常高。挤压可以引起神经因为缺血而肿胀、脱髓鞘改变，最终神经纤维水解。实验室和临床提供的资料显示，大约 30mmHg 的压力即可对神经的轴突转运系统造成影响，长时间压迫可以导致轴突闭锁，使得轴突对远端额外压迫的敏感性进一步增强，即所谓的双卡压综合征。

（欧阳建江）

中篇 诊断基础

本篇将着重于介绍骨伤科相关疾病的诊断手段及方法。在过去，受限于检查手段，人们对疾病的全面认识有限。对于骨伤科疾病的诊断，主要依赖于医生的能力，即"手摸心会"，强调通过有限的临床查体，获取尽可能多的临床信息。随着基础学科的兴起与发展，多种现代化仪器进入视野，包括 X 线摄片、电子计算机断层扫描、磁共振、超声、同位素骨扫描等。

此外，通过与西医诊断学、影像学等学科结合发展，中医骨伤科学也深化了临床查体的认识，产生了一套临床查体的方法，能够有效地评估肌骨骼、肌肉、神经、周围血管等骨肌运动系统的功能状态。

在新时代的背景下，中医骨伤科"手摸心会"的要旨既要传承并发展以往"一旦临证，机触于外，巧生于内，手随心转，法从手出"的"手"，也要具有良好的临床查体技能，并掌握现代化辅助检测仪器，这样才能建立完善的诊断与鉴别诊断思维。

本篇具体描述骨伤科常用临床检查及辅助检查，从而构建出骨伤科相关骨肌运动系统常见疾病诊断与预后的基本认识，为今后进一步学习骨伤科相关疾病的治疗打下基础。

（夏汉庭）

第三章 骨伤病分类、病因与辨证

【学习目标】

1. 掌握损伤的分类，骨伤病的外力伤害性质分类，气血辨证及肝肾辨证的内容。

2. 熟悉损伤的内因和外因，骨病的分类特点。

3. 了解轻伤与重伤的特点及特点，骨伤病的八纲辨证、皮肉筋骨辨证。

第一节 骨伤病分类

一、概述

人类在劳动生活中逐渐认知自然界，也逐渐认识人类本身，并对骨伤病的认识不断深化。从古代甲骨文卜辞和器物铭文的文字中，可以看出当时已知用器官位置对伤病进行分类，如疾手、疾肘、疾胫、疾止、疾骨等。周代《周礼》将医生分为食医、疾医、疡医、兽医。蔡邕注："皮曰伤，肉曰创，骨曰折，骨肉皆绝曰断。"这对指导治疗和判断预后有很大的意义。此外，《礼记·王制》有"聋、跛、躄、侏儒"等有关创伤骨病致残的描述。春秋战国时期，《左传·僖公二十三年》还记载了"骈胁"等胸胁畸形；至唐代王焘《外台秘要》将损伤分为外损、内伤两类，并将创伤列为十四种证候类型，初步确立了骨折、脱位、伤筋、内伤、金疮等的分类和诊断概念。后世对骨伤科病的分类，在认识上又有不少的发展，并提出了许多不同的分类方法。

二、按性质特点分类

（一）按损伤部位分类

按损伤部位分类可分为外伤和内伤。外伤是指皮、肉、筋、骨、脉的损伤，可根据损伤的部位，分为骨折、脱位及筋伤。内伤是脏腑损伤及暴力所引起的气血津液、脏腑经络功能紊乱而出现的各种损伤内证。

（二）按损伤性质分类

按损伤性质分类可分为急性损伤和慢性劳损。急性损伤是急骤的暴力引起的损伤；慢性劳损是指劳逸失度或体位不正确，导致外力长期积累于人体导致的损伤。

（三）按损伤时间分类

按损伤时间分类分为新伤和陈伤。新伤是新鲜损伤，为发生在 2～3 周内的损伤；陈伤又称宿伤，是受伤 3 周后的损伤，是新伤失治误治、迁延不愈，或愈合后因某些诱因出现原受伤部位复发者。

（四）按损伤部位破损情况分类

按损伤部位破损情况分类分为闭合性损伤和开放性损伤。闭合性损伤是指受伤部位无创口，多为钝性暴力所致；开放性损伤是指受伤部位皮肤、黏膜破损，深部组织与外界相通，多为锐性暴力、力气或火器损伤。开放性损伤伤口易发生感染。

（五）按损伤程度分类

按损伤的程度分类分为轻伤和重伤。

1. 轻伤 轻伤主要特征是指损伤强度小、作用时间短、损伤部位面积小、深度浅等损伤，包括：①肢体软组织挫伤，面积占体表总面积 6% 以上。②四肢长骨骨折或髌骨骨折。③肌体大关节脱位、关节韧带部分撕裂、半月板损伤或者肢体软组织损伤后瘢痕挛缩致关节功能障碍。

2. 重伤 重伤主要是指损伤性质恶劣、损伤面积较大、损伤部位较深等。

（六）按致病因素的理化性质分类

按致病因素的理化性质分类分为物理性损伤、化学性损伤及生物性损伤等，如外力、高热、冷冻及电流等可引起物理性损伤；硫酸、一氧化碳、毒气等可引起化学性损伤；细菌、病毒及各种病原体均可导致生物性损伤。

（七）按损伤组织与器官的多少分类

按损伤组织与器官的多少分类分为单处伤、多发伤、复合伤。多发伤为两个系统以上的组织或器官的损伤；复合伤为两种或两种以上不同致伤原因引起的创伤。

（八）按伤者职业性质分类

按伤者的职业性质分类分为运动性损伤、生活性损伤、交通性损伤、农业性损伤及工业性损伤等。如长期低头工作者易患颈椎病，运动员在训练时易发生各种运动性损伤。

（九）按骨关节与软组织的病理性质分类

按骨关节与软组织的病理性质分类分为骨与关节先天性畸形、骨肿瘤、骨结核、骨髓炎等。在临床辨证施治时，可参照上述分类将骨伤科疾病予以归类定性，做出正确的诊断并指导临床治疗。

三、按损伤分类

（一）骨折分类

1. 按骨折是否和外界相通分类

（1）开放性骨折 骨折时，断端附近皮肤和皮下组织破裂，使断端与外界相通者，称为开放性骨折。如耻骨骨折引起的膀胱或尿道破裂、尾骨骨折引起的直肠破裂，这些均为开放性骨折。因创面与外界相通，此类骨折处容易受到病原微生物侵袭而发生感染。

充分清创是治疗开放性骨折的前提，可靠固定，及时关闭创口是治疗开放性骨折的重要步骤。在发生开放性骨折 6 ～ 8 小时内由于细菌尚未大量繁殖，是清创的最佳时间；创面较整洁且不超过 12 小时患者，也可一期清创，预后较好；污染伤口合并软组织严重损伤时，不应即刻闭合伤口，可在清创后用无菌敷料包扎或真空封闭引流（VSD），待其引流及辅助检查感染指标稳定后再二期闭合伤口。

（2）闭合性骨折　骨折时，断端处皮肤或皮下组织完整，不与外界相通者，称为闭合性骨折。闭合性骨折由于其有皮肤的保护，因此发生感染的概率较低。但是对于钝器撞击或车辆碾压伤，仍然需要密切观察皮肤等软组织状态，以免后期发生皮肤坏死，转变为开放性骨折。

2. 按骨折的程度分类

（1）完全性骨折　骨的完整性或连续性全部中断，管状骨骨折后形成远、近两个或两个以上的骨折段。横形、斜形、螺旋形及粉碎性骨折均属完全性骨折。

（2）不完全性骨折　骨的完整性或连续性仅有部分中断，如颅骨、肩胛骨及长骨的裂缝骨折，儿童的青枝骨折等均属不完全性骨折。

3. 按骨折的形态分类　骨折按形态分类，可以分为以下 9 种（图 3-1）。

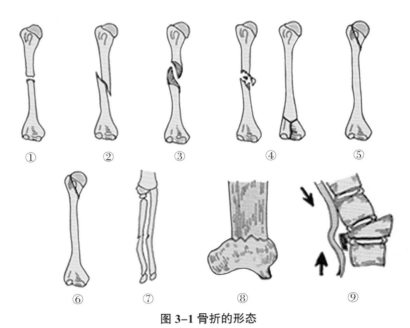

图 3-1 骨折的形态

①横断骨折　②斜行骨折　③螺旋形骨折　④粉碎骨折　⑤裂纹骨折
⑥裂纹骨折　⑦青枝骨折　⑧骨骺分离　⑨压缩骨折

（1）横断骨折　骨折线与骨干纵轴接近垂直。

（2）斜形骨折　骨折线与骨干纵轴斜交成锐角。

（3）螺旋形骨折　骨折线呈螺旋形。

（4）粉碎骨折　骨碎裂成三块以上，称为粉碎骨折。骨折线呈"T"形或"Y"形时，又称"T"型或"Y"型骨折。

（5）裂缝骨折　裂缝骨折或称骨裂，骨折间隙呈裂缝或线状，形似瓷器上的裂纹，常见于颅骨、肩胛骨等处。

（6）嵌插骨折　嵌插骨折发生在长管骨干骺端密质骨与松质骨交界处。骨折后，密质骨嵌插入松质骨内，可发生在股骨颈和肱骨外科颈等处。

（7）青枝骨折　青枝骨折多发生于儿童。仅有部分骨质和骨膜被拉长、皱褶或破裂，骨折处有成角、弯曲畸形，与青嫩的树枝被折时的情况相似。

（8）骨骺分离　骨骺分离发生在骨骺板部位，使骨骺与骨干分离，骨骺的断面可带有数量不等的骨组织，故骨骺分离亦属骨折的一种，常见于儿童和青少年。

（9）压缩骨折　松质骨因压缩而变形，常见于椎体（骨）及跟骨等部位。

4. 按解剖部位分类　按解剖部位来分类分为脊柱的椎体骨折、横突骨折、椎弓根骨折，长骨的骨干骨折、骨骺分离、干骺端骨折、关节内骨折等。

5. 按骨折前骨组织正常与否分类

（1）外伤性骨折　骨结构正常，因暴力引起的骨折，称为外伤性骨折。

（2）病理性骨折　在发生骨折以前，骨本身已存在使骨结构变得薄弱的内在因素，使其在受到轻微外力作用下，即可造成骨折。

6. 按骨折稳定程度分类

（1）稳定性骨折　骨折复位后不易发生再移位者称稳定性骨折，如裂缝骨折、青枝骨折、嵌插骨折、长骨横形骨折等。

（2）不稳定性骨折　骨折复位后易于发生再移位者称不稳定骨性骨折，如斜形骨折、螺旋骨折、粉碎性骨折。股骨干部位的横形骨折因受肌肉强大的牵拉力，不能保持良好对应，也属于不稳定骨折。

7. 按骨折后时间分类

（1）新鲜骨折　新发生的骨折和尚未充分地纤维连接，还可能进行复位者，2～3周以内的骨折。

（2）陈旧性骨折　一般而言，伤后2～3周以上就诊者。陈旧性骨折时限并非恒定，如儿童肘部骨折超过10天就很难整复，也属于陈旧性骨折。

8. 按骨折损伤程度分类

（1）单纯骨折　无并发神经、重要血管、肌腱或脏器损伤者，如儿童青枝骨折、髌骨裂纹骨折等。

（2）复杂骨折　并发神经、重要血管、肌腱或脏器损伤者，如骨盆骨折合并直肠损伤、颈椎骨折引起高位截瘫等。

（二）脱位分类

1. 按脱位病因分类

（1）外伤性脱位　正常关节因遭受暴力而引起的脱位，临床上最为常见，如牵拉肘。

（2）病理性脱位　关节结构被病变破坏而导致的脱位，临床上常见的有关节结核、化脓性关节炎等疾病使关节破坏，导致病理性完全脱位或半脱位。

（3）习惯性脱位　反复多次的脱位称为习惯性脱位，原因主要有关节发育不良，或先天性畸形；另外，关节外伤性脱位后未给予恰当的固定致使软组织修复不良，而关节囊松弛或骨质有缺陷，影响关节的稳定性。第一次脱位时大多数有明显外伤史，但以后的每次脱位其外力甚为轻微，或不是因外伤所致，而是在关节活动时，由于肌肉收缩使原来已不稳定的关节突然发生脱位。最常见于肩关节和髋股关节。

（4）先天性脱位　因胚胎发育异常，导致先天性骨关节发育不良而发生的脱位，如先天性髋关节脱位、先天性髌骨脱位、先天性膝关节脱位。

2. 按脱位方向分类　四肢及颞颌关节脱位以远端骨端移位方向为准，脊柱脱位以上段椎体移位方向而定，分为前脱位、后脱位。

3. 按脱位时间分类

（1）新鲜脱位　一般来说，发生在 2～3 周以内的脱位为新鲜脱位，多易整复。

（2）陈旧脱位　脱位在 2～3 周以上的称为陈旧性脱位，一般难以整复。

4. 按脱位程度分类

（1）完全脱位　组成关节的个骨端关节面完全脱出，和原臼窝互不接触。

（2）不完全脱位　组成关节的骨端关节面不完全完全脱出，和原臼窝部分接触，又称为半脱位，如小儿桡骨头半脱位。

5. 按有无合并损伤分类

（1）单纯性脱位　单纯性脱位是指无合并损伤的脱位。

（2）复杂性脱位　复杂性脱位合并骨折或血管、神经、内脏损伤的脱位。

6. 按脱位关节是否与外界相通分类

（1）闭合性脱位　脱位关节无创口与外界相通。

（2）开放性脱位　脱位关节经创口与外界相通。

（三）筋伤分类

1. 按筋伤原因分类

（1）扭伤　扭伤主要是指关节部位组织因扭转、闪错等外力所致的损伤，多以伤气为主。轻者无明显组织撕裂损伤、肿痛轻微、活动基本正常；重者可出现受损组织部分或完全断裂、多关节不稳定等症状。

（2）挫伤　凡机体各部组织遭受撞击、挤压等钝性直接暴力引起的损伤，多以伤血为主。轻者伤及皮肉，青肿作痛；重者易致筋骨、脏腑、经络损伤。挫伤可致闭合性或开放性损伤。

（3）拉伤　拉伤主要因肌肉强力收缩或被动牵拉用力所致的肌肉、肌腱和筋膜等组织损伤，以伤营血为主。一般被动牵拉伤比主动牵拉伤严重。

（4）碾挫伤　碾挫伤是指由于钝性物体的推移或旋转挤压肢体，易造成皮肤、皮下及深部组织为主的严重损伤。碾挫伤常常形成皮肤、皮下组织、筋膜、肌腱、肌肉组织与神经血管俱伤，易造成局部的感染和坏死，如锐性金属器械或火器等直接外力所致的损伤。

（5）劳损　劳损是指关节或肌肉、肌腱、筋膜等组织因过度活动或体位不正因素所引起的慢性积累性损伤。劳损是由多瘀、多虚、易感受风寒湿邪而发生的瘀阻痹痛。劳损实质上是一种慢性、无菌性炎症的病理改变。

2. 按筋伤程度分类

（1）撕裂伤　撕裂伤是指暴力作用于肢体，造成筋膜、肌肉、肌腱、韧带等的组织部分断裂损伤。伤后导致络脉受伤，血离脉道，瘀血凝结，肢体功能障碍。

（2）断裂伤　断裂伤是指暴力作用于肢体，造成肌肉、肌腱、韧带等筋的组织完全断裂伤。伤后导致肢体严重的功能障碍和明显的局部疼痛、肿胀、瘀血斑、畸形等。

（3）筋伤错缝　筋伤错缝是指暴力作用于肢体，造成筋膜、韧带、关节软骨盘等筋的组织位置改变。伤后因筋的特殊解剖位移，导致关节功能障碍。

3. 按筋伤病程分类

（1）急性损伤　凡遭受直接或间接外力、有急性伤史所致的组织损伤，又称新伤，一般病程不超过3周。

（2）慢性损伤　慢性损伤是指因劳逸失度、姿势不正或长期单一姿势，外力积累导致筋的慢性劳损。慢性筋伤好发于多动关节及负重部位，由于局部频繁活动、劳作过度、操作姿势不当导致气血运行不畅，筋失荣养，肌筋疲劳与磨损。长期伏案工作容易形成颈项部肌肉筋膜劳损、颈椎病等；腰部长期负重或反复弯腰劳作容易导致腰肌劳损、腰椎间盘突出症等。急性筋伤失治、治疗不当也可发展成为慢性筋伤，即陈旧性筋伤，亦称陈伤。

（四）内伤分类

凡暴力引起人体内部气血、经络、脏腑受损或功能紊乱，而产生一系列症状者，统称内伤。皮肉筋骨的损伤可伤及气血，引起脏腑、经络功能紊乱，出现各种证候。骨伤科的内伤与中医内科的内伤有着根本区别：骨伤科的内伤必须由外力损伤引起，而中医内科的内伤则是由七情、六欲、劳倦、饮食等原因所致。正因为病因各有所异，分类也不同。内伤的分类常见有以下五种。

1. 按内伤病理分类

（1）伤气　伤气是指人体受外力作用后，气机运行失常引起的气闭、气滞、气逆、气虚及气脱等。

1）气闭：多因骤然损伤而致的气机闭塞不通，临床表现为不省人事、神志昏迷。

2）气滞：因损伤后气机不利而产生的疼痛等各种症状，临床上以痛无定处、范围较广、压痛点不固定为特征。

3）气逆：因损伤后气机升降失常而产生的气喘、呃逆、呕吐等。

4）气虚：因损伤导致元气亏损、功能衰退而产生的疲倦无力等。

5）气脱：多因损伤大出血导致气随血脱，表现为神志淡漠、神志不清、面色苍白、口唇发绀、四肢冰冷等。

（2）伤血　伤血是指人体受到外力作用后，血的生理功能失常，血脉不得循经流注，血行不得宣通，或因损伤出血，溢于脉外所致，表现为瘀血、血热、血虚、血亡、血脱等。

1）瘀血：伤后血离经脉，滞留体内，淤积不散而成瘀血停滞，表现为局部青紫、肿胀、疼痛、大便秘结、脉涩等。

2）血热：因血络损伤，外邪乘虚而入，或积瘀生热所致，表现为高热，口渴，心烦，舌红，脉数，甚至昏迷，或同时有出血不止等血热妄行的证候。

3）血虚：因损伤后失血过多，或瘀血不去新血不生所致，表现为面色不华或萎黄、头晕目眩、心悸失眠、手足麻木、舌淡脉虚等。

4）血亡：伤后有较大血脉破裂，血行脉外，较速且猛；或体内血液妄行，血自诸窍溢出体外，如吐血、咳血、衄血、便血、尿血等；或有大量内出血蓄积于胸腔、腹腔、颅内等处。严重出血者，往往有气随血脱的危象。

5）血脱：因失血过多而致的脱证，表现为面色苍白、四肢厥冷、汗出如油、神志不清、脉芤或细数等厥逆之症。

（3）气血两伤　气血两伤常有伤气、伤血两者的证候，往往肿痛并见，临床较为多见。临床上两者可因病因病机不同而有所偏重，或以伤气为主，或以伤血为主。

（4）伤经络　经络为气血之通道，一旦受损则出现循经络扩散的症状或经络功能障碍的表现。如督脉损伤可见肢体麻木不仁、活动功能障碍等；足厥阴肝经损伤可见胁肋肿痛、胸满气促、少腹疼痛等。

（5）伤脏腑　伤脏腑即内脏损伤，是指外力作用后，人体脏腑功能失常或内脏本身受到器质性损伤。脏腑损伤一般以脏腑器质性损伤为严重，这类患者常昏厥，甚至出现昏迷不醒和各种出血症候。脏腑损伤，按病因不同可分为开放性和闭合性两类；按损伤部位可分为头部内伤、胸部内伤、腹部内伤、腰部内伤等。由于脏腑损伤错综复杂，因此临证时必须审慎周详。

2. 按内伤时间分类

（1）新伤　新伤是指机体损伤后立即发病者或受伤未超过2周者，无论伤情如何均属于新伤。

（2）陈伤　陈伤是指受伤超过2周者，多由于新伤未经过治疗或治疗不彻底致日久不愈，或伤愈后又因某些诱因而复发者。

3. 按内伤过程、外力作用性质分类

（1）急性内伤　急性内伤是指由于突然而来的暴力引起的损伤。

（2）慢性劳损　慢性劳损是指由于劳逸失度、体位不正、外力经年累月作用于人体而致的病变。

4. 按内伤部位分类

（1）头部内伤　头部内伤又称为颅脑损伤，包括脑震荡、脑挫伤、颅内血肿和脑干损伤等，在临床上较为常见。

（2）胸部内伤　胸部内伤是指外力引起的胸壁及内部气血、经络或肺脏、食管、心脏、大血管的损伤。

（3）腹部内伤　腹部内伤是指外力作用所致腹壁及内部的气血、经络、脏腑损伤等的损伤。根据损伤外力的性质、程度，一般可分为单纯胸壁挫伤与腹腔内脏损伤等。

（4）腰部内伤　腰部内伤多因直接暴力和撞击、跌打等原因引起，亦可由间接暴力，如搬运重物用力过度、坠堕时足部或臀部着地等原因引起。腰部内伤轻者表现为腰部软组织挫伤，重者可导致肾挫伤或肾破裂等。

5. 按内伤程度分类

（1）轻伤　轻伤一般是指临床症状比较轻微、对生命无威胁的损伤，如气血损伤，单纯胸、腹壁挫伤、腰部软组织损伤等。

（2）重伤　重伤一般是指临床症状比较严重、对生命构成威胁的损伤，如内脏破裂出血、颅内血肿、脑干损伤等。

四、按骨病分类

中医骨病学是以中医理论为指导，结合现代科学和西医学知识来研究骨与关节系统疾病的发生、发展及其防治规律的一门临床学科，是中医骨伤科学的重要组成部分。其主要研究发生于骨、关节、筋膜、肌肉等运动系统除外伤之外的疾病。骨病常将病因、病理及临床表现作为分类依据，用以指导治疗。中医骨病常分为以下几大类。

1. 骨与关节先天性畸形　骨与关节先天性畸形包括成骨不全、软骨发育不全、石骨症、脊椎裂、先天性脊柱侧弯、先天性髋关节脱位、并指畸形等。

2. 骨痈疽　骨痈疽包括急性化脓性骨髓炎、慢性骨髓炎、化脓性关节炎、骨梅毒等。

3. 骨痨　骨痨包括骨与关节结核。

4. 骨痹　骨痹包括风湿性关节炎、类风湿关节炎、骨与关节退行性关节炎、强直性脊柱炎、血友病性关节炎、痛风性关节炎、神经性关节炎及部分骨代谢性疾病，如骨质疏松等。

5. 骨痿　骨痿包括多发性神经炎、小儿麻痹后遗症、骨质软化症、佝偻病等。

6. 骨蚀　骨蚀包括成人股骨头缺血性坏死、股骨头骨骺炎、胫骨结节骨骺炎、脊椎骨骺炎、手舟骨缺血性坏死、足距骨缺血性坏死等。

7. 骨肿瘤　骨肿瘤包括良性骨肿瘤、恶性骨肿瘤、转移性骨肿瘤和瘤样病损，如骨瘤、骨样骨瘤、骨巨细胞瘤、血管瘤、骨肉瘤、软骨肉瘤、纤维肉瘤、骨髓瘤、脊索瘤、尤因肉瘤、滑膜瘤、骨囊肿、骨纤维异样增殖症等。

8. 地方病与职业病　地方病与职业病包括大骨节病、氟骨病、振动病、减压病、铅中毒、镉中毒、磷中毒等。

（许权　杨文龙）

第二节　骨伤病病因

骨伤病的病因，就是引起人体损伤发病的原因，或称为损伤的致病因素。早在《内经》中就指出"坠堕""击仆""举重用力""五劳所伤"等是损伤的致病因素。汉代张仲景在《金匮要略·脏腑经络先后病脉证》中提出了"千般灾难，不越三条"的主张，即"一者，经络受邪，入脏腑，为内所因也；两者，四肢九窍，血脉相传，壅塞不通，为外皮肤所中也；三者，房室、金刃、虫兽所伤"。以后，有的医家把损伤病因列为不内外因。宋代陈无择在《三因极一病证方论·三因论》中说："六淫者，寒暑燥湿风热是；七情者，喜怒忧思悲恐惊是……其如饮食饥饱，叫呼伤气，尽神度量，疲极筋力，阴阳违逆，乃至虎狼毒虫……有悖常理，为不内外因。"他也指出三因之间是互相关联的，复又云："如欲救疗，就中寻其类例，别其三因，或内外兼并，淫情交错，推其深浅，断其所因为病源，然后配合诸证，随因施治，药石针艾，无施不可。"一方面，他指出了损伤病因不同于七情内因和六淫外因而属于不内外因；另一方面，他又提出，不内外因仍属外因或内因的范围，互相兼并，交错在一起。故历代大多医家认为损伤的致病原因就是内因和外因。了解损伤的病因对损伤的治疗有着重要的指导意义。现将损伤的病因分为内因和外因两方面来介绍。

一、内因

内因是指人体内部影响而致损伤的因素。损伤的发生无论是急性损伤与慢性劳损，还是内伤与外伤，主要是由于外力伤害外在因素所致，但也都有各种不同的内在因素和一定的发病规律。《素问·评热病论》指出："邪之所凑，其气必虚。"而《灵枢·百病始生》说得更为透彻："风雨寒热，不得虚，邪不能独伤人。""此必因虚邪之风，与其身形，两虚相得，乃客其形。"这说明大部分外界致病因素只有在机体虚弱的情况下才能伤害人体，这不仅体现在外感六淫和内伤七情的发病，而且对损伤的发病也不例外。因此，必须重视内因在发病机制上的重要作用。但是，当外来暴力比较大，超过了人体防御力量或耐受力时，外力伤害就成为主要和决定的因素。骨伤科疾病的发生，外因是很重要的，但也与年龄、体质、局部解剖结构等内在因素关系十分密切。

（一）年龄

不同的年龄伤病好发部位和发生率不同，如跌倒时臀部着地，虽然外力作用相同，但老年人易引起脊柱压缩性骨折，青少年则较少发生。儿童因骨骼柔嫩、尚未坚实而容易折断，但儿童的骨骼骨膜较厚而富有韧性，骨折时多见青枝骨折。骨骺损伤多发生在儿童或十七八岁以下的正在生长发育、骨骺尚未愈合的少年。青壮年筋骨强劲，同样跌倒却不一定会发生骨折。但在工业生产活动中所发生的机械性损伤以青壮年多发。

（二）体质

体质的强弱与损伤的发生有密切的关系。年轻力壮、气血旺盛、肾精充实、筋骨坚强者则不易发生损伤。年老体衰、气血虚弱、肝肾亏损、骨质疏松者则更易发生损伤，很轻微的外力也可能引起股骨颈或股骨转子间骨折。又如下颌关节脱位多见于老年人，《伤科补要》曰："下颏者，即牙车相交之骨也，若脱，则饮食言语不便，由肾虚所致。"故下颌关节脱位其原因虽为骤然张口过大所致，但也往往与肾气亏损而致面部筋肉松弛等有关。《正体类要·正体主治大法》指出："若骨龄接而复脱，肝肾虚也。"这说明肝肾虚损是习惯性脱位的病理因素之一。

（三）解剖结构

损伤与其局部解剖结构有一定的关系，传达暴力作用于某一骨骼时，通常是在密质骨与松质骨交界处发生骨折，如肱骨外科颈位于解剖颈下 2 ~ 3cm 处，是大结节、小结节下缘与肱骨干的交界处，也是松质骨与密质骨交界的地方，为力学上的薄弱点。所以，跌倒时若手掌或肘部着地，向上传达暴力作用于此，即可造成肱骨外科颈骨折。锁骨骨折多发生在无韧带肌肉保护的锁骨两个弯曲的交界处。

（四）先天因素

损伤的发生与先天禀赋不足也有密切关系，如第一骶椎的隐性脊柱裂，由于棘突缺如，棘上与棘间韧带失去了依附，降低了腰骶关节的稳定性，容易发生劳损。先天性脆骨病、先天性骨关节畸形都可造成骨组织脆弱，易发生骨折。

（五）病理因素

伤病的发生还与组织的病变关系密切。内分泌代谢障碍可影响骨的成分，骨组织的疾病如骨肿瘤、骨结核、骨髓炎等骨组织受到破坏，从而容易导致骨折脱位等损伤。

（六）职业工种

损伤的发生与职业工种有一定的关系，如手部损伤较多发生在缺乏必要的防护设备下工作的机械工人，慢性腰部劳损多发于经常弯腰负重操作的工人，运动损伤多发于运动员、舞蹈演员、武打演员，颈椎病多发于经常低头工作者。

（七）七情内伤

损伤的发生发展与七情内伤有密切关系。过喜大笑，可造成颞下颌关节脱位；忧思过度，注意力不集中，易发生生活损伤和交通损伤。有些慢性骨关节痹痛，如果患者情志郁结，则内耗气血，可加重局部的病情。有些较严重的创伤，如果患者性格开朗、意志坚强，则有利于创伤修复和疾病的好转；如果意志薄弱、忧虑过度，则加重气血内耗，不利于创伤的康复，甚至加重病情。因此，中医骨伤科历来重视精神调养。损伤的病因比较复杂，随着社会的发展，致病因素也呈现出不同的时代特点，疾病的发生往往是内外因素综合作用的结果。不同的外因可以引起不同的损伤，由于内因的影响，同一外因引起损伤的种类、性质及程度又有所不同。损伤的发生，外因虽然是重要的，但亦不要忽视机体本身的内因。因此，必须正确理解损伤的外因与内因的这一辩证关系，才能认识损伤的发生和发展，采取相应的防治措施使损伤的损害降到最低。

二、外因

损伤外因是指引起人体损伤的外界因素，主要是外力伤害，但与外感六淫、邪毒感染、地域环境、毒物与放射线等也有一定的关系。

（一）外力伤害

外力作用可以损伤人体的皮肉筋骨而引起各种损伤，如跌仆、坠堕、撞击、闪挫、压轧、负重、刀刃、劳损等所引起的损伤都与外力作用有关。根据外力性质的不同，可分为直接暴力、间接暴力、肌肉强烈收缩和持续劳损。

1. 直接暴力　损伤发生在外力直接作用的部位称为直接暴力，如创伤、挫伤、骨折、脱位等。

2. 间接暴力　损伤都发生在远离外力作用的部位，称为间接暴力。如传达暴力、扭转暴力可引起相应部位的骨折、脱位，如自高处坠落，臀部先着地，身体下坠的冲击力与地面向上对脊柱的反作用力造成的挤压即可在胸腰椎发生压缩性骨折，或伴有更严重的脱位及脊髓损伤。

3. 肌肉强烈收缩　肌肉强烈收缩和牵拉可造成筋骨损伤，如跌仆时股四头肌强烈收缩可引起髌骨骨折，投掷标枪时肌肉强烈收缩可致肱骨干骨折。

4. 持续劳损　长时间劳作或姿势不正确的操作，肢体某部位之筋骨受到持续或反复多次的牵拉、摩擦等，可使外力积累而引起筋骨慢性损伤。《素问·宣明五气》曰："久视伤血，久卧伤气，久坐伤肉，久立伤骨，久行伤筋，是谓五劳所伤。"如单一姿势的长期弯腰负重可造成慢性腰肌劳损，长时间的步行可能引起跖骨疲劳性骨折。持续劳作伤害可引起气、血、筋、骨、肉损伤，进而导致骨骺炎、骨坏死等。

（二）外感六淫

外感六淫可引起筋骨、关节疾病，导致关节疼痛或活动不利。《诸病源候论·卒腰痛候》指出："夫劳伤之人，肾气虚损，而肾主腰脚，其经贯肾络脊，风邪乘虚，卒入肾经，故卒然而患腰痛。"《仙授理伤续断秘方》曰："损后中风，手足痿痹，不能举动，筋骨乖张，挛缩不伸。"这说明各种损伤之后，风寒湿邪可能乘虚侵袭，阻塞经络，导致气机不得宣通，引起肌肉挛缩或松弛无力，进一步加重脊柱和四肢关节功能障碍。《伤科补要》曰："夫人之筋，赖气血充养，寒则筋挛，热则筋纵，筋失营养，伸舒不便，感冒风寒，以患失颈，头不能转。"这说明感受风寒湿邪还可致落枕等疾病。《素问·痹论》曰："风、寒、湿三气杂至，合而为痹也。"《诸病源候论·风湿腰痛候》曰："劳伤肾气，经络既虚，或因卧湿当风，而风湿乘虚搏于肾，肾经与血气相击而腰痛。"这都说明外感六淫是痹证的发病原因。

（三）邪毒感染

外伤后再感受毒邪，或邪毒从伤口乘虚而入，郁而化热，热盛肉腐，附骨成脓，脓毒不泄，蚀筋破骨，则可引起局部和全身感染，出现各种变证。如开放性骨折处理不当可引起化脓性骨髓炎等。《医宗金鉴·痈疽总论歌》曰："痈疽原是火毒生。"感受不同的邪毒可引起不同的疾病，如附骨痈、附骨疽、关节流注、骨痨、骨梅毒等。

（四）地域环境

不同的地理环境、气候条件和饮食习惯等可引起如大骨节病、氟骨病、佝偻病等不同的骨病。

（五）毒物与放射线

经常接触有害物质，包括各种不利于人体健康的无机毒物、有机毒物和放射线，均能导致骨损害而发病。

（许权）

第三节 骨伤病辨证

人体是由皮肉、筋骨、脏腑、经络、气血与津液等共同组成的有机整体。人体生命活动主要是脏腑功能的反映，脏腑功能的物质基础是气血津液。脏腑各有不同的生理功能，通过经络联系全身的皮肉筋骨等组织，构成复杂的生命活动，它们之间保持着相对的平衡，互相联系，互相依存，互相制约，无论在生理活动还是在病理变化方面都有着不可分割的联系。因此，骨伤病的发生和发展与皮肉筋骨、脏腑经络、气血津液等都有密切的关系。

外伤疾病多由于皮肉筋骨损伤而引起气血瘀滞，经络阻塞，津液亏损，或瘀血邪毒由表入里，而导致脏腑不和，亦可由于脏腑不和由里达表引起经络、气血、津液病变，导致皮肉筋骨病损。明代薛己在《正体类要》中指出："肢体损于外，则气血伤于内，营卫有所不贯，脏腑由之不和。"这说明人体的皮肉筋骨在遭受到外力的损伤时，进而影响气血、营卫、脏腑等一系列的功能紊乱，外伤与内损、局部与整体之间是相互作用、相互影响的。因此，在外伤的辨证论治过程中，均应从整体观念加以分析，既要辨治局部皮肉筋骨的外伤，又要对外伤引起的气血、津液、脏腑、经络功能的病理生理变化加以综合分析，这样才能正确认识损伤的本质和病理现象的因果关系。这种局部与整体的统一观，是中医骨伤科治疗损伤疾病的原则之一。

骨伤科辨证方法主要有八纲辨证、气血辨证、脏腑辨证、皮肉筋骨辨证，其中气血辨证是骨伤科辨证论治的关键。此外，还可以根据疾病病程、类型进行分期或分型辨证。

一、八纲辨证

八纲是指阴、阳、表、里、寒、热、虚、实八大纲领，可辨别病症的类别，表里说明病位的浅深，寒热体现病情的性质，虚实判断邪正的盛衰。但在具体的辨证过程中，它们是相互区别，又相互转化、互相联系、相互错杂的。例如，表证可表现为表寒证、表热证、表虚证、表实证，里证可表现为里寒证、里热证、里虚证、里实证等。

（一）阴阳

辨阴阳可辨别疾病属性，阴阳是对各种病情从整体上最基本的概括，为八纲的总纲。

1. 阴证　里证、寒证、虚证多属于阴证，起病慢、病程长、病位深；若为慢性劳损、陈旧性损伤、损伤后综合征，以及化脓期脓肿肿势不急且不红不热反畏寒、疼痛不甚、脓液清晰、淋漓不尽、难于生肌收口（如骨结核）等多属阴证。

2. 阳证　表证、热证、实证多属于阳证，起病急、病程短、病位浅。若急性损伤有瘀血，或兼有外邪、脓未溃而红肿焮热、肿势猛烈、疼痛剧烈、溃后脓黄而稠、易于生肌收口（如急性化脓性感染）等多属阳证。

若损伤出血量多可致亡阴；严重损伤后四肢厥冷、冷汗淋漓，则为亡阳；两者失治误治，均可导致阴阳双亡。

（二）表里

辨表里是指辨别病位的内外浅深，可说明病情的轻重浅深及病机变化趋势。外邪由表入里，病情加重；病邪由里出表，病情减轻。

1. 表证　表证病位浅而病情轻，凡伤及皮毛、肌腠、肌肉或兼感外邪者，属于表证。

2. 里证　里证病位深而病情重。若伤及气血、经络、脏腑、骨髓等，或外邪袭表后病邪传里者，属于里证。

（三）寒热

辨寒热是指辨别疾病的性质属寒属热。阳盛则热，阴盛则寒。

1. 寒证　寒证多见于陈旧性损伤和慢性劳损，因素体阳虚，或正气虚弱、寒邪入里所致，如慢性骨髓炎、骨结核等；急性损伤后因素体正虚，寒邪内侵，表现为面色苍白，畏寒肢冷，口不渴而喜热饮，大便溏薄，小便清长，舌淡苔白，脉迟缓，也属寒证。

2. 热证　热证多见于急性损伤早期，因瘀血化热，或伤后热邪侵袭，或热毒从伤口入侵，可见发热、烦躁、面红、口干喜冷饮、小便短赤、大便干结、舌红苔黄、脉数有力等实热的症状；热证也可见于损伤后期，因阴虚血损，表现为潮热盗汗、五心烦热、形体消瘦、咽干口燥、舌红少苔、脉细数等虚热的症状。

临床上寒证、热证在变化发展过程中，可出现寒热互结、寒热相互转化、真寒假热、真热假寒的现象。所以，在辨寒热时，或舍症从脉，或舍脉从症，应具体问题具体分析。

（四）虚实

辨虚实是指辨别邪正盛衰，反映疾病发展过程中人体正气的强弱。

1. 虚证 正气不足、机体抵抗力低，骨伤科的虚证多见于慢性劳损、急性损伤后期、早期严重损伤出血量多及素体虚弱的受伤患者。但各种虚证表现不一，常见面色淡白或萎黄、神疲乏力、气短、形寒肢冷、舌淡胖、脉虚沉迟，或五心烦热、潮热盗汗、舌红少苔、脉细数等。

2. 实证 邪气亢盛，正气未虚，多见于急性损伤早期、有气滞血瘀或有热象的患者，多表现为局部明显肿痛和灼热、胸胁胀痛、腹疼拒按、壮热烦躁、口渴咽干、便干尿赤、脉实有力等。

临床上常有虚中夹实、实中夹虚等虚实夹杂现象，应注意鉴别。

二、气血辨证

损伤与气血的关系十分密切，当人体受到外力伤害后常导致气血运行紊乱而产生系列的病理改变。人体一切伤病的发生、发展无不与气血有关。

（一）伤气

因用力过度、跌仆闪挫或撞击胸部等因素，导致人体气机运行失常，乃至脏腑发生病变，出现"气"的功能失常及相应的病理现象。一般表现为气滞与气虚，损伤严重者可出现气闭、气脱，内伤肝胃可见气逆等。

1. 气滞 气滞是指气机阻滞、运行不畅，以胀闷疼痛为主要表现的证候。损伤导致的气滞表现为局部胀痛或闷痛、痛无定处、散漫走窜，或兼有咳喘、气急，以及胸胁及脘腹胀满、神疲纳少、脉沉或涩等。

2. 气闭 气闭是指邪气阻闭神机、脏器或者管腔，以突发昏厥或绞痛为主要表现的急重证候。气闭可以由损伤直接导致，也可由气滞发展而来，表现为剧烈疼痛、烦躁不安、恶心呕吐，甚至昏不识人、四肢抽搐、牙关紧闭，再甚者可死亡。

3. 气脱 气脱为气机失调的脱证，也属于伤气的危证。损伤导致的气脱表现为伤后突然神志呆滞、目无神采、面色苍白、汗出肢冷、呼吸微弱、舌淡、脉细数等。

4. 气虚 气虚为脏腑功能减退所表现的证候。损伤导致的气虚表现为疼痛绵绵、肿块日久不散、少气懒言、神疲乏力、头晕目眩、舌淡苔白、脉虚无力等。

5. 气逆 气逆为气机升降失常，逆而向上引起的证候。损伤后若肺气上逆，表现为咳嗽喘息；胃气上逆，表现为嗳气、恶心、呕吐等；肝气上逆，可见头痛、眩晕，甚则昏厥、呕血等。

（二）伤血

伤血是指血行异常及循行血量不足所导致的证候，由于跌打、挤压、挫撞及各种机械冲击等伤及血脉，以致出血，或瘀血停积。损伤后血的功能失常可出现各种病理现象，主要有为瘀血、出血、血虚、血脱、血热。

1. 瘀血 无开放创口的闭合性损伤，离经之血积于皮下、肌肤之间者称为瘀血，表现为局部青紫肿胀疼痛、痛有定处、拒按、拒动等。

2. 出血 离经之血溢出者称出血。出血可分为外出血及内出血。离经之血向体外溢出，称为外出血；离经之血溢出并积于胸腔、腹腔、颅腔等体腔，称为内出血。出血量大可导致气随血脱，危及生命，故遇到出血者应积极抢救，尤其对有头部、胸部及腹部损伤者，必须明确诊断是否有内出血。

3. 血虚 血虚是指循行血量不足，即血液亏虚、脏腑失养所表现的证候，可见于损伤早期因失血量较多；也可见于损伤后期，因脾胃虚弱、气血生化不足或久治不愈、阴血暗耗所致。血虚表现为面色苍白或萎黄、唇甲淡白无华、头晕眼花、心悸失眠、舌淡苔白、脉细无力等。

4. 血脱 血脱是由于失血过多而导致的脱证，是伤血中的危证。见于急性创伤严重失血时，出现四肢厥冷、大汗淋漓、烦躁不安，甚至晕厥等虚脱症状。血虽以气为帅，但气的宁谧温煦需血的濡养。失血过多时，气浮越于外而耗散、脱亡，出现气随血脱、血脱气散的虚脱。

5. 血热 血热是指损伤后，积瘀化热、肝火炽盛等表现的证候，均可引起血热，可见发热、口渴、心烦、舌红绛、脉数等，严重者可出现高热昏迷。积瘀化热，邪毒感染，尚可致局部血肉腐败，酝酿液化成脓。《正体类要·正体主治大法》曰："若患处或诸窍出血者，此肝火炽盛，血热错经而妄行也。"

（三）气血两伤

气能生血，气为血之母，气与血这互依存，损伤所导致的伤气及伤血大多同时出现，伤气必及血，伤血必及气，故临床上常出现气血两伤之证，但大多各有侧重。常见的气血两伤有气滞血瘀、气血两虚、气随血脱等证。

三、脏腑经络辨证

脏腑辨证是根据脏腑的生理功能和病理表现，通过对病证进行分析，从而推断病变的部位、性质及邪正盛衰的辨证方法。在骨伤科中，无论是急性损伤还是慢性劳损，不外乎外伤皮、肉、筋、骨，内伤气血、经络、脏腑，而肺主皮毛，脾主肌肉，肝主筋，肾主骨，即使是外伤也可损及相应的脏腑，正如《素问·刺要论》曰："皮伤则内动于肺。""肉伤则内动于脾。""筋伤则内动于肝。""骨伤则内动于肾。"所以，损伤可从脏腑辨证。

（一）脏腑的生理功能

脏腑是化生气血，通调经络，营养皮肉筋骨，主持人体生命活动的主要器官。脏与腑的功能各有不同。《素问·五藏别论》曰："五脏者，藏精气而不泻也。""六腑者，传化物而不藏。"脏的功能是化生和贮藏精气，腑的功能是腐熟水谷、传化糟粕、排泄水液。

（二）经络的生理功能

经络是运行全身气血，联络脏腑肢节，沟通上下内外，调节体内各部分功能活动的通路，包括十二经脉、奇经八脉、十五别络，以及经别、经筋等。每一经脉都连接着内在的脏或腑，同时脏腑又存在相互表里的关系。所以在疾病的发生和传变上也可以由于经络的联系而相互影响。

（三）脏腑与经络的关系

人体是一个统一的整体，体表与内脏、内部脏腑之间有着密切的联系，不同的体表组织由不同的内脏分别主宰。脏腑发生病变，必然会通过它的有关经络反映在体表；而位于体表组织的病变，同样可以影响其所属的脏腑出现功能紊乱，如"肝主筋""肾主骨""脾主肌肉"等。肝藏血主筋，肝血充盈，筋得所养，活动自如；肝血不足，筋的功能就会发生障碍。肾主骨，藏精气，精生骨髓，骨髓充实，则骨骼坚强；脾主肌肉，人体的肌肉依赖脾胃化生气血以资濡养，这都说明人体内脏与筋骨气血的相互联系。

（四）损伤与脏腑、经络的关系

《血证论》曰："业医不知脏腑，则病原莫辨，用药无方。"脏腑病机是探讨疾病发生发展过程中，脏腑功能活动失调的病理变化机制。外伤后势必造成脏腑生理功能紊乱，并出现一系列病理变化。

1. 肝和肾辨证　肝主筋、主关节运动。全身筋肉的运动与肝有密切关系。肝血充盈才能养筋，筋得其所养才能运动有力而灵活。肝脏具有贮藏血液和调节血量的功能。凡跌打损伤之证，而有恶血留内时，则不分何经，皆以肝为主，因肝主藏血，故败血凝滞体内，从其所属，必归于肝。肾主骨，主生髓，骨的生长、发育、修复，均须依赖肾脏精气所提供的营养和推动。因肾生精髓，故骨折后如肾生养精髓不足，则无以养骨，难以愈合。故在治疗时，必须用补肾续骨之法。

（1）肝血不足　肝血不足常见于久病体虚者，损伤后常见头晕目眩，失眠多梦，面白无华，两目干涩，视物模糊，爪甲不荣，肢麻震颤，拘挛，妇女月经量少，色淡，甚至经闭，舌淡苔薄，脉细弱。

（2）肾精不足　肾精不足常见于先天性疾病及久病体虚者，可导致小儿的骨软无力、囟门迟闭，以及某些骨骼的发育畸形；肾精不足、骨髓空虚致腿足萎弱而行动不便，或骨质脆弱，易于骨折。此外还可表现为眩晕耳鸣，腰膝酸软，性功能减退，男子精少，神疲健忘，昼尿频多，尿后余沥不净，夜尿清长，小便失禁，遗精频作，舌淡苔少，脉沉细。

2. 肺与大肠辨证　肺主气，司呼吸，主宣发肃降，通调水道，外合皮毛，与大肠相表里。大肠主传化糟粕。损伤后常见的肺与大肠的证候有肺气虚、肺阴虚、肺瘀热、大肠实热等。

（1）肺气虚　肺气虚常见于胸部损伤后期，由肺主气功能失常、气的生化不足所致，表现为胸胁隐痛，咳嗽无力，气短不足以息，痰白清稀，神疲体倦，自汗畏风，舌质淡嫩，苔白，脉虚。

（2）肺阴虚　肺阴虚常见于胸部损伤后期，因久病肺阴耗损所致，表现为干咳无痰或痰少而黏，或痰中带血，胸胁隐痛，口干咽燥，五心烦热，潮热盗汗，声音嘶哑，舌红少苔，脉细数。

（3）肺瘀热　肺瘀热常见于胸部损伤早期，因积瘀化热所致，表现为发热，胸痛，咳嗽加剧，痰黄而黏，不易咳出，舌红苔黄，脉滑数。

（4）大肠实热　大肠实热常见于脊柱及腹部损伤早期，因气滞血瘀，积瘀生热所致，表现为发热，烦渴，少腹胀满，疼痛拒按，大便秘结，小便短赤，舌红苔黄，脉弦数。

3. 脾与胃辨证　脾胃均位于中焦，互为表里。脾主运化水谷，主升，主肌肉；胃主受纳腐熟，主降，两者共为气血生化之源。损伤引起的脾胃功能失常，主要有脾胃气虚、脾阳不足、寒湿困脾、脾不统血及胃阴亏虚等。

（1）脾胃气虚　脾胃气虚多见于慢性劳损和急性损伤后饮食失调患者，表现为神疲乏力，少气懒言，纳少腹胀，大便溏薄，面色萎黄，舌淡，苔白，脉缓弱。

（2）脾阳不足　脾阳不足多见于慢性劳损和急性损伤后期，因饮食不节、损伤脾阳，或由脾胃气虚发展而来，表现为腹胀纳少，腹痛隐隐，喜温喜按，大便溏薄，四肢不温，肢体困重，舌淡胖，苔白滑，脉沉迟。

（3）寒湿困脾　寒湿困脾多见于伤后因居住潮湿，涉水淋雨，或饮食不调，过食生冷，或素体湿盛，寒湿内停，脾受湿困，表现为脘腹痞闷胀痛，食欲不振，恶心欲呕，肢体困重，浮肿，面色晦黄，舌淡胖，苔白腻，脉濡缓。

（4）脾不统血　脾不统血多见于慢性劳损和急性损伤中后期，由脾气虚弱、气不摄血所致，表现为皮下出血，鼻衄，齿衄，尿血，便血及崩漏；兼脾气虚弱的症状有神疲乏力，面色萎黄，食少便溏，少气懒言，舌淡，脉细弱。

（5）胃阴亏虚　胃阴亏虚多见于损伤后期，因积瘀化热，或气郁化火，导致胃阴耗损，表现为胃脘隐痛，饥不欲食，口干不欲饮，大便干结，舌红少津，脉细数。

4. 肝与胆辨证　肝主疏泄，主藏血，在体合筋；胆主贮藏与排泄胆汁，肝胆互为表里。损伤后肝胆生理功能失常主要包括肝气郁结、肝火上炎、肝阳上亢、肝风内动、肝胆湿热。

（1）肝气郁结　肝气郁结多见于胸胁部损伤，损伤后由肝失疏泄、气机郁滞所致，表现为胸胁胀痛或窜痛，胸闷善太息，或少腹胀痛，妇女经期乳房胀痛，苔薄白，脉弦。

（2）肝火上炎 肝火上炎多见于情志不畅，或外伤及胁肋，致气机不畅，郁而化火，表现为胁痛，眩晕，耳鸣，耳聋，目赤，甚吐血，舌边尖红，苔黄或干腻，脉弦数。

（3）肝阳上亢 肝阳上亢多见于伤后情志抑郁患者，因气郁化火，耗伤肝阴，阴不敛阳所致，表现为急躁易怒，眩晕耳鸣，面红目赤，失眠多梦，心悸健忘，腰膝酸软，舌红，脉细数。

（4）肝风内动 肝风内动多见于颅脑损伤和损伤后感染，也可见于损伤出血过多和损伤后期。因伤后肝阳上亢而动风（即肝阳化风），或热毒内侵，邪热怒张，燔灼肝经而生风（即热极生风），或阴液亏虚而引动肝风（即阴虚动风），或血虚生风，表现为眩晕欲仆、抽搐、震颤、颈项强直、角弓反张等。若为肝阳化风则兼见肝阳上亢的症状，热极生风者兼见高热神昏、狂躁等症，以及舌红或绛、脉弦数之象，阴虚动风者兼见阴虚之症，血虚生风者兼见血虚之症。

（5）肝胆湿热 肝胆湿热多见于右胸胁部损伤后恶血归肝，郁而化热，或外感湿热之邪，致湿热内蕴，肝气郁滞，胆汁排泄受阻，表现为胸胁痞闷，右胁肋疼痛，身黄，目黄，尿黄，食欲不振，厌油腻之食，口苦泛恶，舌红苔黄腻，脉弦数。

5. 肾与膀胱辨证 肾藏精，主生长发育，主骨生髓，与膀胱相表里，共同调节人体津液代谢的平衡。损伤后肾与膀胱的功能失常主要有肾阴虚、肾阳虚、肾精不足、膀胱湿热等。

（1）肾阴虚 肾阴虚多见于慢性劳损及急性损伤后期，因肾阴起伤所致，表现为腰膝酸痛，眩晕耳鸣，失眠多梦，多兼见形体消瘦，潮热盗汗，五心烦热，口干咽燥，尿黄便干，男子遗精，女子经少或闭经，舌红苔少，脉细数。

（2）肾阳虚 肾阳虚多见于慢性劳损及急性损伤后期，因肾阳虚衰、温煦失职所致，表现为腰膝酸痛，形寒肢冷，头晕目眩，男子阳痿，女子宫寒不孕，舌淡胖，苔白滑，脉沉弱。

（3）肾精不足 肾精不足多见于慢性劳损和劳累过度患者，因肾精亏虚无以滋养所致，表现为腰膝酸痛，眩晕耳鸣，动作迟缓，精神不振，健忘，早衰。

（4）膀胱湿热 膀胱湿热多见于尿路损伤及脊柱损伤患者，因伤后湿热内侵所致，表现为尿频，尿急，尿痛，或见发热，尿血，腰痛，舌红，苔黄腻，脉数。

6. 心与小肠辨证 心主血脉，主神志，与小肠相表里，因损伤导致心的功能失常，主要有心气虚、心血虚、心火上炎。小肠主分清泌浊，传化食物，损伤后的病理表现主要为小肠实热。

（1）心气虚 心气虚多见于年老体弱受伤患者，因心气虚弱无力所致，表现为心悸怔忡，胸闷气短，活动后加重，兼有气虚的症状；若兼见形寒肢冷，心痛憋闷，为心阳虚；若四肢厥冷，冷汗淋漓，面色苍白，唇甲青紫，为心阳暴脱之危证。

（2）心血虚 心血虚多见于损伤出血较多患者，因血不足以养心所致，表现为心悸忪忡，兼有血虚的症状。

（3）心火亢盛　心火亢盛多因损伤后瘀血化热或邪毒由创口侵犯，内攻于心所致，表现为心胸烦热，甚至狂躁不安，失眠，面赤口渴，小便短赤，大便干结，或口舌生疮，舌尖红绛，脉数。

（4）小肠实热　小肠实热多因伤后瘀血化热或心热下移小肠所致，表现为心烦口渴，口舌生疮，小便短赤，大便秘结，舌红苔黄，脉数。

四、皮肉筋骨病机

（一）皮肉筋骨的生理功能

皮肉为人之外壁，内充卫气，人之卫外者全赖卫气。肺主气，达于三焦，外循肌肉，充于皮毛，如室之有壁，屋之有墙，故《灵枢·经脉》曰："肉为墙。"

筋是筋络、筋膜、肌腱、韧带、肌肉、关节囊、关节软骨等组织的总称。筋的主要功用是连属关节，络缀形体，主司关节运动。《灵枢·经脉》曰："筋为刚。"言筋的功能坚韧刚强，能约束骨骼。《素问·五藏生成》曰："诸筋骨皆属于节。"其说明人体的筋都附着于骨上，大筋联络关节，小筋附于骨外。《杂病源流犀烛》曰："筋也者，所以束节络骨，绊肉绷皮，为一身之关纽，利全体之运动者也，其主则属于肝。""所以屈伸行动，皆筋为之。"因此，筋病多影响肢体的活动。

骨属于奇恒之腑。《灵枢·经脉》曰："骨为干。"《素问·痿论》曰："肾主身之骨髓。"《素问·脉要精微论》又曰："骨者，髓之府，不能久立，行则振掉，骨将惫矣。"其指出骨不但为立身之主干，还内藏精髓，与肾气有密切关系，肾藏精、精生髓、髓养骨，合骨者肾也，故肾气的充盈与否能影响骨的成长、壮健与再生；反之，骨受损伤可累及肾，两者互为影响。

肢体的运动有赖于筋骨，而筋骨离不开气血的温煦濡养，气血化生，濡养充足，筋骨功能才可劲强；筋骨又是肝肾的外合，肝血充盈，肾精充足，则筋劲骨强。

（二）损伤与皮肉筋骨的关系

皮肉筋骨的损伤，在骨伤科疾病中最为多见，一般分为"伤皮肉""伤筋""伤骨"，但又互有联系。

1.伤皮肉　伤病的发生，或破其皮肉，犹壁之有穴，墙之有窦，无异门户洞开，易使外邪侵入；或气血瘀滞逆于肉理，则因营气不从，郁而化热，以致瘀热为毒；若肺气不固，脾虚不运，则卫外阳气不能熏泽皮毛，脾不能为胃运行津液，而致皮肉濡养缺乏，引起肢体痿弱或功能障碍。

损伤引起血脉受压，营卫运行滞涩，则筋肉得不到气血濡养，导致肢体麻木不仁、挛缩畸形。局部皮肉组织受邪毒感染，营卫运行机能受阻，气血凝滞，继而郁热化火，酿而成脓，出现局部红、肿、热、痛等症状。若皮肉破损引起破伤风，可导致肝风内动，出现张口困难、牙关紧闭、角弓反张和抽搐等症状。

2. 伤筋　一般来说，筋急则拘挛，筋弛则痿弱不用。凡跌打损伤，筋伤首当其冲，受伤机会最多。在临床上，凡扭伤、挫伤后，可致筋肉损伤，局部肿痛、青紫，关节屈伸不利。即使在"伤骨"的病证中，如骨折时，由于筋附着于骨的表面，筋亦往往首先受伤；关节脱位时，关节四周筋膜多有破损。

所以，在治疗骨折、脱位时都应考虑筋伤的因素。慢性的劳损，亦可导致筋的损伤，如"久行伤筋"，说明久行过度疲劳，可致筋的损伤。临床上筋伤机会甚多，其证候表现、病理变化复杂多端，如筋急、筋缓、筋缩、筋挛、筋痿、筋结、筋惕等，宜细审察之。

3. 伤骨　在骨伤科疾病中所见的"伤骨"，包括骨折、脱位，多因直接暴力或间接暴力所引起。凡伤后出现肿胀、疼痛、活动功能障碍，并可因骨折位置的改变而有畸形、骨擦音、异常活动等为伤骨；如因关节脱位，骨的位置不正常，使附着之筋紧张而出现弹性固定等为伤筋。但伤骨不会是单纯性的孤立的损伤。

如上所述，损骨能伤筋，伤筋亦能损骨，筋骨的损伤必然累及气血伤于内，因脉络受损，气滞血瘀，为肿为痛。《灵枢·本脏》指出："是故血和则经脉流行，营复阴阳，筋骨劲强，关节清利矣。"所以治疗伤骨时，必须行气消瘀以纠正气滞血瘀的病理变化。伤筋损骨还可危及肝肾精气，《备急千金要方》曰："肾应骨，骨与肾合。""肝应筋，筋与肝合。"肝肾精气充足，可促使肢体骨骼强壮有力。因此，伤后如能注意调补肝肾，充分发挥精生骨髓的作用，就能促进筋骨修复。《素问·宣明五气》指出五脏所主除肝主筋外，还有"肾主骨"，五劳所伤除久行伤筋外，还有"久立伤骨"，说明过度疲劳也能使人体筋骨受伤，如临床所见的跖骨疲劳骨折等。《东垣十书·内外伤辨》指出的"热伤气""热则骨消筋缓""寒伤形""寒则筋挛骨痛"等，说明寒热对筋骨也有影响。

（许权）

第四章　骨伤病临床检查

【学习目标】

1. 掌握骨伤病四诊方法，临床诊查的方法及肌力的测定方法和标准。

2. 熟悉骨伤病临床诊查所需用具及注意事项，各重要肌肉测定标准和方法，常见的运动系统检查各类神经损伤的分类及表现，血管损伤的分类。

3. 了解各重要神经反射表现，脉诊中各脉象的临床意义。

临床检查是诊断疾病的手段和基础，在现如今出现了许多精密仪器及新检查方法的医疗背景下，医生运用自己的感官和借助简单的检查工具，客观地了解和评估肌肉骨骼系统疾病状况，仍然具有重要意义。骨伤科医生一般通过视、触、叩、听等多项检查，发现筋骨疾病的阳性体征与鉴别诊断有关的阴性体征，帮助诊断伤病，以及了解发展过程、预后等，进而指导所需的辅助检查，避免漏诊及贻误必要治疗时机。

由于气血、营卫、皮肉、筋骨、经络、脏腑及津液的病理变化，机体出现一系列的证候。较为严重的损伤除了有局部症状外，还会引起全身症状。熟悉骨伤病临床检查所需的用具、检查顺序及注意事项尤为重要，同时必须遵循中医诊疗的整体观念，在辨证上既要辨局部症状，也要辨全身症状，两者需相结合。需要医生掌握骨关节及有关组织的解剖生理学知识及各种骨关节疾病的特点。

第一节　四诊方法

一、望诊

骨伤科的望诊，除了对全身的神色、形态、舌象及分泌物等做全面的观察检查外，对损伤部位及其邻近部位必须认真察看。通过望全身、望损伤局部、望舌质苔色等，并对比观察患肢与健肢，可以初步确定损伤的部位、性质和轻重。《伤科补要·跌打损伤内治证》曰："凡视重伤，先解开衣服，遍观伤之轻重。"

（一）望全身

1. 神色　察看神态色泽的变化，根据患者的精神和色泽来判断损伤之轻重、病情之紧急。精神爽朗、面色清润，正气未伤；表情痛苦、神气委顿、色泽晦暗，是伤情较重的表现；神志昏迷、神昏谵语、瞳孔缩小或散大、面色苍白、呼吸微弱或喘急异常，多属危候。

2. 姿态　姿态发生改变多见于骨折、关节脱位。如下肢骨折时，患者多不能直立行走；肩、肘关节脱位时，多用健侧手扶持患侧的前臂，身体向患侧倾斜；颞颌关节脱位时，多用手托住下颌；腰部急性扭伤，身体多向患侧倾斜，且用手支撑腰部。

3. 发育及体型　通常以年龄、智力和体格成长状态（身高、体重及第二性征）之间的关系来判断发育状况。

（1）发育　一般判断成人发育正常的指标为：①胸围约为身高的一半。②两上肢展开指端距离约等于身高。③坐高等于下肢的长度。

（2）体型　体型是身体各部发育的外观表现。临床上把成年人的体型分为无力型（瘦长型）、超力型（矮胖型）和正力型（匀称型）3种。

4. 营养　根据皮肤、毛发、皮下脂肪、肌肉的发育状况综合判断营养状态，也可通过测量一定时间内体重的变化进行判断。临床上分为营养良好、中等、不良共3个等级。骨肿瘤和骨结核等消耗性疾病常表现为营养不良。

5. 步态　下肢骨关节疾病则常出现步态的改变，异常步态见下表（表3-1）。

表 3-1　骨科常见典型异常步态

异常步态	临床表现	骨伤病
剪刀步态	两下肢强直内收，步行时一前一后交叉呈剪刀状，步态小而缓慢，足尖擦地步行	脊髓损伤伴痉挛性截瘫
宽基步态	行走时双足向两侧分开，步伐小而慢，无法双足前后呈直线行走	脊髓型颈椎病、颈椎后纵韧带骨化症
摇摆步态	走路时身体左右摇摆（鸭步）	双侧髋关节先天性脱位、大骨节病
跨阈步态	足下垂，行走时患肢抬得很高，以免足趾碰撞地面（鸡步）	腓总神经损伤或麻痹、迟缓性截瘫
跛行步态	行走时躯干向患侧弯曲，并左右摇晃	一侧臀中肌麻痹、一侧先天性髋关节脱位
间歇性跛行	行走时发生小腿酸、软、痛和疲劳感，有跛行，休息时则消除，再继续行走还可发生	腰椎管狭窄症、短暂性脊髓缺血、下肢动脉慢性闭塞性病变

6. 体位　体位是指患者身体在卧位时所处的状态。临床上常见的有自动体位、被动体位和强迫体位。

（1）自动体位　无病、轻病、或疾病早期，被检查者活动自如，不受限制。

（2）被动体位　患者不能自己调整或变换身体的位置，常见于瘫痪、极度衰弱或意识丧失的患者。例如，脊髓损伤伴截瘫的患者处于被动体位，

（3）强迫体位　强迫体位指患者为了减轻痛苦，被迫采用某种体位的体征。例如，骨折和关节脱位患者为减轻痛苦常处于某种强迫体位。

（二）望局部

1. 望畸形 骨折或关节脱位后，肢体一般均有畸形出现，可通过观察肢体标志线或标志点的异常改变做出判断。畸形往往是骨折或脱位的标志，如肩关节前脱位有方肩畸形；又如完全性骨折，因重叠移位伤肢可出现不同程度的增粗和缩短；股骨颈和股骨粗隆间骨折，多有典型的患肢缩短与外旋畸形；伸直型桡骨远端骨折有"餐叉"样畸形。

2. 望肿胀、瘀斑 损伤后，因气滞血凝都伴有肿胀。肿胀较重、肤色青紫者，为新伤；肿胀较轻、青紫带黄者，多为陈伤。

3. 望创口 对开放性损伤，须注意创口的大小、深浅，创缘是否整齐、是否有污染及异物、色泽鲜红还是紫暗及出血情况等。如已感染，应注意流脓是否畅通，以及脓液的颜色、气味及稀稠等情况。

4. 望肢体功能 肢体功能的望诊，对了解骨关节损伤有重要意义。除观察上肢能否上举、下肢能否行走外，还应进一步检查关节能否进行屈伸旋转等活动。为了精确掌握功能障碍的情况，除嘱其主动活动外，往往与摸法、运动、量法、健肢对比结合进行。

（三）望舌

心开窍于舌，舌又为脾胃之外候，它能反映人体气血的盛衰、津液的盈亏、病邪的深浅及病情的进展情况。因此，望舌也是骨伤科辨证的重要内容。

舌质和舌苔都可以诊察人体内部的寒热、虚实等变化。两者既有密切的关系，又各有侧重：舌质以气血的变化为重点，舌苔以脾胃的变化为重点。观察舌苔的变化，还可鉴别疾病是属表还是属里。

1. 舌质

（1）正常舌 正常人舌色为淡红色，如舌色淡白，为气血虚弱或为阳气不足而伴有寒象。

（2）红绛舌 舌色红绛为热证，或为阴虚。舌色鲜红、深于正常，称为红舌，进一步发展成为深红色者，称为绛舌。两者均主有热，但绛者为热势更甚，多见于里热实证、感染发热和创伤大手术后。

（3）青紫舌 舌色青紫为气血运行不畅、瘀血凝聚；局部紫斑表示血瘀程度较轻，或局部有瘀血；全舌青紫表示全身血行不畅或血瘀程度较重；青紫而滑润表示阴寒血凝，为阳气不能温运血液所致；绛紫而干表示热邪深重、津伤血滞。

2. 舌苔

（1）白苔 薄白而润滑为正常舌苔，或为一般外伤复感风寒，初起在表，病邪未盛，正气未伤。苔过少或无苔为脾胃虚弱。薄白而干燥为寒邪化热、津液不足；厚白而滑为损伤伴有寒湿或寒痰等兼证；厚白而腻为湿浊，厚白而干燥为湿邪化燥；白如积粉可见于创伤感染、热毒内蕴之证。

（2）黄苔 黄苔一般主热证，在创伤感染、瘀血化热时多见。脏腑为邪热侵扰，皆能使白苔转黄，尤其是脾胃有热。薄黄而干为热邪伤津，黄腻为湿热，老黄为实热积聚，淡黄薄润为湿重热轻，黄白相兼表示由寒化热、由表入里；白、黄、灰、黑色泽变化标志着人体内部寒热及病邪发生变化，若由黄色而转为灰黑苔时为病邪较盛，多见于严重创伤感染伴有高热或失水等。

（3）厚薄苔 舌苔的厚薄与邪气的盛衰相关。舌苔厚腻为湿浊内盛，舌苔愈厚则邪愈重。根据舌苔的消长和转化可测知病情的发展趋势。由薄增厚为病进，由厚减薄为病退，但舌红光剥无苔则属胃气虚或阴液伤。

二、闻诊

闻诊是从听患者的语言、呻吟、呼吸、咳嗽，嗅呕吐物、伤口、二便或其他排泄物的气味等方面获得临床资料。骨伤科的闻诊还需注意以下几点。

（一）听骨擦音

骨擦音是骨折的主要体征之一。无嵌插的完全性骨折，当摆动或触摸骨折的肢体时，两断端互相摩擦可发生响声或摩擦感，称为骨擦音。听骨擦音，不仅可以帮助辨明是否存在骨折，而且还可进一步分析骨折属于何种性质。骨骺分离的骨擦音与骨折的性质相同，但较柔和。骨擦音出现处即为骨折处。骨擦音经治疗后消失，表示骨折已接续。但应注意，骨擦音多数是医生触诊检查时偶然感觉到的，不宜主动去寻找，以免增加患者的痛苦和加重损伤。

（二）听骨传导音

听骨传导音主要用于检查某些不易发现的长骨骨折，如股骨颈骨折、股骨粗隆间骨折等。检查时将听诊器置于伤肢近端的适当部位，或置于耻骨联合部上，或放在伤肢近端的骨突起部上，用手指或叩诊锤轻轻叩击远端骨突起部，可听到骨传导音。骨传导音减弱或消失说明骨的连续性遭到破坏。但应注意与健侧对比、伤肢不附有外固定物、与健侧位置对称、叩诊时用力大小相同等。

（三）听入臼声

关节脱位在整复成功时常能听到"咯噔"的关节入臼声，当复位听到此响声时应立刻停止增加拔伸牵引力，以免肌肉、韧带、关节囊等软组织被过度拔伸而增加损伤。

（四）听筋的响声

部分伤筋或关节病在检查时可有特殊的摩擦音或弹响声，最常见的有以下几种。

1. 关节摩擦音 医生一手放在关节上，另一手移动关节远端的肢体，可检查出关节摩擦音，或感到有摩擦感。一些慢性或亚急性关节疾病可出现柔和的关节摩擦音；骨性关节炎可出现粗糙的关节摩擦音。

2. 腱鞘摩擦音 屈拇与屈指肌腱狭窄性腱鞘炎患者在做屈伸手指的检查时可听到弹响声，多是由于肌腱通过肥厚的腱鞘所产生，所以习惯上又把这种狭窄性腱鞘炎称为弹响指或扳机指。在检查腱周围炎时常可听到好似捻干燥的头发时发出的一种声音，即"捻发音"，多在有炎性渗出液的腱鞘周围听得，好发于前臂的伸肌群、大腿的股四头肌和小腿的跟腱部。

3. 关节弹响声 膝关节半月板损伤或关节内有游离体时，在做膝关节屈伸旋转活动时，可发生较清脆的弹响声。

（五）听气肿摩擦音

创伤后发现皮下组织有大片不相称的弥漫性肿起时，应检查有无皮下气肿。检查时手指分开，轻轻揉按患部可感到一种特殊的捻发音或捻发感。肋骨骨折后，若断端刺破肺脏，空气渗入皮下组织可形成皮下气肿：开放性骨折合并气性坏疽时可出现皮下气肿。

（六）听啼哭声

听啼哭声用于小儿患者，以辨别受伤之部位。小儿不会准确表达伤部病情，家属有时也不能提供可靠病史资料。检查患儿时，当摸到患肢某一部位时，小儿啼哭或哭声加剧，则往往提示该处可能是损伤的部位。

（七）闻气味

骨伤科的闻气味除二便气味外，主要是闻局部分泌物的气味。如局部伤处分泌物有恶臭，多为湿热或热毒：带有腥味，多属虚寒。

三、问诊

问诊是骨伤科辨证的一个非常重要的环节，在四诊中占有重要地位。《四诊抉微》曰："问为审察病机之关键。"中医骨伤科临床辨证论治根据"肢体损于外，气血伤于内，营卫有所不贯，脏腑由之不和"的理论，认为无论内损外伤，局部均与全身密切相连。通过问诊可以更多更全面地把握患者的发病状况，更准确地辨证论治，从而提高疗效、缩短疗程、减少损伤后遗症。

（一）一般情况

了解患者的一般情况，如详细询问患者姓名、性别、年龄、职业、婚姻、学历、民族、籍贯、住址、就诊日期、病历陈述者等，建立完整的病案记录，以利于查阅、联系和随访。涉及交通意外、刑事纠纷等伤者，这些记录更加重要。

（二）重点询问内容

1. 主诉 主诉是促使患者前来就医的原因，可以提示病变的性质。骨伤科患者的主诉有疼痛、肿胀、功能障碍、畸形及挛缩等；记录主诉应简明扼要。

2. 发病过程　详细询问患者的发病受伤的情况、治疗的过程、病情变化的缓急，有无昏厥、持续的时间及醒后有无再昏迷，经过何种方法治疗、效果如何、目前恢复情况、是否减轻或加重等。如跌仆、闪挫、扭捩、坠堕等，询问打击物的大小、重量和硬度，暴力的性质、方向和强度，以及损伤时患者所处的体位、情绪等，如伤者因高空作业坠落时足跟着地，则损伤可能发生在足跟、脊柱或颅底；平地摔倒者，则应问清着地的姿势，如肢体处于屈曲位还是伸直位，何处先着地；若伤时正与人争论，情绪激昂或愤怒，则在遭受打击后不仅有外伤，还可兼有七情内伤。

3. 伤情　问损伤的部位和各种症状，包括创口情况。

（1）疼痛　详细询问疼痛的起始日期、部位、性质、程度。应问清患者是剧痛、酸痛还是麻木；疼痛是持续性还是间歇性；麻木的范围是在扩大还是缩小；痛点固定不移或游走，有无放射痛，放射到何处；服止痛药后能否减轻；各种不同的动作（负重、咳嗽、喷嚏等）对疼痛有无影响；与气候变化有无关系；劳累、休息及昼夜对疼痛程度有无影响等。

（2）肿胀　应询问肿胀出现的时间、部位、范围、程度。如增生性肿物，应了解是先有肿物还是先有疼痛，以及肿物出现的时间和增长速度等。

（3）功能障碍　如有功能障碍，应问明是受伤后立即发生的，还是受伤后经过一段时间才发生的。一般骨折或脱位后，功能大都立即发生障碍或丧失，而骨病则往往是得病后经过一段时间才影响到肢体的功能。如果病情许可，应在询问的同时由患者以动作显示其肢体的功能。

（4）畸形　应询问畸形发生的时间及演变过程。外伤引起的肢体畸形，可在伤后立即出现，亦可经过若干年后才出现。与生俱来或无外伤史者应考虑为先天性畸形或发育畸形。

（5）创口　应询问创口形成的时间、污染情况、处理经过、出血情况，以及是否使用过破伤风抗毒素等。

（三）全身情况

1. 问寒热　恶寒与发热是骨伤科临床上的常见症状。除体温的高低外，还有患者的主观感觉。要询问寒热的程度和时间的关系，恶寒与发热是单出现抑或并见。感染性疾病，恶寒与发热常并见；损伤初期发热多属血瘀化热，中后期发热可能为邪毒感染，或虚损发热；骨关节结核有午后潮热；恶性骨肿瘤晚期可有持续性发热；颅脑损伤可引起高热抽搐等。

2. 问汗　问汗液的排泄情况，可了解脏腑、气血津液的状况。严重损伤或严重感染，可出现四肢厥冷、汗出如油的险象；邪毒感染可出现大热大汗，自汗常见于损伤初期或手术后；盗汗常见于慢性骨关节疾病、阴疽等。

3. 问饮食　应询问饮食时间、食欲、食量、味觉、饮水情况等。对腹部损伤应询问其发生于饱食或空腹时，以估计胃肠破裂后腹腔污染的程度。食欲不振或食后饱胀，是胃纳呆滞的表现，多因伤后血瘀化热导致脾虚胃热，或长期卧床体质虚弱所致。口苦者为肝胆湿热，口臭者多为脾虚不运，口腻者属湿阻中焦，口中有酸腐味者为食滞不化。

4. 问二便　伤后便秘或大便燥结，为瘀血内热。老年患者伤后可因阴液不足、失于濡润而致便秘。大便溏薄为阳气不足，或伤后机体失调。对脊柱、骨盆损伤者尤应注意询问二便的次数、量和颜色。

5. 问睡眠　伤后久不能睡，或彻夜不寐，多见于严重创伤；昏沉而嗜睡、呼之即醒、闭眼又睡，多属气衰神疲；昏睡不醒或醒后再度昏睡、不省人事，为颅内损伤。

（四）其他情况

1. 既往史　自出生起详细询问，按发病的年月顺序记录。对过去的疾病可能与目前的损伤有关的内容，应记录主要的病情经过，当时的诊断、治疗情况，以及有无并发症或后遗症。例如，对先天性斜颈、新生儿臂丛神经损伤，要了解有无难产或产伤史；对骨关节结核要了解有无肺结核史。

2. 个人史　询问患者从事的职业或工种的年限，劳动的性质、条件和常处体位，以及家务劳动、个人嗜好等。对妇女要询问月经、妊娠、哺乳史等。

3. 家族史　询问家族内成员的健康状况。如已死亡，应询问其死亡原因、年龄，以及有无可能影响后代的疾病，这对有肿瘤、先天性畸形的诊断尤其有参考价值。

四、切诊

骨伤科的切诊包括脉诊和触诊两方面的内容：通过脉诊掌握机体内部气血、虚实、寒热等变化；触诊能鉴别外伤轻重深浅和病变性质的不同。

损伤常见的脉象有如下几种。

1. 浮脉　轻按应指即得，重按之后反觉脉搏的搏动力量稍减而不空，举之泛泛而有余。在新伤瘀肿、疼痛剧烈或兼有表证时多见。大出血及长期慢性劳损患者，出现浮脉时说明正气不足、虚象严重。

2. 沉脉　轻按不应，重按始得。一般沉脉主病在里，伤科的内伤气血、腰脊损伤疼痛时多见。

3. 迟脉　脉搏至数缓慢，每息脉来不足四至。一般迟脉主寒、主阳虚，在伤筋挛缩、瘀血凝滞等证常见。迟而无力者，多见于损伤后期气血不足，复感寒邪。

4. 数脉　每息脉来超过五至。数而有力，多为实热；虚数无力者多属虚热。浮数热在表，沉数热在里。

5. 滑脉　往来流利，如珠走盘，应指圆滑，充实而有力。主痰饮、食滞，在胸部挫伤血实气壅时及妊娠期多见。

6. 涩脉　脉行不流利，细而迟，往来艰涩，如轻刀刮竹。主气滞、血瘀、精血不足，损伤血亏津少不能濡润经络的虚证、气滞血瘀的实证多见。

7. 弦脉 形端直以长，如按琴弦。主诸痛，主肝胆疾病，阴虚阳亢，在胸胁部损伤及各种损伤剧烈疼痛时多见，还常见于伴有肝胆疾病、动脉硬化、高血压等疾病的损伤患者。弦而有力者称为紧脉，多见于外感寒胜之腰痛。

8. 濡脉 与弦脉相对，浮而细软，脉气无力以动，气血两虚时多见。

9. 洪脉 脉来如波涛汹涌，来盛去衰，浮大有力，应指脉形宽，伤后血瘀化热时多见；亦见于气虚或久病体弱患者。

10. 细脉 脉细如线，应指显然，多见于虚损患者，以阴血虚为主。

11. 芤脉 浮大中空。为失血之脉，在损伤出血过多时多见之。

12. 结脉、代脉 间歇脉之统称。脉来缓慢而时一止，止无定数为结脉；脉来动而中止，不能自还，良久复动，止有定数为代脉。在损伤疼痛剧烈，脉气不衔接时多此。

（陈虞文）

第二节 骨与关节检查法

一、检查用具及注意事项

（一）检查用具

1. 一般用具 骨伤病临床检查一般用具同一般体格检查用具，如听诊器、血压计等。

2. 骨科用具 骨科用具包括：①度量用具：金属卷尺或皮尺、无伸缩性布带卷、各部位关节量角器、前臂旋转测量器、骨盆倾斜度测量计、足度测量器、枕骨粗隆线锤等。②神经检查用具：叩诊锤、棉签、大头针、音叉、冷热水玻璃管、皮肤用铅笔、握力器等。

（二）注意事项

1. 医生进行检查前必须了解患者的病史，简单地对特定检查进行介绍。

2. 相关检查需要在封闭空间（关闭门窗或窗帘）内进行，要求室内温度适宜，保证光线充足。

3. 检查顺序一般先进行全身检查再重点进行局部检查，也可先检查有关的重要部分。若遇到危重患者应先抢救，避免做不必要的检查和处理。

4. 根据需要脱去衣物，充分显露受检的部位以免漏诊。检查女性患者应有家属或护士陪伴。

5. 必要时结合叩诊及听诊，有时还需行特殊检查。

6. 体位选择因病因而定。检查上肢及颈部时，一般采取坐位或立位；检查下肢及腰背部时，一般采取卧位及下蹲位；若因患者年龄无法按照特定体位进行检查，选择替代体位。

7. 检查手法要求动作规范、轻巧，对急性感染及肿瘤患者的手法应轻柔，避免患处扩散。

8. 检查的重点项目是形态、姿势、疼痛及运动功能，根据病情需要还要检查神经、血管及相关的内脏。肢体检查时应双侧对照。

9. 如患者使用矫形支具，应检查支具是否合适，可能时应取下方便做全身检查和局部检查。若患者采用石膏或夹板固定或牵引弓，应检查肢体位置、末梢循环情况、固定部位活动情况、牵引重量、局部皮肤有无破损，以及石膏和夹板是否完好无损，位置及松紧度是否合适。

二、形态检查

（一）长度检查

除了检查躯干及四肢的长度比例是否正常以外，应重点检查下肢是否等长，测量时应将肢体放于对称的位置。肢体挛缩而不能伸直的可分段测量。测量前先定出测量标志，在标志处用笔画上记号，然后用皮尺测量两标志间的距离，注意在测量时不要使皮肤移动，以免发生误差。常测量的标志如下（图 4-1）。

1. 躯干长　躯干长是颅顶至尾骨端的长度。

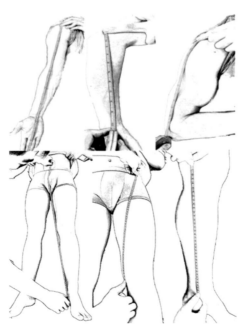

图 4-1　长度检查

2. 上肢长　上肢长是肩峰至桡骨茎突尖部（或中指指尖）的长度，也可以是从第七颈椎棘突至桡骨茎突尖部或中指指尖的长度。

3. 前臂长　前臂长是肱骨外上髁至桡骨茎突的长度，也可以是从尺骨鹰嘴至尺骨茎突的长度。

4. 上臂长　上臂长是肩峰至肱骨外上髁的长度。

5. 下肢长　应先将骨盆摆正。通常测定髂前上棘通过股骨中点至内踝下缘，或者脐（或剑突）至内踝下缘；后者用于骨盆骨折或髋部病变时，有时也可以测量股骨大转子顶端至外踝下缘。

6. 大腿长　大腿长是髂前上棘至膝关节内缘（或股骨内上髁最高点）的长度。

7. 小腿长　小腿长是膝关节内缘至内踝下缘的长度，也可以是腓骨头至外踝下缘的长度。

（二）周经测量

双侧肢体取相对应的同一水平位测量，测肿物时取最肿处，测肌萎缩时取肌腹部。测大腿周径时，可在膝上 10cm 或 15cm 处（图 4-2）。用尺量也可在大腿后方双手指指尖对拢，两手掌绕至腿前方，观察双侧拇指指尖的距离。

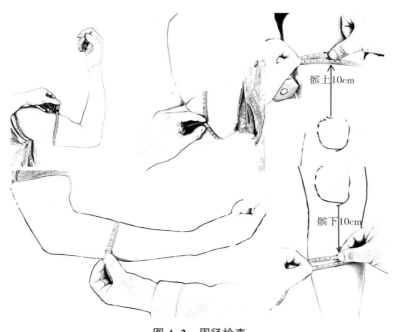

髌上10cm

髌下10cm

图 4-2　周径检查

（三）轴线测定

正常人在前臂旋前位伸肘时上肢成一直线，旋后位即成 10°～ 15°的肘外翻角或称携物角。下肢伸直时，踝关节中心与膝关节中心连线，通过股骨头旋转中心。

三、关节活动度测量

（一）量角器测量法

测量关节活动度时应将量角器的轴心对准关节的中心，量角器的两臂对准肢体的轴线，然后记录量角器所示的角度，注意与健肢相应关节的比较（图 4-3）。

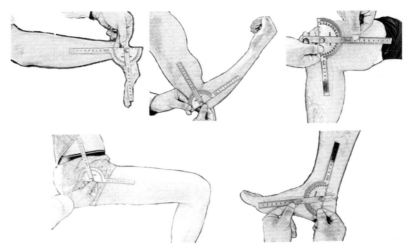

图 4-3　量角器测量法

（二）中立位 0° 法

临床主要采用的记录方法为关节中立位 0°法，各关节活动度（表 4-1、图 4-4 ～图 4-9）。对难以精确测量角度的部位，关节活动功能可用测量长度的方法以记录各骨的相对移动范围。例如，颈椎前屈活动可测量下颏至胸骨柄的距离，腰椎前屈测量下垂的中指尖与地面的距离等。各关节及脊柱的中立位测定法如下。

表 4-1　各关节活动度汇总

关节	中立位	前后	左右	旋转	内外展	上举
颈椎	面部向前 双眼平视	前屈、后伸 35°～45°	左右侧屈 45°	左右旋转 60°～80°		
腰椎	腰部自然 伸直	前屈 90° 后伸 30°	左右侧屈 20°～30°	左右旋转 30°		
肩关节	上臂下垂 前臂向前	前屈 90° 后伸 45°		内旋 80° 外旋 30°	外展 80° 内收 20°～40°	上举 90°
肘关节	前臂伸直 掌心向前	屈曲 140° 过伸 0°～10°		旋前、旋后 80°～90°		
腕关节	手与前臂成直线，手 掌向下	背伸 35°～60° 掌屈 50°～60°	桡偏 25°～30° 尺偏 30°～40°	旋前、旋后 80°～90°		
髋关节	髋部伸直 脚尖向前	屈曲 145° 后伸 40°		内旋、外旋 40°～50°	外展 30°～45° 内收 20°～30°	
膝关节	膝部伸直 脚尖向前	屈曲 145° 过伸 10°～15°		内旋 10° 外旋 20°		
踝关节	足外缘与小腿 呈 90°，无内外翻	背伸 20°～30° 跖屈 40°～50°				

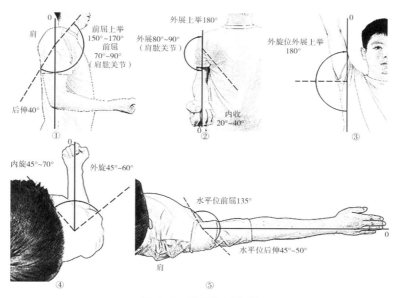

图 4-4 肩关节活动度

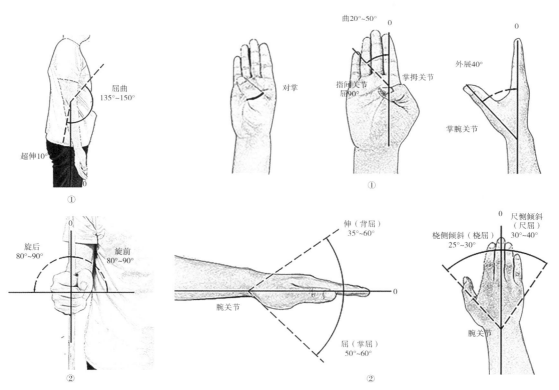

图 4-5 肘关节及前臂活动度　　　　图 4-6 手部及腕关节活动度

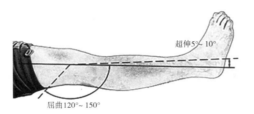

图 4-7　膝关节活动度

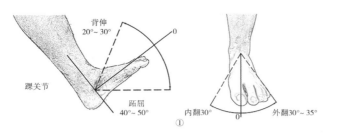

图 4-8　踝关节及足部活动度

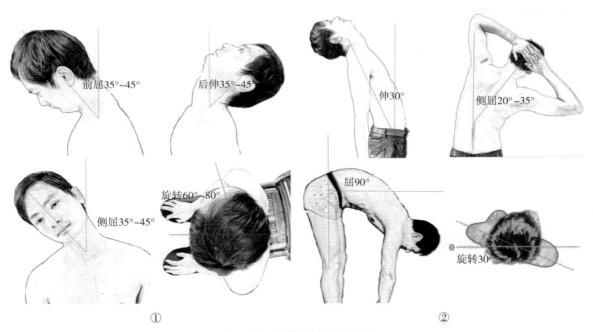

图 4-9　脊柱活动度及测量

（吴凡）

第三节　肌肉检查

一、肌肉检查内容

（一）肌容量

观察肢体外形有无肌肉萎缩、挛缩、畸形。测量肢围（周径）时，应根据患者具体情况，规定测量的部位。如测量肿胀时取最肿处，测量肌萎缩时取肌腹部。

（二）肌张力

在静止状态时肌肉保持一定程度的紧张度称为肌张力，是维持身体各姿势和正常运动的基础。

（三）肌力

肌力是指肌肉主动运动时的力量、幅度和速度。肌力检查可以测定肌肉的发育情况和用于神经损伤的定位，对神经、肌肉疾病的预后和治疗也有一定价值。肌力降低时，需要对肌力进行测定。

二、测定方法及测量标准

被动运动以测其阻力，亦可用手轻捏患者的肌肉，以体验其软硬度。如肌肉松软，被动运动时阻力减低或消失，关节松弛而活动范围扩大，称为肌张力减低；反之，肌肉紧张，被动运动时阻力较大，称为肌张力增高。

（一）肌力测定方法

肌力测定方法是通过嘱患者主动运动关节或施加以阻力的方法，来了解肌肉（或肌群）收缩和关节运动情况，从而判断肌力是否正常、稍弱、弱、甚弱或完全丧失。在做肌力检查时，要耐心指导患者，分别做各种能表达被检查肌肉（或肌群）作用的动作，必要时检查者可先做示范动作。对于小儿及不能合作的患者应耐心反复地进行检查。

对于尚不能理解术者吩咐的幼儿，可用针尖轻轻地给以刺激，以观察患儿逃避痛刺激的动作，可判断其肌肉有无麻痹。检查时应两侧对比，观察和触摸肌肉、肌腱，了解收缩情况。

（二）肌力测定标准

肌力可分为以下 6 级。

0 级：肌肉无收缩（完全瘫痪）。

Ⅰ级：肌肉有轻微收缩，但不能够移动关节（接近完全瘫痪）。

Ⅱ级：肌肉收缩可带动关节水平方向运动，但不能对抗地心吸引力（重度瘫痪）。

Ⅲ级：能抗地心引力移动关节，但不能抵抗阻力（轻度瘫痪）。

Ⅳ级：能抗地心引力运动肢体，且能抵抗一定强度的阻力（接近正常）。

Ⅴ级：能抵抗强大的阻力运动肢体（正常）。

三、瘫痪

瘫痪表现为自主运动时肌力减退（不完全性瘫痪）或消失（完全性瘫痪），是最常见的神经系统体征。

（一）瘫痪的性质

上、下运动神经元受损，分别引起中枢性和周围性瘫痪（表4-2）。按不同部位或不同组合，将瘫痪分为单瘫、偏瘫、交叉瘫和截瘫，其特点见下表（表4-3）。

表4-2　中枢性与周围性瘫痪的鉴别

鉴别点	中枢性（上运动神经元性）瘫痪	周围性（下运动神经元性）瘫痪
受累范围	一个或以上肢体的瘫痪	个别或几个肌群受累
肌萎缩	瘫痪肢体无肌萎缩（可因废用引起轻度萎缩）	瘫痪肌肉明显萎缩
肌张力	肌张力痉挛性增高（痉挛性瘫痪），呈折刀样	肌张力降低（弛缓性瘫痪或软瘫）
深反射	亢进	减弱或消失
锥体束征	阳性	阴性
肌电生理检查	无失神经电位，神经传导速度正常	有失神经电位，神经传导速度异常

表4-3　瘫痪的分类及特点

分类	特点
单瘫	单一肢体瘫痪（即一个上肢或一个下肢），多见于脊髓灰质炎
偏瘫	为一侧肢体（上、下肢）瘫痪，常伴有同侧脑神经损伤，多见于颅内病变或脑卒中
交叉性偏瘫	为一侧肢体瘫痪及对侧脑神经损伤，多见于脑干病变
截瘫	为双侧下肢瘫痪，是脊髓横惯性损伤的结果，见于脊髓外伤、炎症等

（二）瘫痪的定位诊断

1. 上运动神经元性瘫痪

（1）皮质型　由大脑皮质运动区病损引起，该区病变常引起对侧的中枢性单瘫。

（2）内囊型　由于病变同时累及运动、感觉和视觉的传导纤维，受损后出现病变对侧偏身瘫痪、偏身感觉减退和偏盲（三偏综合征）。

（3）脑干型　一侧脑干病变，出现患侧的脑神经麻痹和对侧肢体的中枢性偏瘫（交叉性瘫痪）。

（4）脊髓型　上颈髓段病变引起中枢性四肢瘫痪，下颈髓段病变引起上肢周围性瘫痪及下肢中枢性瘫痪。胸段脊髓病变引起中枢性截瘫，腰髓病变引起双下肢周围性截瘫。脊髓病变多伴有损害平面以下的感觉障碍及大小便障碍。

2. 下运动神经元性瘫痪

（1）前角细胞损害 仅引起弛缓性瘫痪，呈节段性分布，无感觉障碍。

（2）前根损害 瘫痪呈节段性分布，常见肌束颤动，后根多同时受累，伴有神经根痛或感觉障碍。

（3）神经丛损害 受损神经所支配的肌肉发生周围性瘫痪。周围神经丛包含运动和感觉等纤维，因此也可出现感觉障碍和疼痛。

（4）周围神经损害 多数周围神经末梢受损时，出现对称性四肢远端的无力或瘫痪，以及肌肉萎缩，伴有手套、袜子区域的感觉障碍。

（三）肌张力

1. 肌张力增高 肌肉较硬，被动活动时阻力较大。肌张力增高可有以下表现。

（1）痉挛性 在被动运动开始时阻力较大，末时突感阻力减弱，也称折刀样肌张力增高，见于锥体束损伤。

（2）强直性 在被动运动时，伸肌、屈肌的阻力同等增加，如同弯曲铅管，故又称铅管样强直，见于基底节损伤。在强直性肌张力增高的基础上伴有震颤，当被动运动时可出现齿轮顿挫样感觉，称为齿轮强直。

2. 肌张力减弱 肌肉松弛，被动活动时阻力减小，关节活动范围增大。肌张力减弱见于下运动神经元病变（如周围神经炎、脊髓前角灰质炎等）、小脑病变和肌源性病变等。

（吴凡）

第四节 神经系统检查

神经系统检查包括高级神经活动、脑神经、感觉神经、运动神经、神经反射和自主神经功能的检查。神经系统检查比较复杂，准确性要求高，在获得患者的充分配合下，必须耐心细致地检查，尽可能获得准确可靠的体征。骨伤科临床需要对感觉、运动、神经反射和自主神经功能进行检查，结合通过高级神经活动、脑部等中枢神经的检查排除鉴别神经科疾病。

一、检查用具

进行神经系统检查，通常需要一些检查用具（表 4–4）。

表 4–4 神经系统检查常用的检查工具（物品）

分类	检查工具（物品）
普通用具	叩诊锤、棉絮、大头针、音叉、双脚规、试管（测温度觉用）、手电筒、压舌板、听诊器、视力表、检眼镜、视野计
特殊用具	嗅觉试验瓶：薄荷水、樟脑油、香水、汽油
	味觉试验瓶：糖、盐、奎宁、乙酸
	失语症试验箱：梳子、牙刷、火柴、笔、刀、钥匙、各种颜色、各式木块、图画本等

二、感觉功能检查

（一）注意事项

1. 患者意识必须清醒，医生应耐心向患者解释检查的目的与方法，以取得其主动配合。
2. 检查应在安静环境中进行，使患者能认真体验和回答各种刺激的真实感受。
3. 请患者闭目，以避免主观或暗示作用。
4. 检查时要注意两侧、上下、远近部位的对比，以及不同神经支配区的对比。
5. 检查顺序是先感觉缺失部位后正常部位。

当患者意识状态欠佳又必须检查时，则只粗略地观察患者对刺激的反应，如呻吟、面部痛苦的表情或回缩受刺激的肢体等，以判断患者感觉功能的状态。

（二）浅感觉

浅感觉包括皮肤及黏膜的痛觉、温度觉及触觉。

1. 痛觉　请患者闭目，医生以均匀的力量用大头针的针尖轻刺患者皮肤，让其立即回答具体的感受。注意两侧对称部位的比较，检查后记录感觉障碍的类型（正常、过敏、减退、消失）和范围。痛觉障碍见于脊髓丘脑侧束损伤。

2. 温度觉　请患者闭目，医生分别用盛有热水（40～50℃）或冷水（5～10℃）的玻璃试管接触患者皮肤，请患者回答自己的感受（冷或热）。正常人能明确辨别冷热的感觉，温度觉障碍见于脊髓丘脑侧束损伤。

3. 触觉　请患者闭目，医生用棉签轻触患者的皮肤或黏膜，请患者回答有无感觉。正常人对轻触感很灵敏，触觉障碍见于后索损伤。

（三）深感觉

深感觉是指深部组织的感觉，如运动觉、位置觉和震动觉。

1. 运动觉　请患者闭目，医生用拇指和食指轻轻夹住患者的手指或脚趾，做被动伸或屈的动作，请患者根据感觉回答手指或脚趾移动方向（向上或向下）。运动觉障碍见于后索病变。

2. 位置觉　请患者闭目，医生将其肢体放置在某种位置上，询问患者是否能明确回答肢体所处的位置。位置觉障碍见于后索病变。

3. 震动觉　请患者闭目，医生将震动的音叉（128Hz）柄放置在患者肢体的骨隆起处（如内、外踝，腕关节等），询问其有无震动的感觉，并注意两侧对比。正常人有共鸣性震动感，震动觉障碍见于脊髓后索损伤。

（四）常见的感觉障碍

1. 干性神经损害，如正中神经、尺神经、桡神经干损伤后导致分布区感觉障碍。
2. 根性神经损害，如腰椎间盘突出症，有相应的根型分布区感觉障碍。

3.脊髓损害如下。

（1）惯性损害：损害平面以下所有感觉消失，其上方可有一感觉过敏带。

（2）半侧损害：损害节段水平以下同侧深感觉和运动障碍，对侧皮肤痛、温觉障碍。

三、神经反射检查

神经反射是神经活动的基础，是通过完整的反射弧完成的，包括感受器、传入神经元、反射中枢、传出神经元和效应器。神经反射检查的结果比较客观，较少受患者意识的影响，但检查时必须要求患者充分合作，避免紧张，体位保持对称、放松。同时，检查的部位和力度要一致并两侧对比。两侧不对称或两侧明显改变时意义较大，反射改变表现为亢进、增强、正常、减弱、消失和异常反射等。

（一）浅反射

刺激皮肤或黏膜引起的反应称为浅反射。

1.腹壁反射　请患者取仰卧位，双下肢稍屈曲使腹壁放松，医生用钝头竹签沿肋缘、脐水平、腹股沟上（上、中、下腹部），由外向内轻划腹壁皮肤。正常时受刺激的部位出现腹肌收缩。上腹部反射消失见于胸髓 7～8 节受损，中腹部反射消失见于胸髓 9～10 节受损，下腹部反射消失见于胸髓 11～12 节受损。双侧上、中、下腹部反射均消失见于昏迷或急腹症患者。肥胖者、老年人及经产妇由于腹壁过于松弛，也会出现腹壁反射减弱或消失。

2.提睾反射　请患者取仰卧位（双下肢伸直）或站立位，充分暴露睾丸和股内侧，医生用钝头竹签由上向下轻划患者股内侧上方皮肤，引起同侧提睾肌收缩，使睾丸上提。双侧反射消失见于腰髓 1～2 节受损。一侧反射减弱或消失见于锥体束损害。此外，老年人或局部病变，如腹股沟疝、阴囊水肿、精索静脉曲张、睾丸炎、附睾炎等也可影响提睾反射。

3.跖反射　请患者取仰卧位，髋关节及膝关节伸直，医生以左手持患者踝部，用钝头竹签由后向前划脚底外侧至小趾掌关节处，再转向大趾侧，正常表现为脚趾跖屈（即巴宾斯基征阴性），如反射消失为腰髓 1～2 节损伤。

4.肛门反射　患者取胸（肘）膝位或侧卧位，医生用钝头竹签轻划患者肛门周围皮肤，可引起肛门外括约肌收缩。反射消失为脊髓 4～5 节或肛尾神经损伤。

（二）深反射

深反射是指刺激肌腱、骨膜等深部感受器完成的反射，又称腱反射。检查时请患者合作，肢体放松。医生采用均等的叩击力量进行检查，并注意两侧对比。

1.肱二头肌反射　请患者取坐位或仰卧位，肘关节自然放松呈屈曲状，医生将左手拇指或中指置于患者肱二头肌肌腱上，以叩诊锤叩击医生的左拇指或中指。反射活动表现为肱二头肌收缩，前臂快速屈曲。反射中枢为颈髓 5～6 节段，肌皮神经支配。

2.肱三头肌反射　请患者取坐位或卧位，肘关节自然放松呈屈曲状，医生左手轻托患者肘部，以叩诊锤叩击其鹰嘴上方的肱三头肌肌腱。反射活动表现为肱三头肌收缩，前臂伸展。反射中枢为颈髓 4 ～ 7 节段，桡神经支配。

3. 桡骨膜反射　请患者取坐位或仰卧位，腕关节自然放松，肘部半屈半旋前位，医生以叩诊锤轻叩其桡骨茎突。反射活动表现为肱桡肌收缩，肘关节屈曲，前臂旋前和手指屈曲。反射中枢为颈髓 5 ～ 8 节段，桡神经支配。

4. 膝反射　患者取坐位时，膝关节屈曲 90°，小腿下垂；患者取卧位时，医生用左手托其双侧腘窝处，使膝关节呈 120° 屈曲，以叩诊锤叩击其髌骨下方的股四头肌腱。反射活动表现为股四头肌收缩，小腿伸展。反射中枢为腰髓 2 ～ 4 节段，股神经支配。

5 跟腱反射　亦称踝反射。请患者取仰卧位，髋关节及膝关节稍屈曲，下肢取外旋外展位，医生用左手将患者足背屈成直角，然后以叩诊锤叩击其跟腱。反应为腓肠肌收缩，足向跖面屈曲。反射中枢为腰髓 1 ～ 2 节段。如果卧位不能引出时，可请患者跪于椅面上，双足自然下垂，然后轻叩其跟腱，反应同前。

（三）病理反射

1. 霍夫曼征　腕微背伸，检查者托其手掌，右手以食指、中指夹其中指，并用拇指轻弹其中指指甲，出现拇指或食指屈曲者为阳性。

2. 巴宾斯基征　以钝器由后向前划足底外侧，出现足踇趾背屈，余趾呈扇形分开为阳性。

3. 查多克征　以钝器由后向前划足背外侧，出现与巴宾斯基征相同征象者为阳性。

4. 奥本海姆征　以拇指、食指沿胫骨前缘用力自上而下推压，直到踝上方，出现与巴宾斯基征相同征象者为阳性。

5. 戈登征　用力挤压腓肠肌，出现与巴宾斯基征相同征象者为阳性。

6. 阵挛深反射亢进　常为上运动神经元瘫痪的表现，异常亢进的腱反射常同时合并持久性的阵挛。即用一持续力量使被检查的肌肉处于紧张状态，则该深反射涉及的肌肉就会发生节律性收缩。

7. 踝阵挛　患者取仰卧位，医生用左手托患者小腿后使膝部呈半屈曲，右手握其脚底快速向上用力使足背屈，并保持一定推力。阳性反应为踝关节节律性地往复伸屈。

8. 髌阵挛　请患者取仰卧位，双下肢伸直，医生用拇指和食指捏住髌骨上缘，用力向远端方向快速推动数次，然后保持适度的推力。阳性反应为股四头肌有节律的收缩，使髌骨快速上下移动。

（吴凡）

第五节　周围血管检查

一、血管检查的必要性

在战时，火器伤常致成血管损伤；在平时，单纯的血管损伤以锐利物切割、穿刺伤为主，更多的是与四肢的严重开放创伤、关节脱位或骨折等损伤偶有伤及血管者。肢体挤压伤多不直接损伤血管，但由于肿胀等原因，常可造成伤肢缺血或继发血管栓塞等，其所发生的问题与血管损伤相似。

血管损伤的诊断及处理是否及时、得当，关系着伤肢能否保留、功能好坏及生命的安危。单纯的血管损伤诊断如能及时，治疗也多较容易，但与其他损伤合并发生血管损伤时，常因对血管损伤情况辨认不清，而贻误治疗时机，造成不可挽回的后果。

四肢主要血管损伤时，其邻近组织如骨、关节、肌肉和神经等常同时损伤。四肢血管伤，尤其是火器伤，常为动静脉同时损害。动脉伤是主要矛盾，必须修复。但大静脉伤如股静脉、股静脉伤或软组织损伤广泛者，也应尽量修复。对骨关节、神经等合并伤应一并妥善处理。

诊断血管伤以临床方法为主，在确诊及定位困难时，可应用血管造影术、超声造影及多普勒（Doppler）听诊等方法辅助诊断。

自断肢再植工作开展以后，血管外科方面取得了显著的进步。如对血管损伤的判断、损伤血管的清创、血管痉挛的缓解、血管的吻合及血管移植等技术，都获得了比较成熟的经验，使血管修复的成功率明显提高。

四肢血管伤如诊断及时，急救和处理得当，死亡和截肢率可大幅下降，并可减少肢体因缺血引起的功能障碍。对于陈旧性血管伤有肢体缺血症状或血管伤并发症（假性动脉瘤、动静脉瘘）者，也应给予适当处理。

二、血管的组织结构

四肢血管管壁结构由内膜、中层、外膜。

（一）内膜

由多角形内膜细胞构成一层薄而半透明膜，表面非常光滑。内膜有分泌内皮素、前列腺素的功能。

（二）中层

中层主要由平滑肌构成，肌纤维呈螺旋形及锥形，排列肌层内外各有一层弹性膜与血管内、外膜相接。螺旋形肌舒缩使血管收缩或扩张，锥形肌纤维可使血管缩短或延伸。

（三）外膜

外膜主要为结缔组织，外膜上有自主神经末梢，支配血管舒缩有营养血管壁的小血管及淋巴管。静脉血管与动脉结构相似，但肌层较薄，不直接承受心脏搏血的压力。

三、体格检查

（一）望诊

1. 皮肤改变　正常皮肤呈红色，高温中呈暗红色，寒冷时发绀，皮肤血流量减少则出现苍白、松弛。

2. 肢体肿胀　肢体肿胀见于静脉回流受阻，常有皮肤、甲床青紫，皮肤皱纹减少或消失，甚至出现水疱。

（二）触诊

1. 皮肤温度　用半导体皮肤点温计测试，亦可用中指或中间三指的中节背面皮肤粗略测试，并两侧对比。测试前肢体先暴露于室温中半小时，室内不可通风。正常皮温，躯干高于四肢，手高于足，拇（踇）指高于小指，腕及踝以下皮温变化较大。动脉功能不全时患有皮温下降，末梢有循环衰竭时肢端厥冷，局部静脉阻塞时患肢较暖。

2. 动脉搏动检查　一般分为正常、减弱、消失及增强。消失或减弱表示近侧动脉阻塞或破裂。四肢动脉搏动的触式部位如下。①肱动脉：上臂下 1/3 内侧。②桡动脉：腕部掌面外方，桡骨茎突尺侧。③尺动脉：腕部掌面内方，尺骨茎突桡侧。④股动脉：腹股沟韧中点下方，搏动较强。⑤腘动脉：仰或俯卧位，屈膝，触试腘窝中部。⑥足背动脉：踝前，内外踝连线中点与第 1、2 趾骨的连线上。⑦胫后动脉：内踝后下缘，向后一横指处。

3. 膨胀性搏动　膨胀性搏动常见于于局部肿块表面触及与心脏同节律的搏动，并向各方向散射，见于损伤性动脉瘤。

4. 持续性震颤　持续性震颤见于动静脉瘘，触诊时有明显震颤且持续。

（三）叩诊

下肢静脉功能试验检查静脉瓣是否健全或深静脉是否通畅。患者站立，检查者以手指叩击膝上大隐静脉，另一手触试膝下大隐静脉，如有静脉瓣功能不全，则叩击静脉近端时可产生血液逆充，于远端即可触及明显的血液冲动感。同法亦可检查小隐静脉。

（四）听诊

动静脉瘘局部可有持续性隆隆样杂音，收缩期增强，且沿血管向远、近侧传导。动脉瘤或动脉受压病变远侧可闻及收缩杂音。

四、特殊检查

（一）静脉充盈时间试验

抬高下肢数分钟使静脉排空、萎缩，再迅速放下肢体，正常时足背静脉在 5 ～ 10 秒内充盈，超过此时限提示动脉有供血障碍，若达 1 ～ 3 分钟，为明显供血不足。如有静脉瓣功能不全、急性动脉阻塞或动静脉瘘时，则该试验受到限制。

（二）艾伦试验

尺动脉通畅试验患者抬高上肢，检查者压迫其腕部桡动脉以阻断血流，嘱患者做握拳和伸指活动数次，然后置于心脏水平位置，手自然放松，观察手指及掌面皮肤改变，如尺动脉阻塞或解剖变异，则出现持续性苍白，直至放松对桡动脉压迫后才消失。桡动脉通畅试验方法同上，但压迫尺动脉，检查桡动脉是否阻塞。胫后动脉通畅试验患者平卧位，检查者压迫其足背动脉，嘱下肢做抬高活动数次，然后平放，观察其足及趾皮色，以检查胫后动脉是否阻塞。足背动脉通畅试验方法同上，但压迫胫后动脉，检查足背动脉是否阻塞。

（三）肢体血压差异

下 4 肢动脉阻塞时，其远侧血压可显著降低或消失。

（四）微循环再充盈试验

以手指压迫指（趾）端、胫骨前内侧或额部片刻，见皮肤发白，松手后微血管内立即再充盈而变红，正常不超过 3 秒，否则为末梢循环障碍，如休克、局部动脉阻塞等。

五、辅助检查

（一）X 线检查

X 线检查对诊断血管损伤很有参考价值，如分析骨折、关节脱位的情况，以及异物存留的位置，再综合其他症状，以明确诊断。

（二）超声多普勒检查

超声多普勒检查可记录血流流速波形，如动脉出现单相低抛物线波形，表明动脉近端有阻塞，舒张期末出现增大的逆向血流波形，有可疑血管痉挛或筋膜间隔综合征。由于是无创检查，可反复检测，以助判断动脉管腔是否狭窄、肢体远端缺血情况及管腔是否栓塞。双相多普勒血流仪、脉量描记仪、光电体积描记仪等，对动脉、静脉阻塞性伤病定位很有帮助，可根据设备情况选择应用。

（三）血管造影

肢体创伤常合并有骨折、关节脱位、肢体严重肿胀等，在急性期常不适用血管造影，当闭合性创伤高度怀疑有血管损伤，而诊断又不能明确；创伤肢体需手术治疗，但手术部位又探查不到可疑损伤的血管；肢体肿胀部位与骨折、关节脱位及软组织损伤不符合；已知血管损伤，但部位及范围不明确时；术中血管造影了解内膜、弹力层损伤情况及范围，在伤情许可的情况下，可做血管造影以明确诊断。

（四）CT、MRI 造影

CT、MRI 造影可清楚地显示动静脉瘘、假性动脉瘤、大血管截面等。选择性动脉造影经动脉将导管插入想要造影血管的分支内，快速注入造影剂后同时拍片，可清晰地显示所要了解的血管。

（五）数控减影造影

通过静脉注射造影剂，经计算机程序控制可将造影剂充盈之血管清晰地显影。

（吴凡）

第五章　骨伤病辅助检查

辅助检查是通过医学设备进行身体检查，是一种辅助的检查方法（相对于主要的检查方法病史采集、体格检查），是医务人员进行医疗活动、获得有关资料的方法之一。骨科的辅助检查包括实验室检查及影像学检查。影像学检查包括 X 片、CT 成像、MRI、肌骨超声、骨密度、同位素骨扫描等检查。

第一节　实验室检查

实验室检查是通过在实验室进行物理的或化学的检查，来确定送检的物质的内容、性质、浓度、数量等特性。一般用于评估患者整体指标，与骨科相关的指标包括输血相关实验室检查及感染相关实验检查。

一、输血相关实验室检查

（一）血红蛋白测定

通过动态观察红细胞计数和血红蛋白测定，发现围手术期患者病情动态变化，进而判断创伤后失血、手术过程中失血及术后隐性失血。一般而言，小手术且无其他疾病的患者，术前血红蛋白需要达到 70g/L 以上；大手术或心肺功能不全等疾病患者血红蛋白需要达到 100g/L 以上。

参考值：成年男性血红蛋白 120 ～ 160g/L，成年女性血红蛋白 110 ～ 150g/L，新生儿血红蛋白 170 ～ 200g/L。

临床意义：输血适用于血容量基本正常或低血容量已被纠正的患者。低血容量患者可应用晶体液或胶体液。

1. 血红蛋白含量＞ 100g/L，可以不输血。

2. 血红蛋白含量＜ 70g/L，应考虑输血。

3. 血红蛋白含量在 70 ～ 100g/L 之间，根据患者的贫血程度、心肺代偿功能、有无代谢率增高及年龄等因素决定。

（二）血小板测定

血小板计数（platelet count，PC 或 PLT）是计数单位容积（L）周围血液中血小板的数量。可采用镜下目视法，目前多用自动化血细胞分析仪检测。

参考值：（100 ～ 300）×10^9/L。

临床意义：血小板输注指征用于血小板数量减少或功能异常伴有出血倾向或表现的患者。

1. 血小板计数＞ 100×10^9/L，可以不输血小板。

2. 血小板计数＜ 50×10^9/L，应考虑输血小板。

3. 血小板计数在（50 ～ 100）×10^9/L 之间，应根据是否有自发性出血或伤口渗血决定。

4. 如术中出现不可控渗血，确定血小板功能低下，输血小板不受上述限制。

（三）凝血系列

凝血系列是评估患者凝血功能的常规检查项目，包括凝血酶原时间（PT）、活化部分凝血活酶时间（APTT）、凝血酶时间（TT）、纤维蛋白原（FIB）。

参考值：以下凝血功能的常规检查项目正常区间如下。

1. 凝血酶原时间测定（PT）　在被检血浆中加入 Ca^{2+} 和组织凝血活酶，血浆发生凝固的时间称为血浆凝血酶原时间，一般为 11 ～ 13 秒，与对照血浆比较大于 3 秒以上有意义。

2. 凝血酶原时间比值（PTR）　受检血浆 PT 与对照血浆 PT 的比值为 0.86 ～ 1.15。

3. 国际标准化比值（INR）　INR 参考区间为 0.9 ～ 1.3。

4. 活化部分凝血活酶时间（APTT）　APTT 是反映内源凝血途径特别是第一阶段的凝血因子综合活性的一项凝血功能检查指标；正常参考值 23.00 ～ 37.00 秒。

临床意义：血浆输注主要用于大量微血管出血、创面弥漫性渗血和凝血因子缺乏的患者，以下指标异常应当考虑输注血浆。

（1）PT 或 APTT 大于正常 1.5 倍，创面弥漫性渗血。

（2）患者急性大出血输入大量库存全血或浓缩红细胞后（出血量或输血量相当于患者自身血容量），按 75mL/kg 输注。

（3）病史或临床过程表现有先天性或获得性凝血功能障碍。

（4）紧急对抗华法林的抗凝血作用（FFP 按 5 ～ 8mL/kg 输注）。

二、感染相关实验室检查

血常规与 C– 反应蛋白（CRP）、降钙素原（PCT）、血清淀粉样蛋白 A（SAA）能有效区分感染疾病，为临床提供诊疗依据，预防滥用抗生素。

（一）白细胞计数及分类计数

1. 白细胞计数

参考值：成人（4～10）×10^9/L，6个月～2岁儿童（11～12）×10^9/L，6个月以下新生儿（15～20）×10^9/L。

临床意义如下。

（1）增多　白细胞计数生理性增多见于新生儿、妊娠、分娩、剧烈运动、饮酒及饭后。病理性增多见于急性化脓性感染和一些细菌感染，如猩红热、白喉等。此外，白血病、术后、尿毒症、酸中毒和某些药物中毒症常增多。

（2）减少　白细胞计数减少见于某些传染病（如伤寒、副伤寒、黑热病、疟疾、流感和传染性肝炎等）、再生障碍性贫血、粒细胞缺乏症、肝硬化、脾功能亢进及某些药物中毒或过敏，肿瘤患者放射治疗、化学治疗期间，某些抗生素和化学药物的副作用。

2. 中性粒细胞百分率
外周血涂片，经 Wright 染色后观察其形态，白细胞可分为下列五种类型，即中性粒细胞、嗜酸性粒细胞、嗜碱性粒细胞、淋巴细胞和单核细胞。

参考值：嗜中性粒细胞百分率（包括杆状核粒细胞）0.50～0.70（50%～70%）。

临床意义：病理性增多见于以下几种情况。

（1）急性感染，特别是化脓性球菌（如金黄色葡萄球菌、溶血性链球菌、肺炎链球菌等）感染为最常见的原因。在某些极重度感染时，白细胞计数不但不高，反而减低。

（2）严重的组织损伤及大量血细胞破坏；严重外伤、较大手术后、大面积烧伤、急性心肌梗死及严重的血管内溶血后 12～36 小时，白细胞计数及中性粒细胞增多。

（3）急性大出血　在急性大出血后 1～2 小时内，周围血中的血红蛋白及红细胞计数尚未下降，而白细胞计数及中性粒细胞却明显增多，特别是内出血时，白细胞计数可高达 20×10^9/L.

（二）C-反应蛋白

C-反应蛋白（CRP）是机体受到微生物入侵或组织损伤等炎症性刺激时肝细胞合成的急性相蛋白，具有激活补体和加强吞噬细胞的吞噬而起调理作用，清除入侵机体的病原微生物和损伤，坏死，凋亡的组织细胞。

参考值：正常人＜10mg/L，一般细菌感染 10～50mg/L，严重细菌感染＞50mg/L。

临床意义：是急性时相反应蛋白，在感染发生后 6～8 小时开始升高，24～48 小时达到顶峰。升高幅度与细菌感染的程度呈正相关。是鉴别细菌感染与病毒感染的指标，病毒感染时 CRP 一般不增高，但在自身免疫性疾病时可增高。

临床广泛应用于各种炎症感染性疾病的诊断与鉴别，在成人术后阶段、肺部感染、痛风性关节炎、骨关节炎、风湿性多肌痛、恶性肿瘤、结缔组织病、移植、儿科感染性疾病等相关病情中起到辅助诊断与监测的效果。

（三）降钙素原

降钙素原（PCT）是一种蛋白质，当严重细菌、真菌、寄生虫感染、脓毒症及多脏器功能衰竭时，PCT升高。自身免疫、过敏和病毒感染时PCT不会升高。

参考值：正常人< 0.05ng/mL，局部或早期细菌感染0.05 ～ 0.5ng/mL，可能全身细菌感染0.5 ～ 2ng/mL，全身感染2 ～ 10ng/mL。

临床意义：广泛应用于急性感染或疑似感染的鉴别诊断，可促进早期诊断、预后判断、治疗管理、抗生素指导、鉴别心力衰竭和肺部感染、脓毒血症诊断及治疗效果监测、术后细菌感染监测、人体器官早期功能衰退诊断等。

（四）血清淀粉样蛋白A

血清淀粉样蛋白A（SAA）是一种急性时相蛋白，在肝脏中合成，与血浆高密度脂蛋白（HDL）结合。与CRP相仿，用以评估急性炎症反应性疾病进程。

参考值：正常人< 10mg/L，提示感染> 10mg/L。

临床意义：SAA检测广泛应用于感染性疾病的辅助诊断、冠心病的风险预测、肿瘤患者的疗效及预后动态观察、移植排斥反应观察、类风湿关节炎病情改善观察方面等。

（五）组合应用

1. 血常规正常、CRP正常，可能正常或非细菌感染。
2. 血常规正常、CRP偏高、SAA正常，提示存在细菌感染可能。
3. 血常规正常、CRP正常、SAA偏高，提示存在病毒感染可能，及时诊治，治疗前后SAA升降较明显。
4. 血常规正常、CRP偏高，提示存在细菌性或病毒感染可能。
5. 血常规正常、CRP偏高、PCT偏高，提示存在细菌性感染可能。
6. 血常规异常、CRP偏高、SAA偏高、PCT偏高，提示存在败血症症状可能，需抗生素治疗，后续治疗期间控制抗生素用量。

三、骨科其他常用实验室检查

（一）抗"O"检测

溶血性链球菌产生的一种代谢产物能溶解红细胞，所以这种产物被取名为"O"溶血素。人体感染了A组溶血性链球菌后，"O"溶血素在体内作为一种抗原物质存在。为了测定这种能中和链球菌溶血素"O"的抗体含量，称为抗链球菌溶血素"O"试验。

参考值：< 116 IU/mL。

临床意义：A族溶血性链球菌感染可致风湿热、肾小球肾炎等疾病，ASO表达增高常见于溶血性链球菌感染。若 ASO 为高水平持续表达，提示为疾病活动期，当其表达逐渐降低时，提示急性期缓解。不同免疫球蛋白 IgM 型或 IgG 型 ASO 特异性抗体可用于判断溶血性链球菌感染急性期或恢复期。

（二）类风湿因子的测定

类风湿因子（RF）是一种抗人或动物 IgG 分子 Fc 片段抗原决定簇的抗体，是以变性 IgG 为靶抗原的自身抗体。RF 最初由 Rose 等（1984 年）在类风湿关节炎（RA）患者血清中发现。RA 患者体内有产生 RF 的 B 细胞克隆，在变性 IgG 或 EB 病毒的直接作用下可大量合成 RF。

参考值：RF < 20U/mL。

临床意义：RF 是 RA 患者血清中常见的自身抗体，阳性率可达 79.6%。高滴度 RF 阳性对 RA 的诊断有重要意义，RF 的滴度与 RA 患者的临床表现呈正相关，即随症状加重而效价升高。

RF 阴性不能排除 RA 的诊断，因有部分 RA 患者可一直呈 RF 阴性，这类患者关节滑膜炎轻微，很少发展为关节外的类风湿疾病。RF 阳性不能作为诊断 RA 的唯一标准，在多种疾病中可有 RF 阳性，随着 RF 滴度增加，RF 对 RA 的诊断特异性增高。

（三）HLA-B27

HLA-B27 是人体白细胞抗原，属于 HLA-B 位点之一。HLA-B27 基因属于 I 型 MHC 基因，基本上表达在机体中所有有核的细胞上，尤其是淋巴细胞的表面有丰富的含量。现已证明 HLA-B27 阳性者比 HLA-B27 阴性者发生强直性脊柱炎的机会要大得多。

参考值：HLA-B27 阴性。

临床意义：已发现 HLA-B27 抗原的表达与强直性脊椎炎有高度相关性，超过 90% 的强直性脊椎炎患者其 HLA-B27 抗原表达为阳性，普通人群中 5% ～ 10% 的为阳性，而强直性脊椎炎由于症状与许多疾病相似而难以确诊，因此 HLA-B27 的检测在病中的诊断中有着重要意义。

（四）红细胞沉降率

红细胞沉降率（ESR）是指红细胞在第一小时末下沉的距离来表示红细胞沉降的速度。

参考值：男性 0 ～ 15mm/h，女性 0 ～ 20mm/h。

临床意义：病理性增快常见各种炎症性疾病；急性细菌性炎症时，炎症发生后 2 ～ 3 天即可见血沉增快；风湿热、结核病时，因纤维蛋白原及免疫球蛋白增加，血沉明显加快。

由于 CRP 水平比 ESR 下降更快，在组织损伤消退后 3 ～ 7 天可恢复正常，而 ESR 可能需要数周才能恢复正常。因此，CRP 适合监测急性炎症，如急性感染（如急性骨髓炎）；相反，ESR 有益于监测慢性炎症（如系统性红斑狼疮或炎性肠病）。许多因素可影响 ESR 的增加或减少，而 CRP 不太可能受到影响（除肝功能衰竭的情况）。另外，ESR 需要新鲜的全血标本，而检测 CRP 可以使用储存的血清或血浆样本。CRP 随年龄的变化极小，而 ESR 随年龄增长而上升，女性通常比男性高。

四、关节穿刺术及关节液检查

（一）概述

临床上很多疾病常表现为关节内积液，不同性质的关节积液又可能与不同的关节疾病有关。进行关节穿刺获取关节积液并对其进行检测，可以了解关节积液的性质，以便明确关节疾病的诊断。

（二）适应证

1. 怀疑化脓性关节炎时，可以进行关节穿刺以获取关节液并协助诊断，病变早期意义较大。及早获取关节液进行检测，并进行细菌培养和药敏试验，有利于作为进一步治疗的依据。另外，还可以在必要时向关节腔内注射抗生素用于治疗。

2. 当外伤后发生关节积液时，可以通过关节穿刺彻底抽尽关节积液，有利于预防关节内感染和后期的关节粘连，避免更多地影响关节功能。

3. 当患者其他症状不是十分典型时，进行关节诊断性穿刺并通过关节液化验进行鉴别诊断，可以用于很多关节疾病的鉴别诊断。

4. 通过进行关节穿刺，如果抽出物为含有脂肪球漂浮其上的血性液体，有助于进行关节内骨折的诊断。

5. 通过进行关节穿刺，向关节腔内注射空气或造影剂进行关节造影术，以了解关节软骨或骨端的变化，用于相关疾病的诊断。

（三）穿刺前准备

准备 18 ～ 20 号穿刺针及注射器、记号笔、口罩帽子、无菌手套、消毒巾、无菌试管（培养皿）、1% ～ 2% 普鲁卡因、弹力绷带等，必要时利用超声、C 臂 X 线机引导下操作。

（四）麻醉方法

进行关节穿刺时，一般采用局部麻醉，多采取 1% 的普鲁卡因 5 ～ 10mL 做皮内、皮下和关节囊的浸润麻醉，对普鲁卡因过敏的患者也可采用利多卡因。对于关节穿刺术，很少有其他麻醉方法的使用报道。

麻醉时，局部严格消毒，术者戴无菌手套，铺无菌巾。进行普鲁卡因局部麻醉，右手持注射器，左手固定穿刺点，当针进入关节腔后，右手不动，固定针头及注射器，左手抽动注射器筒栓进行抽液或注射等操作。

（五）常用的关节穿刺部位及方法

骨伤科常用穿刺部位包括肩关节、肘关节、腕关节、髋关节、膝关节及踝关节（图5-1）。

1. 肩关节穿刺术 一般采用前侧穿刺术，患者坐位肩部轻度外展外旋，从肱骨小结节与肩胛骨喙突连线中点处垂直刺入关节腔；或从喙突与肩峰连线中点前外侧缘，穿刺针向后刺入关节腔。

2. 肘关节穿刺术 常用入路分为外侧入路及后侧入路，穿刺时患者卧位或坐位，肘关节屈曲90°。

（1）外侧入路 在桡骨头与肱骨外上髁中点，从其后外方向前下方进针，此处最表浅。

（2）后侧入路 从尺骨鹰嘴顶部与肱骨外上髁之间向内前方穿刺，或尺骨鹰嘴上方，经肱三头肌肌腱向前下方穿刺。

3. 腕关节穿刺术 常用入路分为背侧入路及侧方入路，穿刺时患者坐位，腕部旋前位。

（1）背侧入路 由尺骨茎突的外侧或者拇长伸肌与食指固有伸肌腱之间穿刺；

（2）侧方入路 由尺骨茎突侧面远端垂直向关节腔方向进针。

4. 髋关节穿刺术 常用入路分为前侧入路及外侧入路，穿刺时患者平卧位。

（1）前侧入路 在髂前上棘与耻骨结节连线中点，腹股沟韧带下方2cm，股动脉外侧垂直进针，当针头触及骨质后，稍向后退针再抽吸。穿刺时术者务必探明股动脉位置以免发生损伤，可用食指触及动脉搏动。

（2）外侧入路 在大转子上缘向内向上进针，穿刺针与大腿皮肤呈45°进针。

5. 膝关节穿刺术 常用入路有髌上入路及髌下入路。髌上入路穿刺时，患者平卧，膝部伸直位。髌下入路穿刺时，患者坐位，膝关节屈曲90°位。

（1）髌上入路 髌骨上缘切线与髌骨外缘的切线的交点为进针点，向内下方进针；

（2）髌下入路 髌韧带一侧向内后或外后方向进针。

6. 踝关节穿刺术 常用入路有外侧入路及前侧入路。患者采取平卧位，使足内翻。

（1）外侧入路 在外踝后方，外踝高点与跟腱之间凹陷中为进针点（昆仑穴），进针方向由后外侧往前内侧。

（2）前侧入路 在足背踝关节横纹中央，令患者翘拇趾时拇趾长伸肌腱明显隆起，在拇趾长伸肌腱外侧与趾长伸肌腱之间的凹陷中为进针点（解溪穴），进针方向由前向后侧。

（六）关节腔液检查要点

正常的关节腔内存在1～4mL关节液。关节液量多时，髌上囊肿胀、浮髌现象显著；关节液量少时，浮髌不明显。慢性关节风湿症和Reiter综合征，关节积液可达60mL以上，通常为20～40mL。炎症疼痛剧烈、一次穿刺液在60mL以上并持续存在时，应考虑化脓性关节炎。

关节腔液分成五种，即正常关节液、非炎症性关节液、炎症性关节液、化脓性关节液、血性关节液。关节液检查包括关节液的一般性状检验、化学检验、免疫学检验、显微镜检验、病原生物学检验，其具体意义介绍如下。

1. 一般性状检验 正常的关节液无色、透明、有黏稠性、静置不凝固。

（1）颜色 有轻度炎症时呈现黄色，这是漏出红细胞崩坏游离出血红蛋白。白色的关节液由于白细胞增加，化脓性关节液乳脂样脓含有白细胞（$15 \sim 30$）$\times 10^4 /mm^3$。

（2）透明度 透明时考虑为退变性关节疾病、骨软骨炎、骨软骨瘤病，其程度不一，可略显云雾状、乳脂状，也有呈脓汁状。痛风发作时可出现结晶，镜检可以确定。血性关节液可见于外伤后关节内骨折、关节游离体、关节内壁损伤、韧带损伤。在关节内骨折时，血性关节液中多见脂肪滴，经过一段时间成为黄色。此外，由于穿刺引起出血属于医源性应注意鉴别。半月板损伤、血性颜色淡、无外伤而引起血性关节液时应怀疑血友病性关节炎、色素绒毛结节性滑膜炎、滑膜血管瘤及肉瘤等。

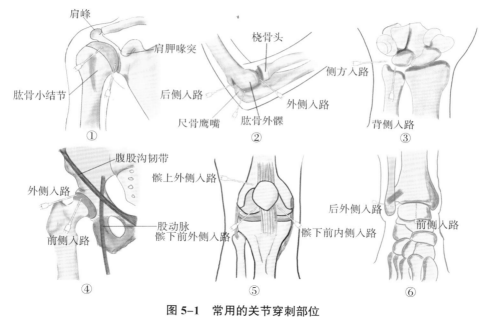

图 5-1 常用的关节穿刺部位

①肩关节穿刺 ②肘关节穿刺 ③腕关节穿刺
④髋关节穿刺 ⑤膝关节穿刺 ⑥踝关节穿刺

（3）黏稠度 关节液的黏稠度为其透明质酸含量决定。拉出细丝与透明质酸 – 蛋白质复合体的重合分子量大小有关系。滴少量关节液然后分开，拉出丝长度通常在 3cm 以上。骨关节炎（OA）等拉出丝长度为 10cm 以上，类风湿关节炎（RA）、细菌性炎症几乎拉不出丝。

2. 显微镜检验

（1）细胞数 正常关节液单核细胞量为 $200 \sim 750$ 个 /mm^3，炎症时增加到 2000 个 /mm^3，类风湿关节炎 $10000 \sim 50000$ 个 /mm^3 左右，多是淋巴细胞、多核白细胞。超过 5000

个 /mm³ 者有化脓性关节炎可能，必要时做细菌培养。

（2）细胞分类　嗜中性粒细胞比值正常在 75% 以下，炎症活动时超过 75%。有时类风湿关节炎细胞数超过 50000 个 /mm，但嗜中性白细胞几乎没有超过 90%，若超过 95% 应考虑化脓性关节炎。

3. 微生物学检验　细菌的检查主要是革兰氏染色后镜检确认，同时进行细菌培养、抗生素敏感度试验，以选定治疗有效的药物。淋菌性关节炎约有 30% 检不出细菌，故阴性不能否定细菌感染，特别是激素注射后的感染。关节液的结核菌的检出率低，组织学检出率高。需氧菌培养阴性时，进行厌氧菌培养真菌培养也是有必要的。

4. 化学检验

（1）蛋白质定量　正常滑膜液中总蛋白质为 10 ~ 30g/L。炎症时由于滑膜渗出增加，总蛋白、白蛋白、球蛋白和纤维蛋白原等均增加。

（2）葡萄糖　同时测定患者的空腹血糖，正常滑膜液中葡萄糖比血糖稍低，其差值在 0.5mmol/L 以内；差值如在 22mmoL 以上时，应考虑为化脓性关节炎。

（3）尿酸　滑膜液显微镜检查发现疑似尿酸盐结晶时，可用生化定量方法测定尿酸含量，这对尿酸盐痛风的诊断是有价值的。

（4）乳酸　在化脓性关节炎的滑膜液中乳酸含量明显升高，类风湿关节炎时乳酸可见轻度增加。

5. 免疫学检查

（1）类风湿因子　约 60% 类风湿关节炎患者血清的 RF 呈阳性，滑膜液中 RF 阳性率较血清高，而且早于血清中出现。

（2）抗核抗体（ANA）　有 70% 系统性红斑狼疮和 20% 的类风湿关节炎的滑膜液中可检出抗核抗体。

五、活体组织病理检查

活体组织病理检查对鉴别肿瘤与瘤样病变、良性与恶性，确定肿瘤的组织学类型的分化程度及恶性肿瘤的扩散范围等均有重要意义。

（一）活体组织检查方法

恶性肿瘤不管是手术、放射和化学均对机体损伤较大，明确前必须有病理诊断。活体组织检查，主要有以下几种方式。

1. 钳取活检　钳取活检是最常用的最简便的取材方法之一，适用于体表或体腔黏膜的浅表肿瘤，特别是外生性或溃疡性肿瘤，常用于皮肤、口唇、口腔黏膜、鼻咽部、宫颈等处各种内窥镜时采取肿瘤组织。

2. 切取活检　切取活检是指从病变处切取小块组织做病理检查，是病理活检中较常用的取材方法。这种取材方法部位较准确，组织损伤较小，适用于深部、病变体积较大、尚未破溃的肿瘤。切取活检时，要明确肿瘤的部位和深度，以防止对病变确切部位和深部估计不足而取不到病变组织，达不到诊断目的。切取部位要选择肿瘤边缘，无出血、坏死处。

3. 切除活检　切除活检适用于部位较浅和原发瘤较小的肿瘤，将整个病变切除，达到诊断和目的。怀疑为恶性肿瘤时，为避免复发，切除范围要包括肿瘤周围一定范围的正常组织。检查标本时要注意肿瘤切缘及底部是否切除干净，供临床医生考虑是否需要进一步处理。

4. 针吸活检　针吸活检优点为操作简单、可取深部组织。缺点是取材不能直观，有可引起出血、血行转移和沿穿刺道种植的危险，吸的组织很小，易被挤压而影响诊断。针吸活检的适应证：①不宜手术探查，如心脏或其他系统疾病。②开胸探查不理想者。③晚期或转移性肿瘤，不宜手术又需要明确诊断指导或判断预后的病变可能是良性或炎症病变。

5. 冰冻切片　通常在手术过程中，需要迅速确定病变的性质来确定手术范围，需要做冰冻切片或快速石蜡切片诊断。术中诊断要求准确、迅速，错误诊断将造成不可弥补的损失。因此，临床医生和病理医生要互相配合。病理医生术前要对患者的病史和有关的临床资料有全面扼要的了解，必要时要到手术室了解情况。

（二）骨髓活组织检查

1. 适应证　骨髓增生异常综合征、原发性或继发性骨髓纤维化症、增生低下型白血病、骨髓转移癌、再生障碍性贫血、多发性骨髓瘤等。

2. 方法

（1）选择检查部位　骨髓活组织检查多选择髂前上棘或髂后上棘。

（2）体位　采用器前上棘检查时，患者取仰卧位。采用髂后上棘检查时，患者取侧卧位。

（3）麻醉　常规消毒局部皮肤，术者戴无菌手套，铺无菌洞巾，然后行皮肤、皮下和骨膜麻醉。

（4）穿刺　将骨髓活组织检查穿刺针的针管套在手柄上。术者左手拇指和食指将穿刺部位皮肤压紧固定，右手持穿刺针手柄 以顺时针方向进针至骨质一定的深度后，拔出针芯，在针座后端连接上接柱（接柱可为 1.5cm 或 2.0cm），再插入针芯，继续按顺时针方向进针，其深度达 1.0cm 左右，再转动针管 360°，针管前端的沟槽即可将骨髓组织离断。

（5）取材　按顺时针方向退出穿刺针，取出骨髓组织，立即置于 95% 酒精或 10% 甲醛中固定，并及时送检。

（6）加压固定　以 2% 碘伏棉球涂布轻压穿刺部位后，再用干棉球压迫创口，敷以消毒纱布并固定。

3. 注意事项

（1）开始进针不要太深，否则不易取得骨髓组织。

（2）由于骨髓活组织检查穿刺针的内径较大，抽取骨髓液的量不易控制，因此一般不用于吸取骨髓液做涂片检查。

（3）穿刺前应检查出血时间和凝血时间。有出血倾向者穿刺时应特别注意，血友病患者禁止骨髓活组织检查。

（吴凡　杨文龙）

第二节　骨伤科影像学诊断

一、X线检查法

X线检查是骨伤科临床检查、诊断的重要手段之一。骨组织是人体的硬组织，含钙量多，密度高，X线不宜穿透，与周围软组织形成良好的对比条件，使用X线检查时能显出清晰的影像。通过X线检查，不仅可以了解骨与关节疾病的部位、类型、范围、性质、程度和周围软组织的关系，进行一些疾病的鉴别诊断，为治疗提供可靠的参考，还可在治疗过程中明确骨折脱位的手法整复、牵引、固定等治疗效果，以及病变的发展及预后的判断等。此外，通过X线检查观察骨骼生长发育的情况，以及某些营养和代谢性疾病对骨骼的影响。

（一）摄片位置选择

进行常规X线检查时，应该注意以下几点：①绝大多数的部位（包括四肢长骨、关节和脊柱等）都必须至少采用两个方向投照，通常为正位和侧位。②摄片应当包括骨骼周围的软组织，四肢长骨摄片要包括邻近的一个关节。③对于两侧对称的部位，在诊断可疑时可加摄对侧片以进行对照。

（二）常见检查位置

1.正位　正位又分前后正位和后前正位，前后位是指X射线从人体前面射入、后面射出；后前位则是指X射线从人体后面射入、前面射出（图5-2）。

2.侧位　被照体矢状面与探测器平行，X射线经被照体的一侧入射，从另一侧射出，和正位照片结合起来，即可获得被检查部位的完整影像。

3.斜位　侧位片上重叠阴影太多时，可以拍摄斜位片。为了显示椎间孔或椎板病变，在检查脊柱时也应拍摄斜位片。骶髂关节在解剖上是偏斜的，也只有斜位片方能看清骶髂关节间隙。

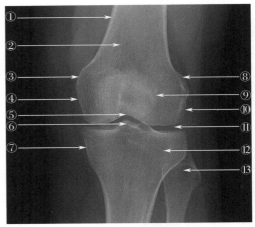

图5-2　膝关节X线表现
①股骨骨皮质　②股骨骨松质　③股骨内上髁
④股骨内髁　⑤髁间窝　⑥胫骨髁间嵴　⑦胫骨内侧髁
⑧股骨外上髁　⑨髌骨　⑩股骨外髁　⑪膝关节间隙
⑫骺线痕迹　⑬腓骨小头

（三）特殊位置

1. 张口位 第 1 ~ 2 颈椎正位被门齿和下颌重叠，无法看清，开口位 X 线片可以看到寰枢椎脱位、齿状突骨折、齿状突发育畸形等病变。

2. 脊椎动力位 颈椎或腰椎，除常规 X 线检查外，为了解椎间盘退变情况、椎体间稳定情况等，可将 X 线球管由侧方投照，令患者过度伸展和屈曲颈椎或腰椎，拍摄 X 线侧位片。

3. 轴位 X 线与被照体长轴平行的体位进行投照，常见的有髌骨、跟骨的轴位片。

4. 蝶位 腕关节旋前尺偏位是手舟骨的投照体位，如果两只手都同时投照，摆在一起，舟骨互相靠拢，两只手就形成蝴蝶的形状。

5. 蛙式位 被检者双下肢屈曲，并向两侧展开一定的角度呈蛙形的姿势，是髋关节的一种特殊体位。

（四）阅片要求

1. 姓名和拍摄时间 必须严格读片顺序、姓名、性别、摄片时间和摄片医疗机构名称，防止误将他人 X 线片作为医生阅片的对象，以避免发生的医疗事故。

2. 骨骼的形态及大小比例 因为 X 线检查对各部位检查的焦距和片距是一定的，所以 X 线片上的影像也大体一致。只有平时掌握了骨骼的正常形态，阅片时对异常情况才能容易分辨出来。大小比例虽按年龄有所不同，但也大致可以看出正常或不正常，必要时可与健侧对比。

3. 骨皮质 骨皮质是密质骨，呈透亮白色，骨干中部厚两端较薄，表面光滑，但肌肉韧带附着处可有局限性隆起或粗糙或凹陷，是解剖上的骨沟或骨突，不要误认为是骨膜反应。

4. 骨松质 长管状骨的内层或两端、扁平骨，如髂骨、椎体、跟骨等均系骨松质。良好 X 线片上可以看到按力线排列的骨小梁；若排列紊乱，可能有炎症或新生物。若骨小梁透明皮质变薄，可能是骨质疏松。有时在骨松质内看到有局限的疏松区或致密区，可能无临床意义的软骨岛或骨岛，但要注意随访，以免遗漏新生物；通常，在干骺端看到有一条或数条横向的白色骨致密阴影，这是发育期发生疾病或营养不良等原因产生的发育障碍线，也无临床意义。

5. 儿童骨骺 对于儿童患者 X 线片时，应当熟悉及注意儿童生长骨骺骨化中心出现的年龄。在长管状骨两端为骨骺，幼儿未骨化时为软骨，X 线不显影；出现骨化后，骨化核由小逐渐长大，此时 X 线片上只看到关节间隙较大，在骨化核和干骺端也有透明的骺板。当幼儿发生软骨病或维生素 A 中毒时，骺板出现增宽或杯状等异常形态。利用统计学已总结出的规律预估儿童骨龄，从而评估儿童发育状态（提前发育、正常、迟缓发育）。

6. 关节及关节周围软组织

（1）关节面透明软骨不显影，故 X 线片上可看到关节间隙，此有一定厚度，过宽可能有积液，关节间隙变窄，表示关节软骨有退变或破坏。

（2）骨关节周围软组织，如肌腱、肌肉、脂肪虽显影不明显，但它们的密度不一样，若X线片质量好，可以看到关节周围脂肪阴影，并可判断关节囊是否肿胀、腘窝淋巴结是否肿大等，对于诊断关节内疾病有所帮助。在某些熟悉部位如发生炎症可将肌肉等掀起，显示肿胀。

二、CT成像

计算机体层摄影（computed tomography，CT）是将计算机系统和X线发生系统相结合以获得人体断层图像的方法。

目前的CT设备可直接获得人体横断面图像，在多个横断面数据的基础可以进行任意层面（包括冠状面和矢状面）的影像重建。由于CT比X线具有更高的密度分辨率，又解决了X线影像重叠问题，所以自从CT问世以来便在骨关节创伤方面发挥了重要的作用。

高分辨率CT扫描模式能够从躯干横断面图像观察脊柱、骨盆及四肢关节较复杂的解剖部位和病变，还有一定分辨软组织的能力，不受骨骼重叠及内脏器官遮盖的影响，对骨科疾病诊断、定位、区分性质范围等提供一种非侵入性辅助检查手段。CT成像更适用于下列情况。

（一）骨性解剖结构

CT能准确显示脊椎骨的完整骨性结构，如椎管、椎间孔、侧隐窝、神经孔、椎间后小关节、椎板结构形态等，可观察脊髓神经根鞘、硬膜外和椎体骨的静脉、后纵韧带、黄韧带和椎间盘。CT还能清楚显示椎体周围软组织，包括椎体后部椎旁肌，如竖脊肌等；椎体前部，可观察到胸、腹腔脏器及相应节段的动脉、静脉。

（二）骨折

常规X线片基本上都能满足临床诊断骨折的需要，但普通X线平片不能满足脊柱、骨盆等部位隐匿性骨折的检查。CT扫描可以发现X平片很难辨认的小碎骨片，如陷入髋关节腔内的股骨头或髋臼缘骨折的小碎片，能够较好地显示出骨折片与椎管、脊髓的关系及脊柱后侧骨折累及的范围。应用CT扫描显示椎体爆裂骨折效果十分满意，能看到椎体破坏程度及骨折片穿入椎管压迫脊髓神经等，为计划手术方案摘除骨碎片提供重要依据。在骨关节创伤中，CT的三维后处理图像可以提供更全面和直观的信息，多角度地呈现骨骼与其相邻结构的解剖关系，更加立体地展现在医生面前，因而在临床被广泛应用（图5-3）。现3D打印技术逐步在骨科领域应用愈加频繁，数字化操作给术前设计、定制内固定物或假体、手术演练及推测更多的可能，这都是基于CT多年来的临床应用及技术升级而来。

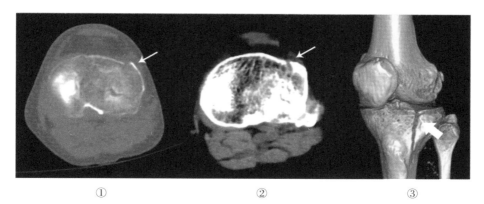

①　　　　　　　　　　　②　　　　　　　　　　　③

注：老年男性，左侧胫骨平台外侧骨皮质失连续（细箭头）；重建片示外侧膝关节面劈裂塌陷（粗箭头）

图 5-3　胫骨平台骨折 CT 表现
①软组织窗　②骨窗　③三维重建

（三）复合伤

目前的 MSCT 设备可在短时间内进行全身大范围容积扫描脊柱骨折脱位、颅脑创伤及全身多处联合严重创伤病例。一次短时间的 CT 检查可提供有无颅骨创伤、脊柱骨折及胸腹部创伤等所有信息，减少患者来回搬运的次数并显著缩短检查时间。

（四）CT 关节造影

CT 关节造影是指传统关节造影技术结合 CT 扫描的一种检查方法。由于需要进行关节穿刺引入造影剂，属于有创性检查，因此目前临床较少应用，尤其是当患者因某些原因不能接受磁共振检查时，肩关节 CT 关节造影可以显示关节盂唇和肩袖的损伤。膝关节 CT 造影主要用于评价膝关节软骨病变和关节内游离体。

尽管 CT 在骨关节创伤中能够提供很多有价值的信息，但是空间分辨力不如常规 X 线平片。CT 检查不但增加了患者的经济负担，而且还增加了 X 线辐射剂量。因此，在临床工作中选择 CT 检查时需要权衡利弊。

三、磁共振（MRI）检查

磁共振成像（magnetic resonance imaging，MRI）以其独特的成像方式，使组织分辨率明显高于传统 X 线平片和 CT，能很好地显示中枢神经系统、肌肉、肌腱、韧带、半月板、软骨等，对骨髓信号的变化尤为敏感。MRI 被广泛应用于骨质疏松、肿瘤、感染、创伤等病变的检查，尤其对脊柱、脊髓病变有独特的诊断价值。MRI 在骨关节损伤中的应用主要包括骨折、软组织创伤及骨缺血坏死。

骨关节 MRI 常用的图像序列为 T1 加权像（T_1WI）、T2 加权像（T_2WI）和质子密度加权相（PDWI）。脂肪抑制（FS）是指通过应用特殊技术，使 MRI 图像中的脂肪组织表现为低信号，图像对比增大，高信号病变更易于显示。MRI 不仅有利于显示病变，还能为疾病鉴别诊断提供依据，可提高诊断的准确性。骨关节系统各组织成分在 SE 或 FSE 序列 T_1WI 和 T_2WI 号表现如下（表 5-1、图 5-4）。

表 5-1　不同组织的 MRI 信号强度

组织	T_1WI	T_2WI
关节液、水	低到中等	高
脂肪、黄骨髓	高	中高
骨皮质、肌腱、韧带、瘢痕	低	低
纤维软骨（半月板、盂唇等）	低	低
红骨髓	低	中等
透明软骨	中等	中等
肌肉、神经	中等	中等
大血管	低	低

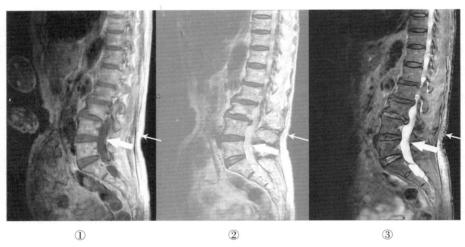

①　　　　　　　　　②　　　　　　　　　③

注：MRI 上以黑口灰阶表示信号强度，信号高在图像上显示为白，信号低则为黑；老年女性，脑脊液（粗箭头）在 T_1WI 呈现低信号，在 T_2WI 呈现高信号（细箭头）；皮下脂肪在 FS T_2WI 呈现低信号。

图 5-4　腰椎 MRI 表现
① T_1WI　② T_2WI　③ FS T_2WI

　　MRI 成像优点为：① MRI 不存在射线对身体的伤害，目前被认为是无损伤性的检查。② MRI 有极佳的软组织对比能力，尤其可以明显改善 X 线和 CT 显示不好的软组织对比，对骨关节软组织创伤有重要临床价值。③ MRI 具有直接任意平面成像能力，可随意获得冠状面、矢状面及任意斜面图像。当然，目前 MRI 也存在一定的不足：①对骨皮质、骨小梁、各种钙化、体内气体和骨化的细节显示能力明显不如 X 线和 CT。②检查费用相对昂贵。③检查时间较长，患者的舒适感较差。④有较多禁忌证，如装有心脏起搏器及电子耳蜗者禁止做 MRI 检查。

四、骨密度检查

骨密度检查是现代医学的一项先进技术。骨密度是检测骨质量的一个重要标志和判定骨骼强度的主要指标，反映骨质疏松程度，预测骨折危险性的重要依据。通过骨密度检查可以判断和研究骨骼生理、病理和衰老程度，以及诊断全身各种疾病对骨代谢的影响。

（一）检查方法

1. 双能 X 线吸收测定法（DEXA） 通过 X 射线管球经过一定的装置所获得两种能量，即低能和高能光子峰。此种光子峰穿透身体后，扫描系统将所接受的信号送至计算机进行数据处理，得出骨矿物质含量。该仪器可测量浑身任何部位的骨量，精确度高，对人体危害较小，检测一个部位的放射剂量相当于一张胸片的 3.3%、定量 CT（QCT）的 1%。DEXA 不存在放射源衰变的问题，已在我国各大城市渐渐开展，前景普遍看好。

2. 单光子吸收测定法（SPA） SPA 是利用骨组织对放射物质的吸收与骨矿含量成正比的原理，以放射性同位素为光源，测定人体四肢骨的骨矿含量。一般选用部位为桡骨和尺骨中远 1/3 交界处（前臂中下 1/3）作为测量点。SPA 在我国应用较多，设备简单，价格低廉，适用于流行病学普查。该法不能测定髋骨及中轴骨（脊椎骨）的骨密度。

3. 超声波测定法 超声波测定法无辐射，可诊断较敏感的骨折，利用声波传导速度和振幅衰减能反映骨矿含量多少，以及骨结构、骨强度的情况。与 DEXA 相关性良好。该法操作简便、安全无害、价格便宜，所用的仪器为超声骨密度仪。

4. 定量 CT（QCT） QCT 能精确地选择特定部位的骨测量骨矿密度，能分别评估皮质骨的海绵骨的骨矿密度。临床上由骨质疏松引发的骨折常位于脊柱、股骨颈和桡骨远端等含有非常多海绵骨的部位，运用 QCT 能观测这些部位的骨矿变化。因受试者接受 X 线量较大，目前仅用于研究工作中。

（二）测试结果及意义

骨密度全称是骨骼矿物质密度，是骨骼强度的一个重要指标，以 g/m^3 表示，是一个绝对值。

骨密度测试结果包括平均值和标准值。平均值为实际测试结果，标准值是预先存储在计算机内的。标准值按性别和年龄的组合不同而有不同的值，即按男女性别分为两大系列组，并同时按年龄分为 20 岁以前每两岁一个年龄组，20 岁以后每十岁一个年龄组，每个年龄组一个值。

在临床使用骨密度值时由于不同的骨密度检测仪的绝对值不同，通常使用 T 值判断骨密度是否正常。T 值是一个相对值，如果 T 值的绝对值小于 1 个标准差为骨密度轻度降低，其 T 值大于 1 个标准差小于 2 个标准差为骨密度中度降低，其 T 值大于 2 个标准差的为骨密度重度降低。

五、肌骨超声检查

肌骨超声是近年来新兴的检查技术，是应用高频超声来诊断骨肌系统疾病，能够清晰显示肌肉、肌腱、韧带、周围神经等浅表软组织结构及其发生的病变，如炎症、肿瘤、损伤、畸形引起的结构异常。再结合相关病史及临床症状，大部分病例可得到准确的超声诊断。

高频超声对软组织病变的显示能力，可与 MRI 相媲美，能够精细分辨肌肉、浅表神经解剖结构。由于诊断性超声波不能穿透骨组织，导致超声诊断在骨损伤中的应用受限。

超声检查的优势如下：

1. 实时动态显像　在检查中配合被动和主动运动，有助于发现和观测只有在运动或特殊体位时才出现的异常或病变（如肌腱和神经脱位、肩峰撞击综合征等）。

2. 安全简便　无明确禁忌证，无辐射损害，不需特殊准备，操作简便，重复性强，检查时间短，迅速获得结果。

3. 可移动　超声仪器可在床边、手术室、急诊室及灾害现场使用，范围较为广泛。

4. 检查费用　价格相对低廉，无痛苦，易被患者所接受。

5. 介入性操作引导　达到"可视化"操作，提高穿刺成功率和疗效的目的。

六、同位素骨扫描检查

同位素骨扫描检查又称放射性核素检查，对于骨和关节疾病，系将能在骨骼和关节中浓聚的放射性核素或标记化合物引入体内，使骨骼和关节显像。凡影响骨代谢、骨生长和吸收正常平衡的过程，均导致不正常的骨扫描（图 5-5）。

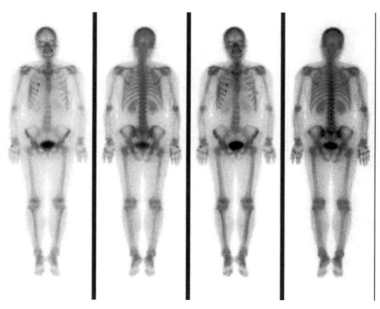

图 5-5　同位素骨扫描检查

（一）特点

在骨与关节疾病的早期诊断上具有重要价值。放射性核素骨和关节显像最主要优点是在于发现骨和关节病变上有很高的灵敏性，能在 X 线检查出现异常前早期显示病变的存在。但特异性不强，骨和关节显像的假阴性比较低，通常在 3% 以下；假阳性可在 5% 以上。放射性核素骨和关节显像，既能显示骨关节的形态，又能反映局部骨关节的代谢和血供状况，定出病变部位，早期发现骨和关节疾病。

（二）适应证

1. 原发性骨肿瘤及骨肿瘤的软组织和肺转移的早期诊断。
2. 检查原因不明的骨痛。
3. 选择骨骼病理组织学检查部位。
4. 制订放疗计划。
5. 对可疑肿瘤患者进行筛选。
6. 骨骼炎性病变的诊断及随访。
7. 应力性骨折、缺血性骨坏死等骨关节创伤的鉴别诊断。
8. Paget's 病的定位诊断及治疗后的随访。

七、各项影像学检查选择

（一）骨折

绝大多数的骨折，X 线检查和 CT 检查提供的信息已足够用于诊断和治疗，故不需要 MRI 检查。但是对于某些特殊骨折，仍可以提供有价值的信息。

1. 可疑骨折　如股骨颈可疑微小骨折，MRI 由于其极高的敏感性和特异性，非常适用于明确骨折的诊断。

2. 骨挫伤　骨挫伤通常是指外伤后关节附近骨髓的异常信号。这种损伤在 X 线检查、CT 检查、关节镜检查表现都正常，其病理基础不明确，一般认为代表外伤后的小梁微骨折、小动脉栓塞、骨髓腔出血水肿等。骨挫伤与临床症状的关系也不甚明确，但骨挫伤的演变与疼痛之间有一定的联系。

3. 应力骨折　急性应力骨折 X 线平片和 CT 均难以明确诊断，但 MRI 对其则具有非常好的诊断敏感性和特异性。核素成像也用于急性应力骨折的早期诊断，其敏感性与 MRI 相当，但特异性和解剖清晰度明显差于 MRI。应力骨折典型的 MRI 表现类似于骨挫伤，但在网状异常信号中常可以看见横向的骨折线，骨质增生硬化和骨膜反应则表现为低信号，同时伴有邻近骨髓和软组织水肿。

4. 急性软骨骨折和骨软骨骨折　在所有的影像学中，MRI 是直接显示软骨的最好手段。MRI 对软骨骨折的位置、大小、有无移位均可以提供比较准确的判断，而常规的 X 线平片和 CT 均不能显示软骨的损伤情况。

5. 剥脱性骨软骨炎　MRI 检查不但可以明确剥脱性骨软骨炎的诊断，还可以准确显示病变部位、大小和范围。对于剥脱性病灶是否稳定，也可以提供一定的信息。

6. 骺板损伤　X 线检查对骨骺和骺板的损伤有时比较困难，尤对于婴幼儿，因为此时大部分骨骺和骺板均为软骨结构。而 MRI 则可以直接显示骨骺和骺板的软骨，因此可以更好地确定骨折线的范围和走向，从而有助于损伤分型和预后判断。

（二）软组织损伤

MRI 具有极佳的软组织分辨能力和任意平面成像能力，是目前最好的影像手段。肌骨超声由于其价格低廉及成像良好，并可结合其他治疗方法，近年来越来越受到重视。

1. 肌肉和肌腱的损伤　MRI 可以直接显示肌肉、肌腱的走行及其完整性的改变。通过对异常信号的分析，MRI 也可以明确损伤的性质及范围。尤其对于临床不易明确的深部肌肉和肌腱损伤，MRI 是首选的检查手段；近年来肌骨超声检查广泛应用于肌肉、肌腱急性损伤及慢性病变中，其优势为图像可以清晰地显示肌肉的走向及形态，且可以在超声引导下进行例如冲击波、针刀等操作治疗。

2. 关节韧带的损伤　MRI 泛应用于膝关节、踝关节、肘关节等的韧带损伤，主要表现为信号异常和形态异常；信号异常包括急性损伤时的出血水肿、慢性损伤的瘢痕形成等。MRI 可以直接显示韧带连续性中断、断端回缩、韧带增粗或变细等异常情况。

3. 纤维软骨结构的损伤　MRI 在诊断膝关节半月板、肩关节盂唇、腕关节三角软骨盘、下颌关节的关节盘及髋关节髋臼唇的损伤中发挥着重要的作用，这些结构的损伤在常规 X 线和 CT 中均不能提供有价值的信息。创伤性的 X 线关节造影和 CT 关节造影仅对其中某些损伤有一定的价值，而 MRI 可以在无创伤的情况下提供相当准确的诊断信息，因而被广泛应用。

4. 关节透明软骨的损伤　由于 MRI 可以直接显示关节透明软骨，对于急性软骨骨折、外伤后骨关节病中软骨的变薄和不光滑均可以提供有价值的信息。当然，目前由于 MRI 图像分辨率的限制，MRI 显示较厚的关节软骨及 I 度以上软骨病变的价值较大，对于透明软骨较薄的关节及 I 度软骨软化的作用有限。

5. 关节滑膜病变　MRI 可以诊断关节积液、显著的滑膜增生及一些特殊类型的滑膜炎，如色素沉着绒毛结节性滑膜炎、局限性结节性滑膜炎、滑膜骨软骨瘤病等。同样，由于图像分辨率的限制，MRI 对于轻度的滑膜增生难以显示。

6. 外伤性关节积液　MRI 可以很好地显示外伤性关节积液、关节积血及关节脂血症。关节积血通常表现为液 – 液平面，关节脂血症表现为脂 – 液平面。

7. 周围神经损伤　肌骨超声在外周神经被应用广泛，使用高频线阵探头可清晰地显示主要外周神经的分布、走向、粗细及其周围解剖的关系。超声可根据神经束、神经束膜、神经外膜的结构改变、神经粗细变化及周围组织的病变对外周神经损伤做出诊断。

（三）骨坏死

对于创伤导致的早期骨缺血坏死，MRI 是目前最敏感和特异性最高的影像手段，而 X 线平片和 CT 均不能诊断早期骨缺血坏死，核素扫描对于早期骨缺血坏死也相当敏感，但是其特异性和解剖细节显示能力明显差于 MRI。与 MRI 比较，核素骨扫描最大的优点在于一次扫描即可获得全身骨的信息，对于明确多发骨缺血坏死有明显的优势。

（四）骨与关节感染

急性骨髓炎髓腔发生炎性改变及骨皮质外软组织改变，MRI 的敏感性较 X 线平片高，故可以早期发现，特别是深部组织。对于急性骨髓炎，成像见骨髓腔呈一致低信号至中等信号，骨皮质受累者呈中等信号；在 T_2WI 髓腔炎症区为高信号，高于正常髓腔，感染冲破骨皮质至周围软组织，T_2WI 亦呈高信号。骨脓肿在 T_1WI 为低信号或中信号，而 T_2WI 则为高信号，高于髓腔信号，脓肿壁与囊均为黑边，脓肿内死骨在 T_2WI 为低信号。化脓性关节炎、滑囊内脓液 T_2WI 为高信号，急性骨髓炎常规依靠 X 线诊断，但 X 线出现骨破坏、新骨形成等阳性体征往往要到病程 2 周或以上。而在骨扫描上，通常发病 12 ～ 48 小时，病变部位即可出现放射性异常浓聚。

（五）骨与软组织肿瘤

恶性骨及软组织肿瘤破坏骨髓腔或软组织，其 MRI 异常表现较 X 线平片早；骨巨细胞瘤、骨肉瘤、软骨肉瘤等破坏骨髓腔，常有缺血性坏死，MRI 成像中 T_1WI 呈现低信号。一般干骺端肿瘤不会侵犯骨骺，因骺板为天然屏障。MRI 所具有的显示整个脊髓和区分脊髓周围结构的能力，有助于脊髓内、外肿瘤的诊断，并能确切区分肿瘤实质和囊性成分。骨扫描对于骨与软组织肿瘤也是常规检查方法。

（六）代谢性骨病

代谢性骨病包括骨质疏松症、甲状旁腺功能亢进、肾性骨营养不良、骨软化症、维生素 D 增多症、畸形性骨炎（Paget's 病）等。骨扫描上呈广泛弥漫性显像剂摄取增加，以颅骨、长骨干骺端、肋软骨连接处、胸骨等部位更为明显，如肋骨连接处的"串珠征"、胸骨"领带征"，肾脏不显影或显影差。骨扫描并不能提供病因诊断，需结合临床资料和其他检查结果综合分析。Paget's 病则有较为特征性的改变，常累及脊柱、颅骨、骨盆、股骨等部位，受损骨高度放射性浓聚，浓聚区均匀、边缘整齐，可波及整个长骨，骨外形变粗弯曲，也可表现为整个颅骨或一侧骨盆受累。严重骨质疏松患者则表现为弥漫性显像剂摄取减少、全身骨骼显影淡、结构模糊、图像清晰度差。

（七）假体松动和感染

假体松动和感染是人工关节置换术后常见的并发症，表现为关节活动障碍和疼痛，不易区分，早期难以通过 X 线或 CT 诊断。骨扫描可用于鉴别。在三相骨扫描中，假体感染在血流相、血池相假体周围显影剂聚集，延迟相假体周围骨质放射性浓聚。假体松动则血流相、血池相无显像剂浓聚，延迟相放射性浓聚部位与假体与股骨相互作用的生物力学特性相关。

常见骨关节损伤的影像学方法选择如下表所示（表 5-2）。

表 5-2　常见骨关节损伤的影像学方法选择

分类	X线	CT	MR1
骨折	大部分骨折	关节、脊柱、颅面骨、骨盆等复杂部位骨折	隐性骨折、微小骨折、早期应力骨折等
脱位	一般脱位	复杂的骨折脱位	价值不大
半月板损伤	关节造影（逐渐淘汰）	价值不大	首选方法
肩袖撕裂	关节造影	CT关节造影价值较大	首选方法 MRI关节造影更优
盂唇撕裂及周围韧带损伤	价值不大 应力位有一定价值	CT关节造影价值较大 价值不大	首选 MRI关节造影或常规 MRI 价值有限
关节软骨病变	关节造影（逐渐淘汰）	CT关节造影价值较大	首选方法 MRI关节造影更优
骨缺血坏死	早期价值不大，晚期观察关节的完整情况	早期价值不大，中晚期观察关节的完整情况	早期诊断明确（首选）

（吴凡　张期）

第六章 骨伤病诊断及预后

【学习目标】

1. 掌握骨伤病的临床表现、骨折临床愈合、骨性愈合标准及常见骨折临床愈合时间。
2. 熟悉骨折、脱位、筋伤、骨病的特殊症状体征及辅助检查。
3. 了解骨伤病常见并发症的诊断，骨不连的类型及预后。

第一节 骨伤病的临床表现

临床表现指患者患病后身体发生的一系列变化，是疾病最直观、最迅速的表现，可以根据临床表现对疾病做出初步判断，在疾病诊断中有着重要作用。

一、全身情况

（一）发热

1. 高热 骨伤病因局部血肿与组织渗出物被吸收而产生的"吸收热"会使体温升高，通常不超过38.5℃，3天后逐渐降至正常。如果体温持续升高至38.5℃以上且长时间不退，或伴有头痛恶寒、周身不适、局部肿痛发热、白细胞计数及中性粒细胞比例升高者，应考虑感染。骨痈疽导致高热，体温甚至可高达39～41℃，可持续数日至十余日不退，伴有寒战、出汗、烦躁不安、口渴脉数等，当脓肿穿溃后，体温可逐渐降低。

2. 低热 低热多见于慢性骨病，随着病情的发展，可出现全身不适、乏力、食欲减退、体重减轻、午后低热、夜间盗汗、心烦失眠、咽干口燥、形体日渐消瘦、两颊发赤、舌红苔少、脉沉细而数等阴虚火旺征象。

（二）休克

复杂骨折，尤其是多发骨折、骨盆骨折、脊椎爆裂骨折和严重的开放性骨折，应密切观察血压、脉搏、呼吸等生命体征。骨折或并发内脏损伤而致血脱，气亦随血脱，渐致气血双亡、元气暴脱而发生休克。

（三）痿证

人体遭受外伤、邪毒侵袭或正气亏损后，可发生以肢体筋脉弛缓、形体消瘦、手足痿软无力及麻木等，骨伤病后期气血亏虚，脾胃虚弱，可见面色无华、舌淡唇白、四肢痿软无力等。

二、局部情况

（一）疼痛

疼痛是骨伤病最典型的症状之一，伤后患处经脉受损，气机凝滞，经络阻塞，不通则痛，可出现不同程度的疼痛，根据疼痛的性质及特点可分为以下几类。

1. 刺痛　刺痛多见于体表痛，其主观体验的特点是定位明确、痛觉迅速形成、除去刺激痛觉即刻消失。这种疼痛多发生在人体受外力伤害时。刺痛经由脊髓前外侧束和后束至丘脑后腹核的基底部换神经元后，传至大脑皮质体感区。

2. 钝痛　钝痛多见于深部痛，其主观体验的特点是定位不甚明确，往往难以忍受。痛觉的形成缓慢，常常在受刺激后 0.5 ~ 1.0 秒才出现，而去除刺激后，还要持续几秒钟才能消失。

3. 酸痛　酸痛多见于肌肉、关节部，其主观体验的特点是痛觉难以描述、感觉定位差、很难确定痛源部位，由内脏和躯体深部组织受到伤害性刺激后所产生的，尤其是指机体发热或烧伤时源自深部组织的痛感觉。

4. 放射痛　放射痛多见于椎间盘突出引起支配区域的麻木。感觉通路的病变可引起受累感觉神经纤维所支配躯体部位的疼痛或不适，即当周围神经干、神经根或中枢神经系统内的感觉通路受某种病变刺激时，疼痛可沿受累的神经向末梢传导，以致远离病变的部位，但在其分布区域内。

5. 牵涉痛　机体深部有病变，常在特定体表发生疼痛，称为牵涉痛。如颈 5、颈 6病变，除根性痛外，也有颈根肩上及肩胛区痛；腰 4、腰 5、骶椎关节突病变，除在局部有深叩痛、压痛外，还有大腿后侧牵涉痛。椎体及附件在椎旁肌筋膜病变，也可引起身体其他部位牵涉痛，应与根性放射痛相鉴别。牵涉区除有自发性疼痛外，间歇期还可表现出痛觉过敏和压痛。

6. 扩散痛　扩散痛是指当某神经的一个分支受损伤刺激时，疼痛除向该分支分布区放射外，尚可扩散至同一神经的近端部分（双向传递作用），甚至可扩散至邻近的周围神经或相距较远的脊髓节段的感觉分布区域。例如，当上肢的正中神经或尺神经受压损伤时，疼痛不仅向其末梢方向放射，有时可累及整个上肢。临床上常表现影响整个上肢的臂部神经痛。

（二）肿胀

1. 瘀血肿胀　损伤后表现为不同程度的局部肿胀，其肿胀程度多与外力大小、损伤的程度有关。外力小、损伤程度轻，或慢性筋伤者，局部肿胀也就较轻；外力大、损伤程度重，局部肿胀就较严重。伤后血管破裂形成血肿，一般2～3天内瘀血凝结，肿胀局部呈现瘀血斑；3～5天后瘀血渐化，瘀斑转为青紫；2周后瘀肿大部分消退，瘀血斑转为黄褐色。

合并骨折的复杂性脱位，多有严重肿胀，常伴有皮下瘀斑，甚至出现张力性水疱。肿胀严重，不但妨碍骨折的复位和固定，还可阻碍静脉和淋巴回流，或压迫动脉而引起筋膜间隔区综合征，造成肌肉缺血缺氧，严重者可导致肌肉坏死和缺血性肌挛缩。

2. 体位性水肿 体位性水肿表现为当患肢远端处于低位时肿胀明显加重，多见于年老体弱的患者，原因是四肢筋伤后伤情较重，经络受损，气血运行不畅或外固定包扎过紧，影响气血流通；或是下肢长时间处于下垂位，局部静脉回流不畅。

（三）活动功能障碍

1. 骨折 肢体失去杠杆和支撑作用，剧烈疼痛使肌肉反射性痉挛，以及神经、肌肉、肌腱、血管等软组织损伤，使伤肢活动受限，失去正常功能。一般来说不完全骨折、嵌插骨折可无明显功能障碍；完全骨折、有移位的骨折，功能障碍程度较重。

2. 脱位 脱位后关节结构失常，骨端位置改变，周围肌肉损伤，出现反射性肌肉痉挛，或患者惧怕疼痛而不敢活动，造成脱位的关节活动功能部分障碍或完全丧失，包括主动活动和被动活动，有时可影响协同关节的运动，如踝关节脱位会影响距下关节的运动。

3. 筋伤 神经系统损伤后可以引起支配区域感觉障碍或肢体功能丧失。因神经损伤、肌腱断裂引起的功能障碍，其特点是主动活动障碍、被动活动正常。若关节主动活动和被动活动都受限者，一般是因为损伤后肌肉、肌腱、关节囊粘连挛缩而引起关节活动障碍。

4. 骨病 骨瘤可发生活动功能障碍，一般良性肿瘤多无功能障碍，恶性肿瘤疼痛较剧、肿块较大，故功能障碍明显。靠近关节的原发性骨肿瘤，常因关节功能障碍来就诊。

（四）畸形

1. 骨折 骨折可发生不同程度和不同方向的移位，引起肢体或躯干外形的改变而导致畸形。骨折后常有5种不同的移位（图6-1），可合并存在，因此临床检查时应与健侧对比，并测量断端间短缩的长度和成角角度。近关节处的骨折往往有特定的畸形，如桡骨远端骨折的餐叉样畸形、胸腰椎骨折的驼背畸形等。

2. 脱位 该关节的骨端脱离了正常位置，关节周围的骨性标志相互发生了改变，破坏了肢体原有轴线，与健侧对比不对称，因而发生畸形。若关节周围软组织较少，畸形较明显且易识别。如肩关节脱位后呈"方肩"畸形，这是由于肱骨头的位置改变，肩峰相对高突所致。肘关节后脱位可呈现"靴样"畸形，肱骨内、外上髁与尺骨鹰嘴三者间的关系失常。髋关节后脱位，患肢黏膝征阳性。

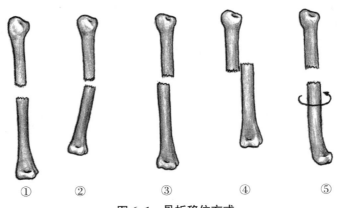

图 6-1　骨折移位方式

①分离移位　②成角移位　③侧方移位　④短缩移位　⑤旋转移位

3. 筋伤　筋伤多由肌肉、韧带断裂收缩所致，如肌肉、韧带断裂后，可出现收缩性隆凸，断裂缺损处有空虚凹陷畸形。例如，前锯肌损伤可以出现翼状肩胛畸形，检查时要仔细辨别并与健侧肢体对比。

4. 骨病　先天性骨关节畸形是在出生前或出生时，由于遗传因素或母体因素的影响使骨关节发生变形或缺陷的一类疾病。这种畸形与遗传关系密切，也与机械压迫或药物影响有关，如先天性马蹄足、先天性桡骨缺如。此种畸形多有肢体功能障碍，晚期治疗效果欠佳，主要在于早发现、早预防、早治疗。

（五）特殊症状体征

1. 骨折　骨折的特殊症状体征包括骨擦音和异常活动。

（1）骨擦音　由于骨折端相互触碰、摩擦而产生的响声，除不完全骨折和嵌插骨折外，一般在局部检查时用手触摸可以感觉到，又称骨擦感。若骨折断端间有软组织嵌入，可无骨擦音。此种检查会增加患者的痛苦并加重损伤，影响骨折复位后的稳定性，不需刻意去检查。

（2）异常活动　骨干部无嵌插的完全骨折，移动时骨折处出现像关节一样能屈曲、旋转等不正常的活动，又称假关节现象，这是一种骨的连续性丧失后所产生的异常现象。

2. 脱位

（1）关节盂空虚　关节脱位后，触摸该关节时可发现其内部结构异常，构成关节的一侧骨端部分，可完全脱离关节盂，造成原关节外凹陷、空虚，表浅关节比较容易触摸辨别。如肩关节脱位后，肱骨头完全离开关节盂，肩峰下出现凹陷，触摸时有空虚感。

（2）弹性固定　脱位后，骨端位置的改变，关节周围未撕裂的肌肉痉挛、收缩，可将脱位后的骨端保持在特殊位置上，在对脱位关节做任何被动活动时，可有一定活动度，但存在弹性阻力，当去除外力后，脱位的关节又恢复原来的特殊位置，这种体征变化称为弹性固定。如肘关节后脱位，呈弹性固定在45°左右的半屈曲位。

3. 骨病

（1）肌肉萎缩　肌肉萎缩是痿证的常见症状。筋伤后由于气血瘀阻、疼痛及包扎固定使肢体活动减少，肌肉的收缩能力减低，造成气血循环失常，日久导致局限性肌肉萎缩，一般称为失用性肌肉萎缩。另一种为营养不良性肌肉萎缩，其特点是病变与肌萎缩的范围广泛、恢复慢、预后较差。

（2）肿块　骨肿瘤、痛风性关节炎、骨肿瘤均可出现肿块。其中恶性骨肿瘤的肿块常出现在疼痛之后，生长迅速、边缘不清。位于浅表部位的肿块易被发现，而长于骨髓内或深层部位的肿块常在晚期才被发现。

（3）疮口和窦道　骨痈疽的局部脓肿破溃后，疮口流脓，初多稠厚，渐转稀薄，有时夹杂小块死骨排出，疮口周围皮肤红肿；慢性附骨疽反复发作者，有时可出现数个窦道，疮口凹陷，边缘常有少量肉芽组织形成。骨痨的寒性脓肿可沿软组织间隙向下流注，出现在远离病灶处；寒性脓肿破溃后，即形成窦道，日久不愈，疮口凹陷、苍白，周围皮色紫暗，开始时可流出大量稀脓，如豆腐花样腐败物，之后则流出稀薄水，或夹有碎小死骨。

（洪源）

第二节　骨伤病的诊断

骨伤疾病和其他疾病一样，其诊断是一个系统的过程，诊断过程要循序渐进，要将查体所发现的体征、病史及辅助检查的各种信息相结合进行分析，才能得出准确的结果。

一、骨折

骨折的诊断较为简单，骨折多由外伤导致，多有明显的外伤史和体征，但对于隐匿性骨折、多发骨折的患者，需要详细询问病史、仔细查体才能防止漏诊。

（一）外伤史

骨折患者多有外伤史，要仔细询问受伤时间、受伤过程、暴力大小和方向、受伤部位、伤时体位、伤时环境等，以及伤后表现和处理经过，以对骨折情况做一个初步诊断。

（二）临床表现

疼痛、肿胀和功能障碍是骨折的一般临床表现。

1. 疼痛　骨折疼痛多为刺痛、胀痛，查体时有明显压痛。

2. 肿胀　反应性水肿或内出血后之血肿可见患肢明显肿胀，若溢于皮下即为瘀斑，肿胀严重者可使皮肤变薄、发亮，或出现张力性水疱甚至血疱。

3. 功能障碍　骨折后失去骨的支架及杠杆作用，肌肉无法正常发挥其生理机能，使患肢体不能运动、行走或站立。

（三）特殊临床表现

畸形、骨擦音和异常活动为骨折特有体征，只要出现一种即可初步诊断为骨折。

1. 畸形　来自骨折后的移位：增粗畸形（侧方移位）、短缩畸形（重叠移位）、延长畸形（分离移位）、成角畸形（成角移位）、旋转畸形（旋转移位）。

2. 骨擦音　听到骨擦音可初步判断骨折，但伴随软组织嵌顿者可无骨擦音及骨擦感。

3. 异常活动　异常活动发生在不应出现关节活动的部位，可能为骨折。

（四）辅助检查

1. X 线检查　大部分骨折通过拍摄患侧 X 片能够明确诊断，一些细小的骨折或有重叠的骨折难以清晰显示。骨折的受伤时间较短隐匿性骨折难以在 X 线上表现出来，必要时可以进行 CT 或者 MRI 检查。

（1）X 线表现和类型　骨的形态失去结构性和完整性，断裂处多为不整齐的断面。断端间呈不规则透明线，称为骨折线。其中骨皮质断裂显示清楚整齐，骨松质断裂可仅表现为骨小梁中断、扭曲、错位。

（2）骨折的移位　长骨以骨折近段为准来判断骨折断端的移位方向及程度。通过骨折断端之间的对位、对线关系来描述骨折的移位方向。对线是指骨折后骨折线中轴线上是否成角，对位是指骨折断端对合的位置关系。骨折远段围绕该骨纵轴向内或向外旋转上述骨折断端的内外、前后和上下移位称为对位不良，而成角移位则称为对线不良。X 线摄影至少需正、侧位。骨折的对位及对线情况与预后关系密切。

（3）儿童骨折的特点　儿童长骨可以发生骨骺骨折。因在 X 线上骨骺软骨不显影，骨骺骨折导致骨骺移位后表现为骨骺与干骺端的距离增加，故也称骺离骨折。儿童骨骼柔韧性较大，外力不易使骨质完全断裂，仅表现为局部骨皮质和骨小梁的扭曲，而看不见骨折线或只引起骨皮质发生皱褶、凹陷或隆突，称为青枝骨折。

（4）骨折愈合的病理及 X 线表现　骨折后，断端之间、骨髓腔内和骨膜下形成血肿。2～3 天后血肿开始机化，形成纤维性骨痂，进而骨化形成骨性骨痂。此时，X 线片上骨折线变得模糊不清；骨膜增生骨化形成外骨痂。

2. CT 检查　对于解剖结构复杂、骨骼结构重叠的部位，可以避免 X 线平片重叠遮掩导致的漏诊，如骨盆，髋、肩、膝、腕等关节，以及脊柱和面骨；通过加照三维重建可立体显示骨折线形态及走形趋势，也可结合 3D 打印技术，指导临床诊疗。

3. MRI 检查　对于判断骨折是新发骨折，还是陈旧性骨折具有重要意义，也可显示骨挫伤、隐性骨折、软骨骨折，区分是否为病理性骨折。骨折后断端及周围出血、水肿，也可清晰显示软组织、邻近脏器损伤，表现为骨折线周围边界模糊的 T_1WI 低信号、T_2WI 高信号影。

4. 肌骨超声检查　肌骨超声对肋骨骨折诊断特异性较强，对于轻微肋骨骨折，受 X

线成像原理及体位的限制，许多骨折普通 X 线平片无法诊断肋骨骨折，结合超声检查会增加诊断的准确性。对于孕妇及其他难以接受 X 片检查的肋骨骨折患者，肌骨超声是明确诊断的重要选择。

二、脱位

脱位的诊断与骨折较为相似，脱位也多由于外伤导致，需要详细地询问病史及查体。

（一）外伤史

脱位一般都有明确的外伤史。受伤过程对诊断有重要意义，应该仔细询问患者。

（二）临床表现

1. 疼痛 关节脱位时，常伤及周围的关节囊、韧带、肌肉与肌腱，脉络受损，气血凝滞，因而局部出现不同程度的疼痛，活动时加剧。

2. 功能障碍 关节脱位时，关节结构的失常、关节周围组织的损伤，将造成关节活动功能的障碍。

3. 肿胀 脱位可损伤周围组织造成出血，进而产生局部肿胀。

（三）特殊临床表现

1. 关节畸形 关节脱位时，骨端脱离正常位置出现畸形。

2. 关节盂空虚 关节完全脱位后，关节头离开了关节盂造成关节盂空虚。

3. 弹性固定 关节脱位后，由于脱位的骨端在异常的位置上，在被动活动远端肢体时，关节可微有活动。但有弹性阻力，去除外力后关节又恢复原来的异常位置，此种状态称为弹性固定。

（四）辅助检查

一般 X 线片检查可对脱位进行良好的诊断，拍摄时应多角度拍摄以明确脱位的方向。

三、筋伤

筋伤有急性筋伤和慢性筋伤，不同筋伤的发病过程区别较大，应注意区别。

（一）外伤史

1. 通过受伤时间可知道病情的缓急，区分是急性损伤还是慢性损伤。

2. 了解受伤时的姿势、受力的大小、方向、着力部位、力的性质等，从而可判断损伤的类型、范围、程度和可能发生的并发症。

（二）临床表现

1. 疼痛 筋伤后均有不同程度的疼痛，其轻重与损伤的程度、部位、个体差异有关。

2. 肿胀 伤后肿胀一方面由血管的破裂而致，另一方面由组织液渗出而形成。

3. 瘀斑 出血积于皮下而致，一般由青紫转黄而消失。

4. 畸形 畸形多由伤后肌肉、韧带断裂、挛缩或关节错位及瘀血造成。

5. 功能障碍 早期为保护性反应或组织损伤不能发挥本身功能而致；后期多由于损伤后粘连、挛缩、增生、骨化等所致。

（三）体格检查

通过系统的查体发现病变部位的畸形、压痛点、功能活动异常、感觉异常等。

（四）辅助检查

1. 肌骨超声检查 在肌肉方面，包括肌肉水肿、部分和完全的断裂，以及一些感染性和缺血性疾病，如横纹肌溶解症等都可以在肌骨超声显示下得到理想的显像。由于肌腱也是软组织结构，因此肌腱的损伤、挫伤及断裂都可以采用肌骨超声观察。此外，肌骨超声还可以用于检查肌腱手术后的修复情况，以及判断肌腱有否存在慢性劳损或末端炎症等情况。

2. MRI 检查 MRI 检查对疾病的诊断有辅助或决定性的意义。筋伤以软组织损伤居多，因此对于腰椎间盘突出症、肩袖损伤、半月板损伤等，MRI 检查是明确诊断的金标准。

四、骨病

骨病类型较多，发病过程多样，诊断相对较为困难。

（一）询问病史

1. 一般情况 许多骨病与患者的年龄、性别、工作种类有密切关系。

2. 发病情况 不同的骨病其发病原因、发病速度及伴随症状有所不同，需要详细询问，如骨痛疽要询问发病急骤或缓慢，有无发热或寒战，既往有无创伤史或类似发作史，最近有无身体其他部位的感染性疾病。而骨结核要询问既往有无结核病史，家庭有无结核病史，过去是否经过抗结核药物治疗，有无经过休养、石膏固定或手术治疗，局部有无冷肿或窦道形成。

（二）临床表现

1. 畸形 骨关节疾病可出现典型的畸形，如脊柱结核后期常发生后凸畸形，强直性脊柱炎容易引起圆背畸形，特发性脊椎侧凸症在青春期可出现脊柱侧凸畸形。先天性肢体缺如、并指、多指、巨指、马蹄足等均可出现明显的畸形。

2. 萎缩 肌萎缩是痿证最主要的临床表现，小儿麻痹后遗症出现受累肢体肌肉萎缩、无力；进行性肌萎缩症（进行性肌营养不良症）出现四肢对称近端肌萎缩；肌萎缩性侧索硬化呈双前臂广泛萎缩，伴肌束颤动。

3. 挛缩 身体筋肉持久性收缩，引起关节活动功能障碍，如前臂缺血性肌挛缩，呈爪状手；掌腱膜挛缩症发生屈指挛缩畸形；髂胫束挛缩症，呈屈髋、外展、外旋挛缩畸形等。

4. 肿胀 骨痈疽、骨结核、痹证等患处常出现肿胀。骨痈疽者局部红肿；骨结核，局部肿而不红；各种痹证，如风湿性关节炎、类风湿关节炎、痛风性关节炎、关节滑膜炎及血友病性关节炎等，关节部位常明显肿胀。

5. 肤色及肤温异常 青紫或瘀斑，多外伤引起；发绀，表示静脉淤血或缺氧；苍白，是缺血的表现；红晕，表示血供增加。血友病性关节炎，皮肤常可发现瘀斑；风湿性关节炎，皮肤可出现红斑结节；骨纤维异样增殖症，常伴有皮肤色素沉着。患处皮肤温度可因疾病而产生改变，如骨痈疽、关节流注者肤温升高；缺血性肌挛缩者，肢端冰冷。

6. 创口 骨痈疽或骨结核破溃后，局部可出现创口，应注意创口大小、深浅、肉芽是否新鲜、周围有无红肿，以及脓液情况，包括脓的颜色、黏度、有无腐肉及死骨等。

7. 异常活动 在正常肢体不能活动的部位如发现屈曲、旋转、假关节活动等异常现象，称为异常活动，见于先天性胫骨假关节，或骨痈疽、骨结核、骨肿瘤发生病理骨折时。

（三）辅助检查

1. 实验室检查 实验室检查在骨病诊断中十分重要。骨结核、恶性骨肿瘤患者血液中红细胞计数及血红蛋白减少；感染性疾病，如附骨疽、关节流注等，白细胞计数及中性粒细胞增多。在生化检查中，泌尿系感染、中毒、挤压综合征等，尿液检查可出现红细胞、白细胞、蛋白尿等；脊柱结核、肿瘤，可使脑脊液性质发生改变；甲状旁腺功能减退症、佝偻病可引起血清钙减低、无机磷升高。此外，类风湿因子等血清学检查也具有重要意义。

2. 影像学检查 影像学检查可了解骨与关节有无实质性病变，明确病变的性质、部位、大小、范围、程度及与周围组织的关系；还可判定骨龄，推断骨骼生长与发育状态，并分析某些营养及代谢疾病对骨质的影响。影像学复查可了解病变进展情况，判断治疗效果及预后。

（洪源）

第三节 骨伤病的并发症

各种骨伤病，除疾病自身的临床症状外，还可能引起全身或局部的并发症，进而影响骨伤病的治疗和预后。有的并发症可威胁患者生命，所以正确的判断和处理并发症十分重要。

一、全身性并发症

（一）休克

休克是有效循环血量减少、组织灌注不足、细胞代谢紊乱和功能受损的病理过程，是一个由多种病因引起的综合征。

氧供给不足和需求增加是产生休克的本质原因，产生介质是休克的特征，因此恢复对组织细胞的供氧，促进其有效的利用，重新建立氧的供需平衡和保持正常的细胞功能是治疗休克的关键环节。

休克可分为低血容量性休克、感染性休克、心源性休克、神经性休克和过敏性休克。其中，低血容量性休克和感染性休克在外科最常见。

（二）脂肪栓塞综合征

脂肪栓塞综合征是指骨盆或长骨骨折后 24 ～ 48 小时出现呼吸困难、意识障碍和淤点。脂肪栓塞综合征的发生率，与创伤的严重程度及长骨骨折的数量成正比，很少发生于上肢骨折患者，儿童发生率仅为成年人的 1%。脂肪栓塞综合征分类如下。

1. 典型脂肪栓塞综合征 典型脂肪栓塞综合征表现为创伤后的一个无症状间歇期，多在 48 小时内出现典型的脑功能障碍症状，常进展为木僵或昏迷。睑结膜及皮肤在外观上有特殊点状出血点，多在前胸及肩颈部。患者呼吸困难，通常有心动过速和发烧。

2. 不完全或部分脂肪栓塞综合征 不完全或部分脂肪栓塞综合征有骨折创伤史，伤后 1 ～ 6 天，可出现轻度发热、心动过速、呼吸快等非特异症状，或仅有轻度至中度低氧血症，大多数患者数日可自愈，只有少数发展为脂栓综合征。由于这类患者缺乏明显症状，故易被忽略。

3. 爆发型脂肪栓塞综合征 一般在骨折创伤后立即或 12 ～ 24 小时内突然死亡，有类似急性右心衰或肺梗死的表现，很难做出临床诊断，通常由尸检证实。

（三）坠积性肺炎

坠积性肺炎多发生于因各种骨伤病长期卧床不起的患者，特别是年老体弱和伴有慢性病的患者，有时可因此而危及患者生命。患者长时间卧床使得呼吸道分泌物难于咳出，淤积于中小气管，成为细菌的良好培养基，极易诱发肺部感染，即坠积性肺炎。肺部感染对老年人来说是极其危险的，如果控制不好病情，除了可引起败血症、毒血症、呼吸窘迫外，还可能增加心脏负担，引起肺源性心脏病。

（四）褥疮

褥疮是由于局部组织长期受压，发生持续缺血、缺氧、营养不良而致组织溃烂坏死，多发于骶骨、坐骨结节等骨隆突处，多见于长期卧床、活动不利的患者，是骨伤病中较常见的并发症。对此，应加强护理，以预防为主。对褥疮好发部位，如骶、踝等骨突部位应保持清洁、干燥，定时翻身，进行局部按摩，并注意在骨突出部加放棉垫、气圈之类。对已发生的褥疮，除了按时换药、清除脓液和坏死组织外，还应给予全身抗生素治疗及支持疗法，或投以清热解毒、托疮生肌的中药。

二、局部并发症

（一）骨筋膜室综合征

骨筋膜室综合征又称急性筋膜间室综合征、骨筋膜间隔区综合征。骨筋膜室由骨、骨间膜、肌间隔和深筋膜所构成。骨筋膜室内的肌肉、神经因急性缺血、缺氧而产生的一系列症状和体征，多见于前臂掌侧和小腿。

骨筋膜室综合征可有"5P"：疼痛（pain）疼痛往往出现在早期，是几乎所有患者都会产生的症状，对于这种疼痛的描述往往是一种深在的、持续的、不能准确定位的疼痛，有时候与损伤程度不成比例；局部肢体可出现苍白（pallor）；感觉异常（paresthesia）也是常见的典型症状，是皮神经受累的表现；急性动脉栓塞发生时，在栓塞部位远端的动脉搏动就会减弱或消失，出现无脉（pulseless），栓塞部位近端可出现弹跳状强搏动；运动障碍（paralysis）患者可有肌力减退，麻痹及不同程度的手足下垂，最终会出现肌肉坏死，运动功能完全丧失。

（二）下肢深静脉血栓

下肢深静脉血栓形成是临床中较常见的血管疾病，是指血液在深静脉内不正常凝结引起的静脉回流障碍性疾病，好发于下肢，多见于长期卧床、肢体制动、大手术或创伤后、晚期肿瘤或有明显家族史的患者。其主要病因是血流缓慢、静脉壁损伤和高凝状态，骨伤患者往往因为活动不利激活以上因素。

相当一部分下肢深静脉血栓患者并无症状，当血栓导致血管壁及其周围组织炎症反应，以及血栓堵塞静脉腔造成静脉血液回流障碍后，可有不同的临床表现，急性期主要表现为疼痛、下肢肿胀、代偿性浅静脉曲张。

（三）重要内脏器官损伤

内脏器官损伤常见的有肝脾破裂、胸肺损伤、膀胱损伤、尿道损伤和直肠损伤。

肝脾破裂：当两胁部受到外来伤害造成肋骨骨折时，若断端较为尖锐，可损伤肝、脾，造成破裂。

胸肺损伤：当肋骨受到外来伤害断裂时，肋骨断端可能会刺破胸膜和肺组织，造成胸肺损伤，甚至产生气胸。

膀胱、尿道损伤和直肠损伤：骨盆骨折时，由于暴力挤压、折端尖刺伤，常引起尿道撕裂、膀胱损伤，甚至伤及直肠。

（四）神经损伤

骨折或脱位时，由于挤压、挫伤、牵拉、摩擦及外固定压迫，会造成附近的神经损伤。神经受损时，除受损神经与支配的肌肉功能有改变外，还可有皮肤感觉和腱反射改变。如肱骨干中下 1/3 骨折合并桡神经损伤；腓骨小头骨折合并腓总神经损伤，引起其所支配的部分运动和感觉障碍。颅骨骨折和脊柱骨折时，常合并脑和脊髓损伤，造成脑挫裂伤或颅内血肿和脊髓受压或撕裂，从而危及生命或遗留截瘫。

慢性骨病造成的压迫也可引起神经症状，最典型的是腰椎间盘突出造成局部脊髓或神经根压迫引起其支配区域的疼痛、麻木或无力感。

（五）血管损伤

血管受到暴力的挤压、撕裂、骨折端的刺戳都可能引起血管损伤，是骨折常见并发症，如肱骨髁上骨折引起的肱动脉损伤、股骨髁上骨折引起的股动脉损伤、骨盆骨折引起的髂部大血管破裂或撕裂等。发病后除患肢很快肿大外，还会有肢冷、皮肤苍白、发绀、肢端动脉搏动减弱或消失等。血管损伤不仅导致肢体坏死，还易造成失血性休克，甚至死亡。

（六）创伤性关节炎

创伤性关节炎是由创伤引起的以关节软骨的退化变性和继发的软骨增生、骨化为主要病理变化，以关节疼痛、活动功能障碍为主要临床表现的一种疾病。早期表现为受累关节疼痛和僵硬，开始活动时较明显，活动后减轻，活动多时又加重，休息后症状缓解，疼痛与活动有明显关系。晚期表现为关节反复肿胀，疼痛持续并逐渐加重，可出现活动受限，关节积液、畸形和关节内游离体，关节活动时出现粗糙摩擦音。

（七）关节僵硬

关节僵硬属于中医学"痹证"的范畴，是指人体因不慎跌倒或在外力作用下，造成肢体软组织损伤或骨折，经过早期保守或手术治疗后，相应关节软组织仍发生肿胀、疼痛、粘连及瘢痕的形成，以及挛缩、关节软骨的破坏、异位骨化的形成、关节畸形愈合、骨不连等，直接或间接制约关节功能活动。此外，在肢体制动以利于机体修复的过程中，逐渐出现相应关节囊、肌腱、肌肉等软组织的挛缩，从而引起了以关节肿胀、疼痛、活动受限、肌肉萎缩为主要特征的临床症状。

创伤后制动是必要的，有利于机体修复，而制动时间过长往往是造成关节僵硬的重要原因之一。当然，制动并不绝对，相邻关节及肌肉的活动是预防关节僵硬的有效措施之一。以往，创伤后制动的早期康复没能引起足够的重视，因此出现大量的关节僵硬患者，其中有些患者因疼痛或担心影响骨折愈合而没能及时进行康复治疗，从而造成关节、肌腱挛缩严重，使后续的康复治疗变得更加困难。因此，越来越多的骨科医生开始重视创伤后早期康复，这能有效阻止关节僵硬的发生、减轻关节僵硬症状及缩短病程。此外，关节周围异位骨化也是关节僵硬形成的重要原因之一。早期使用热敷、熏洗等过热刺激可诱发骨化性肌炎，炎性肿痛明显往往会限制关节活动，导致关节僵硬的发生。若异位骨化发生在关节部位，或关节畸形愈合、骨不连，则预后不良，往往需要手术治疗。

（八）缺血性肌挛缩

缺血性肌挛缩是严重的骨折晚期并发症，是骨筋膜室综合征的严重后果，由于上肢、下肢的血液供应不足或包扎过紧超过一定时限，肢体肌群缺血而坏死，终致机化，形成疤痕组织，逐渐挛缩而形成特有畸形。提高对骨筋膜室综合征的认识并予以正确处理是防止缺血性肌挛缩发生的关键，典型的畸形是爪形手和爪形足。一旦发生缺血性肌挛缩，则难以治疗，效果极差，常致严重残废。

（九）撕脱性骨折

撕脱性骨折是脱位特有的并发症，是由于肌腱附着点因牵拉而引起骨质撕脱，多见于关节附近的骨突部位。

（十）骨质疏松

骨伤病出现的骨质疏松多为继发失用性骨质疏松。筋伤失治、误治，引起筋的挛缩和粘连，或患肢长期固定和卧床都会使相应肢体长时间处于失用状态，随着时间推移出现骨质疏松。

（洪源　杨文龙）

第四节　骨折的转归

骨折后骨组织的修复过程是由骨细胞的再生来完成的，而不是像皮肤肌肉组织以瘢痕修复来完成损伤部分的连接。骨组织自身有很强的再生修复和改造塑形能力，在治疗中应因势利导，合乎骨的生物力学特性，避免不必要的干扰和破坏。

一、骨折的愈合

当机体遭受的外力超过骨耐受力的极限时，即发生骨折。骨折后在局部及全身发生一系列的组织反应，经过适当处理和一定的时间后，骨的连续性和功能得以恢复，称为骨折的愈合。

（一）骨折愈合方式

骨折断端达到解剖复位并且固定，即一期愈合（直接骨愈合）；骨折断端对位对线良好，但未达到解剖复位二期愈合（间接骨愈合、骨折自然愈合）。一期愈合绕过对间接愈合所描述的不同步骤，没有肉芽组织形成，直接经软骨内骨化完成骨愈合，且愈合后很少需要二次塑形。

（二）骨折自然愈合过程

间接骨愈合的过程就是"瘀祛、新生、骨合"的过程，一般可分为血肿机化期、原始骨痂形成期和骨痂改造塑形期，骨折的分期只是将整个愈合过程的组织学特征做了几种的反映，但在疾病的发展过程来看，分期并不能截然分开。

1. 血肿机化期　血肿机化期发生在伤后 3 周左右。骨折后断端血肿于伤后 6～8 小时内形成富含纤维蛋白网架的血凝块，局部坏死组织引起无菌性炎症反应。骨折断端因血液循环中断，逐步形成有限范围的骨坏死区域，约有数毫米长。随着红细胞的破坏，纤维蛋白渗出，毛细血管增生侵入，血肿逐渐演变成纤维结缔组织，使骨折断端初步连接在一起，称为纤维性骨痂（图 6-2 ①～图 6-2 ③）。倘若发现骨折对位对线不佳，尚可再次手法整复，相当于损伤三期辨证的早期，以气滞血瘀为主要临床表现，其病机为机体受损、血离经脉、瘀积不散、气滞血瘀、经脉受阻。治疗以活血祛瘀、消肿止痛为主。

2. 原始骨痂形成期　原始骨痂形成期发生在伤后 4～8 周。骨折后断端处内外骨膜增生肥厚，内外骨膜与骨皮质由成骨细胞的增生而分别形成内骨痂和外骨痂，这种成骨方式称为骨膜内成骨；由血肿机化而形成的纤维结缔组织大部分转变为软骨，软骨细胞经过增生、分化，在断端之间形成髓腔内骨痂和环状骨痂，统称为中间骨痂，这种成骨方式称为软骨内成骨。当内外骨痂和中间骨痂会合后，又经过不断钙化，其强度足以抵抗肌肉的收缩、成角、剪力和旋转力时，则骨折已达临床愈合（图 6-2 ④、图 6-2 ⑤）。此期相当于损伤三期辨证的中期，以营血不和为主要临床表现，其病机为骨初接续、瘀肿未尽、气机不畅。治宜调和营血、祛瘀生新、接骨续筋。此时 X 片可见骨折线模糊，周围有梭形骨痂阴影。

3. 骨痂改造塑形期　发生在伤后 8 周以后。原始骨痂中新生骨小梁逐渐增加，排列逐渐规则致密，骨折断端经死骨清除和新骨形成的爬行替代形成骨性连接，这一过程需要 8～12 周。随着肢体活动和负重，应力轴线上的骨痂不断得到加强，应力轴线以外的骨痂逐渐被清除，并且骨髓腔重新沟通，恢复骨的正常结构，最终骨折的痕迹从成骨细胞大量产生，钙盐也逐渐在成骨细胞周围沉积下来，纤维组织逐渐变为骨组织（图 6-2 ⑥）。此期相当于损伤三期辨证的后期，以肝肾不足为主要临床表现。其病机为筋骨已续、气血不足、肝肾虚损、筋骨痿弱，治疗以补益气血、补益肝肾、强壮筋骨为主。

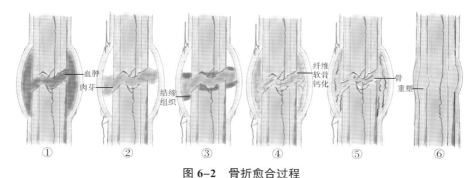

图 6-2 骨折愈合过程
①～③血肿机化期 ④、⑤原始骨痂形成期 ⑥骨痂改造塑形期

（二）影响骨折愈合的因素

1. 全身性因素

（1）年龄 儿童骨组织再生能力强，故骨折愈合快；老年人骨再生能力较弱，故骨折愈合时间也较长。

（2）营养 严重缺乏蛋白质、维生素 C 可影响骨基质的胶原合成；缺乏维生素 D 可影响骨痂钙化，妨碍骨折愈合。

2. 局部因素

（1）局部血液供应 如果骨折部血液供应好，则骨折愈合快；反之，局部血液供应差者，骨折愈合慢，如股骨颈骨折。骨折类型也和血液供应有关，如螺旋形或斜形骨折，由于骨折部分与周围组织接触面大，因此有较大的毛细血管分布区域供应血液，愈合较横形骨折快。

（2）骨折断端的状态 骨折断端对位不好或断端之间有软组织嵌塞等，都会使骨折愈合延缓甚至不能接合。此外，如果骨组织损伤过重（如粉碎性骨折），尤其骨膜破坏过多时，骨的再生也较困难。

（3）骨折断端的固定 断端活动不仅可引起出血及软组织损伤，而且常常只形成纤维性骨痂而难有新骨形成。为了促进骨折愈合，良好的复位及固定是必要的，长期固定可引起骨及肌肉的失用性萎缩，也会影响骨折愈合。

（4）感染 开放性骨折时常合并化脓性感染，延缓骨折愈合。

有时骨折愈合障碍者新骨形成过多，形成赘生骨痂，愈合后有明显的骨变形，影响功能的恢复。有时纤维性骨痂不能变成骨性骨痂并出现裂隙，骨折两断端仍能活动，形成假关节，甚至在断端有新生软骨被覆形成新关节。

（三）骨折愈合的标准

骨折的愈合标准包括临床愈合标准和骨性愈合标准，掌握这些标准有利于确定拆除外固定的时间，制订功能锻炼计划和按照损伤分期辨证用药。

1. 临床愈合标准

（1）局部无压痛，无纵向叩击痛。

（2）局部无异常活动。

（3）X线照片显示骨折线模糊，有连续性骨痂通过骨折线。

（4）功能测定：在解除外固定情况下，上肢只能平举1kg重物1分钟，下肢能连续行走3分钟（不少于30步）。

（5）连续观察两周骨折处不变形，则观察的第一天即为临床愈合日期。

2. 骨性愈合标准

（1）具备临床愈合标准的条件。

（2）X线照片显示骨小梁通过骨折线。

3. 骨折愈合时间

对于经过妥善治疗的成人常见骨折，一般而言上肢临床愈合时间一般为4～6周，下肢一般为8周左右，但仍须根据相关骨折部位及伤情轻重而决定，目前业界骨折临床愈合时间可按下表仅供参考（表6-1）。

表 6-1　成人骨折临床愈合时间

骨折名称	时间（周）
锁骨骨折	4～6
肱骨外科颈骨折	4～6
肱骨干骨折	4～8
肱骨髁上骨折	3～6
尺桡骨干骨折	6～8
桡骨远端骨折	3～6
掌、指骨骨折	3～4
股骨颈骨折	12～24
股骨转子间骨折	7～10
股骨干骨折	8～12
髌骨骨折	4～6
胫腓骨干骨折	7～10
踝关节骨折	4～6
跖骨骨折	4～6

二、骨折延迟愈合与不愈合

骨折不愈合是指骨折修复过程完全停止，不经治疗则不能发生骨性连接者。延迟愈合是指骨折后超过一般正常愈合时间，骨端无明显硬化及髓腔闭塞，骨端无明显吸收及间隙，周围也无连续骨痂生长。一般来说，骨折在3个月左右就能愈合，超过3个月为延迟愈合，超过6个月骨折不愈合即为骨不连。两者差别只是程度上的不同。

骨折的延迟愈合或不愈合的诊断主要根据临床及X线片所见，肢体活动时骨折断端有异常假关节活动、疼痛不显著、X线片显示断端骨痂极少或完全无骨痂形成、骨折断端萎缩光滑髓腔封闭、两断端骨质硬化并可见明显间隙者，诊断为骨折不愈合。

长骨骨折不愈合在病理上可分为两种不同的病理类型，一般而言肥大型骨不愈合由于骨折断端血运丰富，因此预后较好。

（一）肥大型骨不愈合

骨端硬化，髓腔闭塞，周围有肥大增生骨痂，但不连续，此类为血管丰富型，可分为几种亚型。

1. 象足型　有肥大丰富的而不连续的骨痂。

2. 马蹄型　很少有肥大的骨痂，且骨痂质量差，不足以连接，可能伴有极少硬化。

3. 缺乏营养型　不连接，无肥大改变及骨痂，发生在骨折明显移位，或在骨折端未正确对位即做内固定。

（二）萎缩型骨不愈合

骨端萎缩吸收，有的呈锥形，骨质疏松，骨端间有间隙，无明显增生骨痂（图6-3）。

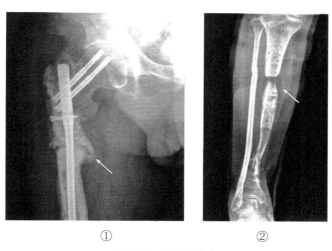

①　　　　　　　　　　②

图6-3　骨折不愈合

①象足肥大型骨不愈合　②萎缩型骨不愈合

三、骨折的畸形愈合

骨折的畸形愈合是指骨折断端在重叠、旋转、成角的状态下愈合而引起功能障碍，主要原因是骨折未得到整复和固定，或整复位置不良、固定不恰当，或过早去除固定及进行不适当的活动、负重等使折端重新移位而引起。骨折畸形愈合严重者可以引起肢体的功能障碍，如骨折端因成角、旋转畸形，可影响正常的平衡和步态；骨折远近端互相重叠，可导致肢体明显短缩；骨折端成角、旋转、缩短，可致肌肉收缩、重力不均衡和相应的关节面负重不平衡，进而引起创伤性关节炎；关节内骨折的畸形愈合，可使关节活动障碍（图6-4）。

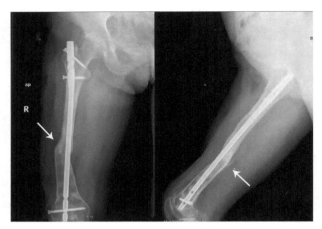

注：股骨髓内钉固定术后 25 个月，骨折端向外侧成角，畸形愈合

图 6-4　骨折畸形愈合

　　若骨折畸形愈合时间较短（骨折后 2～3 个月），骨折断端愈合仍不坚固，仍可能尝试手法复位。如果受伤时间超过 3 个月，骨折断端已坚强的愈合，则不宜进行手法重新复位骨折。如果严重影响生活，可考虑手术凿开骨折断端部分骨质进行角度调整。

（洪源　杨文龙）

下篇 骨伤病治疗基础

在中医骨伤科学漫长的历史中，逐渐形成了以正骨、理筋、整脊为特色的一系列手法治疗，治疗范围涵盖急性外伤与慢性劳损等多种骨伤科相关疾病。随着现代医疗技术，尤其是麻醉学、无菌技术的发展，外科学取得了很大的发展。中医骨伤科学也融入许多外科的手术技术，逐渐形成了现代中医骨伤科的治疗方案。

外科手术技术的融入，对于严重创伤引起的相关并发症的治疗是不可或缺的。同时，随着外科理念的发展与更迭，越来越多的学者开始强调加速康复外科的概念。而中医骨伤康复技术对于加速康复外科有着十分重要的实践意义，通过手法、练功及器械辅助，与加速康复外科理念结合下，能够有效缩短患者围手术期时间，加速患者的愈合。

基于此，本篇以每小章节所举具体技术为例，分门别类地阐述中医骨伤科所常见常用的药物、手法、急救技术、并发症的鉴别和治疗、中医骨伤康复理论与实践，以展现现代中医骨伤科学对于伤科疾病的治疗与实践。

第七章 骨伤病药物治疗

【学习目标】

1. 掌握损伤三期辨证治法，中药外治法种类及特点，镇痛药的使用原则及阶梯治疗。

2. 熟悉损伤部位辨证治法，骨病内治法，骨科常用的引经药，常用骨伤预防用药。

3. 了解各类中药外治法的剂型特点及适应证，治疗关节软骨类药物及促进骨折愈合药物分类。

药物是治疗骨伤科疾病的一种重要方法。机体的外伤可导致内在气血、营卫、脏腑功能失调，因此治疗损伤必须从整体观念出发，才能取得良好的效果。

第一节　中药内治法

根据损伤"专从血论""恶血必归于肝""肝主筋，肾主骨""客者除之，劳者温之，结者散之，留者攻之，燥者濡之"等骨伤科学基本理论，临床应用可以归纳为下、消、清、开、和、续、补、舒等内治方法。骨伤科常用内治法根据疾病分类不同，又可分为骨伤内治法与骨病内治法。

一、骨伤内治法

内治药物的剂型，分为汤剂、丸剂、散剂、药酒。近代剂型改良，片剂、颗粒剂、口服液应用也较普遍。如急性损伤者，多用散剂或丸剂，如夺命丹、玉真散、三黄宝蜡丸等；如受伤而气闭昏厥者，急用芳香开窍之品，如苏合香丸、夺命丹、黎洞丸调服（或鼻饲）抢救。治疗严重内伤或外伤出现全身症状者，以及某些损伤的初期，一般服汤剂或汤丸剂兼用。宿伤而兼风寒湿者，多选用药酒，如虎骨木瓜酒、蕲蛇酒、三蛇酒等。此外，患者无出血、损伤处无红肿热痛者，可用黄酒少许以助药力，通常加入汤剂煎服，或用温酒冲服丸散。

（一）损伤三期辨证治法

据损伤的发展过程，一般分初期、中期、后期。初期一般在伤后 1 ～ 2 周内，由于气滞血瘀，需消肿止痛，以活血化瘀为主，即采用下法或消法；若瘀血积久不消，郁而化热，或邪毒入侵，或迫血妄行，可用清法；气闭昏厥或瘀血攻心，则用开法。中期在损伤后 3 ～ 6 周，虽损伤症状改善，肿胀瘀阻渐趋消退，疼痛逐步减轻，但瘀阻去而未尽，疼痛减而未止，仍应以活血化瘀、和营生新、接骨续筋为主，故以和、续两法为基础。后期为损伤 7 周以后，瘀肿已消，但筋骨尚未坚实，功能尚未恢复，应以坚骨壮筋，补养气血、肝肾、脾胃为主，筋肌拘挛、风寒湿痹、关节屈伸不利者则予以温经散寒、舒筋活络，故后期多施补、舒两法。三期分治方法是以调和疏通气血、生新续损、强筋壮骨为主要目的。临证时，必须结合患者体质及损伤情况辨证施治。

1. 初期治法　有攻下逐瘀法、行气消瘀法、清热凉血法、开窍活血法等。

（1）攻下逐瘀法　本法适用于损伤早期瘀血滞留、大便不通、腹胀拒按、苔黄、脉洪大而数的体实患者。临床多用于胸、腰、腹部损伤蓄瘀而致阳明腑实证，常用方剂有大成汤、桃核承气汤、鸡鸣散加减等。

攻下逐瘀法属下法，常用苦寒泻下药以攻逐瘀血，通泄大便，排除积滞。由于药效峻猛，对年老体弱、气血虚衰、妇女妊娠、经期及产后失血过多者，应禁用或慎用该法，而宜采用润下通便或攻补兼施的方法，方剂可选用润肠汤加减。

（2）行气消瘀法　本法适用于损伤后有气滞血瘀、局部肿痛、无里实热证，或有某种禁忌而不能猛攻急下者。常用的方剂有消瘀活血为主的桃红四物汤、活血四物汤、复元活血汤或活血止痛汤，以行气为主的柴胡疏肝散、复元通气散，以及活血祛瘀、行气止痛并重的血府逐瘀汤、膈下逐瘀汤、顺气活血汤等。临证可根据损伤的不同，或重于活血化瘀，或重于行气止痛，或活血行气并重。

行气消瘀法属于消法，具有消散瘀血的作用。行气消瘀方剂一般并不峻猛，如需逐瘀通下，可与攻下药配合。但对于素体虚弱或年老体虚、妊娠、产后、经期、幼儿等，仍需慎用。

（3）清热凉血法　本法包括清热解毒与凉血止血两法，适用于跌仆损伤后热毒蕴结于内，引起血液错经妄行，或创伤感染、邪毒侵袭、火毒内攻等证。常用的清热解毒方剂有五味消毒饮、龙胆泻肝汤、普济消毒饮；凉血止血方剂有四生丸、小蓟饮子、十灰散、犀角地黄汤等。

清热凉血法属清法，药性寒凉，需量人虚实而用，凡身体壮实之人患实热之证可予以清热凉血。若身体素虚，脏腑虚寒，饮食素少，肠胃虚滑，或妇女分娩后有热证者，均慎用。应用本法应注意防止寒凉太过。在治疗一般出血不多的疾病时，常与消瘀和营之药同用。如出血太多时须辅以补气摄血之法，以防气随血脱，可选独参汤、当归补血汤，必要时需结合输血、补液等疗法。

（4）开窍活血法　本法是用辛香开窍、活血化瘀、镇心安神的药物，治疗跌仆损伤后气血逆乱、气滞血瘀、瘀血攻心、神昏窍闭等危重症的一种急救方法。适用于头部损伤或跌打重证神志昏迷者。

神志昏迷可分为闭证和脱证两种。闭证是实证，治宜开窍活血、镇心安神；脱证是虚证，是伤后元阳衰微、浮阳外脱的表现，治宜固脱，忌用开窍。头部损伤等重症，若在晕厥期，主要表现为不省人事，常用方剂有黎洞丸、夺命丹、三黄宝蜡丸、苏合香丸、苏气汤等。复苏期表现眩晕嗜睡、胸闷恶心，需息风宁神佐以化瘀祛浊，方用羚角钩藤汤或桃仁四物汤加减。息风可加石决明、天麻、蔓荆子，宁神可加菖蒲、远志，化瘀可加郁金、三七，去浊可加茅根、木通，降逆可加半夏、生姜等。恢复期表现心神不宁、眩晕头痛，宜养心安神、平肝息风，用镇肝熄风汤合吴茱萸汤加减。若热毒蕴结筋骨而致神昏谵语、高热抽搐者，宜用紫雪丹合清营凉血之剂。开窍药走窜性强，易引起流产、早产，孕妇慎用。

2. 中期治法　损伤诸证经过初期治疗，肿胀消退，疼痛减轻，但瘀肿虽消而未尽，断骨虽连而未坚，故损伤中期宜和营生新、接骨续损。其治疗以和法为基础，即活血化瘀的同时加补益气血药物，如当归、熟地黄、黄芪、何首乌鹿角胶等；或加强壮筋骨药物，如续断、补骨脂、骨碎补、煅狗骨、煅自然铜等。结合内伤气血、外伤筋骨的特点，具体分为和营止痛法、接骨续筋法，从而达到祛瘀生新、接骨续筋的目的。

（1）和营止痛法　和营止痛法适用于损伤后，虽经消、下等法治疗，但仍气滞瘀凝，肿痛尚未尽除，而继续运用攻下之法又恐伤正气。常用方剂有和营止痛汤、橘术四物汤、定痛和血汤等。

（2）接骨续筋法　接骨续筋法是在和法的基础上发展起来的，适用于损伤中期、筋骨已有连接但未坚实者。瘀血不去则新血不生，新血不生则骨不能合，筋不能续，所以使用接骨续筋、佐活血祛瘀之药，以活血化瘀，接骨续筋。常用的方剂有接骨丹、接骨紫金丹等。

3. 后期治法 损伤日久，正气必虚，根据"虚则补之"的治则，选用补法，分为补气养血、补养脾胃、补益肝肾。此外，由于损伤日久，瘀血凝结，筋肌粘连挛缩，复感风寒湿邪，关节酸痛、屈伸不利者颇为多见，故后期治疗除补养法外，舒筋活络法也较为常用。

（1）补气养血法 补气养血法是使用补养气血药物，使气血旺盛以濡养筋骨的治疗方法。凡外伤筋骨、内伤气血及长期卧床，出现气血亏损、筋骨痿弱等证候，均可应用本法。

补气养血法是以气血互根为原则，临床应用本法时需区别气、血虚或气血两虚，从而采用补气为主、补血为主或气血双补。损伤气虚为主，用四君子汤；损伤血虚为主，用四物汤；气血双补用八珍汤或十全大补汤。气虚者，如元气虚常以扶阳药补肾中阳气，方选参附汤；中气虚方用术附汤；卫气虚用芪附汤；如脾胃气虚可选用参苓白术散；中气下陷用补中益气汤。对损伤大出血而引起的血脱者，补气养血法要尽早使用，以防气随血脱，方选当归补血汤，重用黄芪。

补血药多滋腻，素体脾胃虚弱者易引起纳呆、便溏，补血方内宜兼用健脾和胃之药。阴虚内热肝阳上亢者，忌用偏于辛温的补血药。此外，若跌仆损伤而瘀血未尽、体虚不耐攻伐者，于补虚之中仍需酌用祛瘀药，以防留邪损正，积瘀为患。

（2）补益肝肾法 补益肝肾法又称强壮筋骨法，凡骨折、脱位、筋伤的后期，以及年老体虚、筋骨痿弱、肢体关节屈伸不利、骨折迟缓愈合、骨质疏松等肝肾亏虚者，均可使用本法加强肝肾功能，加速骨折愈合，增强机体抗病能力，以利损伤的修复。应用本法时应注意肝肾之间的相互联系及肾的阴阳偏盛。肝为肾之子，肝虚者也应注意补肾，养肝常兼补肾阴，以滋水涵木，常用的方剂有壮筋养血汤、生血补髓汤；肾阴虚，用六味地黄汤或左归丸；肾阳虚，用金匮肾气丸或右归丸；筋骨痿软、疲乏衰弱者，用健步虎潜丸等。在补益肝肾法中参以补气养血药，可增强养肝益肾的功效，加速损伤筋骨的康复。

（3）补养脾胃法 补养脾胃法适用于损伤后期，因耗伤正气，气血亏损，脏腑功能失调，或长期卧床缺少活动，而导致脾胃气虚，运化失职，饮食不消，四肢疲乏无力，肌肉萎缩。胃主受纳，脾主运化，补益脾胃可促进气血生化，充养四肢百骸，

本法通过助生化之源而加速损伤筋骨的修复，为损伤后期常用之调理方法。常用方剂有补中益气汤、参苓白术散、归脾汤、健脾养胃汤等。

（4）舒筋活络法 舒筋活络法适用于损伤后期，气血运行不畅，瘀血未尽，腠理空虚，复感外邪，以致风寒湿邪入络，遇气候变化则局部症状加重的陈伤旧疾的治疗。

本法主要使用活血药与祛风通络药，宣通气血，祛风除湿，舒筋通络。如陈伤旧患寒湿入络者，用小活络丹、大活络丹、麻桂温经汤；损伤血络兼风寒侵袭者，用疏风养血汤；肢节痹痛者，用蠲痹汤、宽筋散、舒筋活血汤；腰痹痛者，用独活寄生汤、三痹汤。祛风寒湿药，药性多辛燥，易损伤阴血，故阴虚者慎用，或配合养血滋阴药同用。

以上治法，在临床应用时都有一定的规律。例如，在施行手法复位、夹板固定等外

治法的同时，内服药物初期以消瘀活血、理气止痛为主，中期以接骨续筋为主，后期以补气养血、强筋壮骨为主。如骨折气血损伤较轻、瘀肿和疼痛不严重者，往往在初期就用接骨续筋法，配合活血化瘀之药。扭挫伤筋的治疗，初期也宜消瘀活血、利水退肿，中期则用和营续筋法，后期以舒筋活络法为主。创伤的治疗，在使用止血法之后，亦应根据证候而运用上述各法。如失血过多者，开始即用补气摄血法急固其气，防止虚脱，血止之后用"补而行之"的治疗原则。对上述的分期治疗原则，必须灵活变通，对特殊病例需仔细辨证，正确施治，不可拘泥规则或机械分期。

（二）损伤部位辨证治法

损伤虽同属瘀血，但由于损伤的部位不同，治疗的方药也有所不同。

1. 按部位辨证用药　临床应用可根据损伤部位选方用药；头面部用通窍活血汤、清上瘀血汤；四肢损伤用桃红四物汤；胸胁部伤可用复元活血汤；腹部损伤可用膈下逐瘀汤；腰及小腹部损伤可用少腹逐瘀汤、大成汤、桃核承气汤；全身多处损伤可用血府逐瘀汤加味。

2. 主方加部位引经药　根据不同损伤的性质、时间、年龄、体质选方用药时，可因损伤的部位不同加入几味引经药，使药力作用于损伤部位，加强治疗效果。

损伤早期症见肿胀、皮下瘀斑、局部压痛明显、患处活动功能受限，治以活血化瘀、消肿止痛，方选桃红四物汤；筋伤中期治以活血舒筋、祛风通络为主，方选橘术四物汤；骨折者治宜接骨续筋，方选接骨紫金丹。辨证加减，上肢损伤加桑枝、桂枝、羌活、防风；头部损伤在颠顶加藁本、细辛，两太阳伤加白芷，后枕部损伤加羌活；肩部损伤加姜黄；胸部损伤加柴胡、郁金、制香附、苏子；两胁肋部损伤加青皮、陈皮、延胡；腰部损伤加杜仲、补骨脂、川断、狗脊、枸杞子、桑寄生、萸肉等；腹部损伤加炒枳壳、槟榔、川朴、木香；小腹部损伤加小茴香、乌药；下肢损伤加牛膝、木瓜、独活、千年健、防己、泽泻等。

二、骨病内治法

骨病的发生可能与损伤有关，但其病理变化、临床表现与损伤并不相同，故其治疗有其特殊性。骨病的用药基本遵循上述原则。如骨痈疽多属热证，"热者寒之"，宜用清热解毒法；骨痨多属寒证，"寒者热之"，宜用温阳驱寒法；痹证因风寒湿邪侵袭，"客者除之"，故以祛邪通络为主；软骨病者气血凝滞，"结者散之"，宜用祛痰散结法。

1. 清热解毒法　清热解毒法适用于骨痈疽，热毒蕴结于筋骨或内攻营血诸证。骨痈疽早期可用五味消毒饮、黄连解毒汤或仙方活命饮合五神汤加减。热毒重者，加黄连、黄柏、山栀，有损伤史者，加桃仁、红花；热毒在血分的实证，疮疡兼见高热烦躁、口渴不多饮、舌绛、脉数者，可加用生地黄、赤芍、牡丹皮等；热毒内陷或有走黄重急之征象，症见神昏谵语或昏沉不语者，当加用清心开窍之药，如安宫牛黄丸、紫雪丹等。本法是用寒凉的药物使内蕴之热毒清泄，因血喜温而恶寒，寒则气血凝滞不行，故不宜寒凉太过。

2. 温阳驱寒法　温阳驱寒法适用于阴寒内盛之骨痨或附骨疽。本法是用温阳通络的药物，使阴寒凝滞之邪得以驱散。流痰初起，患处漫肿酸痛、不红不热、形体恶寒、口不作渴、小便清利、苔白、脉迟等内有虚寒现象者，可选用阳和汤加减。阳和汤以熟地黄大补气血为君，鹿角胶生精补髓、养血助阳、强壮筋骨为辅，麻黄、生姜、桂枝宣通气血，使上述两药补而不滞，主治阴疽。

3. 祛痰散结法　祛痰散结法适用于骨病见无名肿块，痰浊留滞于肌肉或经隧之内者。骨病的癥瘕积聚均为痰滞交阻、气血凝留所致。此外，外感六淫或内伤情志，以及体质虚弱，亦能使气机阻滞，液聚成痰。本法在临床运用时要针对不同病因，与下法、消法、和法等配合使用，才能达到化痰、消肿、软坚之目的。常用方剂有二陈汤、温胆汤、苓桂术甘汤等。

4. 祛邪通络法　祛邪通络法适用于风寒湿邪侵袭而引起的各种痹证。祛风、散寒、除湿及宣通经络为治疗痹证的基本原则，但由于各种痹证感邪偏盛及病理特点不同，辨证时还应灵活变通。常用方剂有蠲痹汤、独活寄生汤、三痹汤等。

（陈虞文）

第二节　外治法

损伤外治法是指对损伤局部进行治疗的方法，在骨伤科治疗中占有重要地位。临床外用药物大致可分为敷贴药、搽擦药、熏洗湿敷药与热熨药。

一、敷贴药

敷贴药应用最多的剂型是药膏、膏药和药散。使用时将药物制剂直接敷贴在损伤局部，使药力发挥作用，可收到较好疗效，正如吴师机论其功用："一是拔，二是截，凡病所结聚之处，拔之则病自出，无深入内陷之患；病所经由之处，截之则邪自断，无妄行传变之虞。"

（一）药膏

药膏系指原料药物与油脂性或水溶性基质混合制成的均匀的半固体外用制剂，又称敷药或软膏。

1. 药膏的配制　将药碾成细末，然后选加饴糖、蜜、油、水、鲜草药计、酒、醋或医用凡士林等，调匀如厚糊状，涂敷伤处。近代骨伤科医家在药膏中使用饴糖较多，主要是取其硬结后药物本身的功效和固定、保护伤处的作用。饴糖与药物的比例为 3:1，也有用饴糖与米醋之比为 8:2 调拌的。对于有创面的创伤，都用药物与油类熬炼或拌匀制成的油膏，有滋润创面的作用。

2. 药膏的种类

（1）消瘀退肿止痛类　适用于骨折、筋伤初期，肿胀疼痛剧烈者，可选用活血散瘀膏外敷。

（2）温经通络类　适用于损伤日久，复感风寒湿邪者。发作时肿痛加剧，可用阳和膏外敷。

（3）清热解毒类　适用于伤后感染邪毒，局部红、肿、热、痛者，可选用金黄膏、四黄膏。

（4）生肌拔毒长肉类　适用于局部红肿已消、创口尚未愈合者，可选用象皮膏、生肌玉红膏等。

3. 注意事项

（1）药膏在临床应用时，摊在棉垫或纱布上，大小根据敷贴范围而定，摊妥后还可以在敷药上加叠一张极薄的绵纸，然后敷于患处。绵纸极薄，药力可渗透，不影响药物疗效的发挥，又可减少对皮肤的刺激，也便于换药。摊涂时敷料四周留边，以防药膏烊化污染衣服。

（2）药膏的换药时间，根据伤情的变化、肿胀的消退程度及天气的冷热来决定，一般 2～4 天换 1 次，古人的经验是"春三、夏二、秋三、冬四"。凡用水、酒、鲜药汁调敷药时，需随调随用勤换，一般每天换药 1 次。生肌拔毒类药物也应根据创面情况而勤换药，以免脓水浸淫皮肤。

（3）药膏一般随调随用，凡用饴糖调敷的药膏，室温高容易发酵，梅雨季节易发霉，故一般不主张一次调制太多，或将饴糖煮过后再调制。寒冬气温低时可酌加开水稀释，以便于调制拌匀。

（4）少数患者对敷药及膏药过敏而产生接触性皮炎，皮肤奇痒及有丘疹、水疱出现时，应注意及时停药，外用六一散，严重者可同时给予抗过敏治疗，如蒲公英、黄芩、金银花、连翘、车前子、生薏苡仁、茯苓皮、甘草水煎服。

（二）膏药

膏药古称薄贴，是中医学外用药物中的一种特有剂型，是指饮片、食用植物油与红丹（铅丹）或宫粉（铅粉）炼制成膏料，摊涂于裱褙材料上制成的供皮肤贴敷的外用制剂，前者称为黑膏药，后者称为白膏药。南北朝时期的《肘后备急方》中就有膏药制法的记载，后世广泛应用于各科的治疗上，骨伤科临床应用更为普遍。

1. 膏药的配制　膏药的传统配制分为提取药料、炼油成膏、离火下丹、祛除火毒及摊涂药膏五个步骤。

（1）提取药料　铁锅倒入植物油，文火加热，先炸中药粗料，油温控制在 40～80℃开始下料，先下粗茎、块根、硬骨、坚壳，再下叶梗、硬枝、种子，后下叶、花、果皮及较细碎的种子类。注意操作过程中需不停搅拌，以便顺利炸透所有药物。当锅内温度达到 200～250℃时，用漏勺将药渣捞出控净残油，再继续熬制锅内药油约 10 分钟，使药油充分氧化。炸料时应不断观察药材的色泽，炸至药料表面呈深褐色，内部焦黄色为度。炸好后将药渣连笼移出，得到药油提取中，应用水洗器喷淋逸出的油烟，残余烟气由排气管排出室外。提取时需防止泡沫溢出。

（2）炼油成膏　将去渣后的药油继续加热熬炼，使油脂在高温下氧化聚合、增稠。

炼油温度控在320℃左右，炼至"滴水成珠"，即取油少许滴于水中，以药油聚集成珠不散为度。炼油为制备膏药的关键，炼油过"老"则膏药质脆，黏附力小，贴于皮肤易脱落。炼油过"嫩"则膏药质软，贴于皮肤易移动。

（3）离火下丹　是指在炼成的油中加入红丹反应生成脂肪酸铅盐的过程。红丹投料量为植物油的1/3～1/2。下丹时将炼成的油送入下丹锅中，加热至近300℃时，在搅拌下缓慢加入红丹，保证油与红丹充分反应，直至成为黑褐色稠厚状液体。为检查膏药老、嫩程度，可取少量样品滴入水中数秒钟后取出。若手指拉之有丝不断则太嫩，应继续熬炼；若拉之发脆则过老。膏不黏手，稠度适中，表示合格。

（4）祛除火毒　油丹炼合而成的膏药若直接应用，常对皮肤局部产生刺激性，轻者出现红斑，瘙痒，重者出现发疱、溃疡，这种刺激的因素俗称"火毒"。传统视为经高温熬炼后膏药产生的"燥性"，在水中浸泡或久置阴凉处可除去。

（5）摊涂药膏　将去"火毒"的膏药团块用文火熔化，如有挥发性的贵重药材细粉应在不超过70℃温度下加入，混合均匀。按规定量涂于皮革、布或多层韧皮纸制成的裱褙材料上膏面覆盖衬纸或折合包装，在干燥阴凉处密闭贮藏。

2. 膏药的种类　膏药按功用可分为三类。

（1）治损伤类　适用于损伤者，有乌龙膏；适用于陈伤气血凝滞、筋膜粘连者，有化坚膏。

（2）治寒湿类　适用于风湿者，有狗皮膏；适用于损伤与风湿兼证者，有万灵膏。

（3）提腐拔毒生肌类　适用于创伤而有创面溃疡者，有太乙膏、陀僧膏等。一般常在创面另加药散，如九一丹。

3. 注意事项

（1）膏药有较多的药物组成，适用于多种疾病。一般较多应用于筋伤、骨折的后期，若新伤初期有明显肿胀者，不宜使用。

（2）含有丹类药物的膏药，多含四氧化三铅或一氧化铅，X线不能穿透，进行X线检查时应取下。

（三）药散

药散又称药粉、掺药。

1. 药散的配制　药散的配制是将药物碾成极细的粉末，收贮瓶内备用。使用时可将药散直接掺于伤口处或置于膏药上，将膏药烘热后贴患处。

2. 药散的种类

（1）止血收口类　适用于一般创伤出血撒敷用，常用的有桃花散、花蕊石散、如圣金刀散等。近年来研制出来的不少止血粉，都具有收敛凝血的作用，对一般创伤出血掺上止血粉加压包扎，即能止血。对较大的动脉、静脉血管损伤的出血往往采用其他止血措施。

（2）祛腐拔毒类　适用于创面腐脓未尽、腐肉未祛、窦道形成或肉芽过长者。常用红升丹、白降丹。红升丹药性峻猛，由朱砂、雄黄、水银、火硝、白矾炼制而成，临床常加入熟石膏使用。白降丹专主腐蚀，但可暂用，因其成分是氧化汞。常用的九一丹即指熟石膏与红升丹之比为 9∶1，七三丹两者之比为 7∶3。红升丹过敏的患者，可用不含红升丹的祛腐拔毒药，如黑虎丹等。

（3）生肌长肉类　适用于脓水稀少、新肉难长的疮面，常用的有生肌散等，也可与祛腐拔毒类散剂掺合在一起应用，具有促进新肉生长、疮面收敛、创口迅速愈合的作用。

（4）温经散寒类　适用于损伤后期、气血凝滞疼痛或局部寒湿侵袭患者，常用的有桂麝散等，具有温经活血、散寒逐风的作用，故可作为一切阴证的消散掺药。

（5）散血止痛类　适用于损伤后局部瘀血结聚肿痛者，常用的有四生散、消毒定痛散等，具有活血止痛的作用。四生散对皮肤刺激性较大，使用时要注意预防皮肤药疹的发生。

（6）取嚏通经类　适用于坠堕、不省人事、气塞不通者。常用的有通关散等，吹鼻中取嚏，使患者苏醒。

二、搽擦药

搽擦药可直接涂搽于伤处，或在施行理筋手法时配合推擦等手法使用，或在热敷熏洗后进行自我按摩时涂搽。

1. 酒剂　酒剂又称外用药酒或外用伤药水，是用药与白酒、醋浸制而成，一般酒醋之比为 8∶2，也有单用酒浸者。近年来还有用乙醇溶液浸泡加工炼制的酒剂。常用的有息伤乐酊、正骨水等，具有活血止痛、舒筋活络、追风祛寒的作用。

2. 油膏和油剂　用香油把药物熬煎去渣后制成油剂，或加黄蜡或白蜡收膏炼制而成油膏，具有温经通络、消散瘀血的作用，适用于关节筋络寒湿冷痛等证。油膏和油剂也可配合手法及练功前后做局部搽擦，常用的有跌打万花油。

三、熏洗湿敷药

（一）热敷熏洗

《仙授理伤续断秘方》中就有记述热敷熏洗的方法，古称"淋拓""淋渫""淋洗""淋浴"，是将药物置于锅或盆中加水煮沸后熏洗患处的一种方法。先用热气熏蒸患处，待水温稍凉时用药水浸洗患处。冬季气温低，可在患处加盖棉垫，以保持热度持久，每日 2 次，每次 15～30 分钟，每贴药可熏洗数次。药水因蒸发而减少时，可酌加适量水再煮沸熏洗。热敷熏洗具有舒松关节筋络、疏导腠理、流通气血、活血止痛的作用，适用于关节强直拘挛、酸痛麻木或损伤兼夹风湿者。四肢关节损伤也可熏洗，常用的方药可分为新伤瘀血积聚熏洗方及陈伤风湿冷痛熏洗方两种。

1. 新伤瘀血积聚　用散瘀和伤汤、海桐皮汤。

2. 陈伤　风湿冷痛、瘀血已初步消散者用八仙逍遥汤，或艾叶、川椒、细辛、炙川草乌、桂枝、伸筋草、透骨草、威灵仙、茜草共研为细末包装，每袋 500g 分 5 次开水冲，熏洗患处。

（二）湿敷洗涤

湿敷洗涤古称"渍渍""洗伤"等，在《外科精义》中有"其在四肢者渍渍之，其在腰腹背者淋射之，其在下部者浴渍之"的记载。本法多用于创伤，使用方法是以净帛或新棉蘸药水、渍其患处。现临床上把药制成水溶液，供创伤伤口湿敷洗涤用，常用的有金银花煎水、野菊花煎水、2%～20%黄柏溶液、蒲公英等鲜药煎汁。

四、热熨药

热熨法是一种热疗方法，选用温经祛寒、行气活血止痛的药物，加热后用布包裹热熨患处，借助其热力作用于局部，适用于不宜外洗的腰脊躯体之新伤、陈伤。热熨法主要的剂型有下列几种。

（一）坎离砂

坎离砂又称风寒砂。用铁砂加热后与醋水煎成药汁搅拌制成，临用时加醋少许拌匀置布袋中，数分钟内会自然发热，热熨患处，适用于陈伤兼有风湿证者。现代工艺改进，采用还原铁粉加上活性炭及中药制成各种热敷袋，用手轻轻摩擦即能自然发热，使用更为方便。

（二）熨药

熨药俗称"腾药"。将药置于布袋中，扎好袋口放在蒸锅中蒸气加热后熨患处，能舒筋活络、消瘀退肿，适用于各种风寒湿肿痛证，常用的有熨风散等。

（三）其他

用粗盐、黄砂、米糠、麸皮、吴茱萸等炒热后装入布袋中热熨患处。民间还采用葱姜豉盐炒热后布包敷脐上治风寒。这些方法简便有效，适用于各种风寒湿型筋骨痹痛、腹胀痛及尿潴留等。

（陈虞文　刘敏）

第三节　西药治疗

骨科西药治疗主要有镇痛、骨科预防类、消肿类、促进骨折愈合类、治疗关节软骨类、营养神经类、抗骨质疏松类等药物。

一、镇痛药物

急性疼痛是疾病的一种症状，而慢性疼痛本身就是一种疾病。应坚持合理用药，尽量避免和减少药物不良反应的危害，才能筑起一道安全用药的屏障。

（一）使用原则

1. 按时给药　按时给药才能保证有效的血药浓度，发挥止痛作用。临床可结合疼痛的程度、规律及第一次有效止痛的时效按时给药。

2. 阶梯用药　中枢类镇痛药物属于精神类管制药物，故止痛药应遵循阶梯用药原则，即首次应用止痛药推荐用非甾体消炎药。如合理应用不能达到止痛目的，可阶梯应用中枢类镇痛药物，如弱阿片类药物，如效果仍不佳可应用强阿片类药物。

3. 联合用药　对于中重度疼痛，首次镇痛可使用两种以上不同类药物，两种药物的用量较单一应用其中一种小，所以可以减少因镇痛药物用量带来的用药并发症，同时还可以增强止痛效果。

4. 交替用药　长期服用一种止痛药物会产生耐药性，不能通过增加药物用量来增强止痛效果，交替应用不同类型的止痛药物可避免体内产生耐药性。

5. 适量用药　使用止痛类药物，尤其是初次使用应遵循适量原则，从小剂量开始，逐渐增加达到止痛效果。

（二）常用骨伤镇痛药物分类

骨伤科常用镇痛药物一般分为阿片类镇痛药及非甾体消炎药。此外，针对轻度疼痛还可应用非甾体消炎药等。

1. 阿片类镇痛药　按照镇痛强度可以分为强阿片类药物及弱阿片类药物。

（1）强阿片类镇痛药　针对骨科术后中、重度镇痛，常用的药物是阿片类镇痛药，又称中枢镇痛药物。常见的阿片类药物有芬太尼、吗啡、哌替啶等，此类药物镇痛作用较强，但长期应用会成瘾，故以吗啡、哌替啶为代表的麻醉性止痛药物有严格的管理制度，目前主要应用于需强效镇痛的患者，如晚期癌症的剧痛镇痛。

（2）弱阿片类镇痛药　弱阿片类药物最常见的是曲马朵及可待因，属于二类精神类药品，主要用于中度疼痛，如各种急性疼痛及术后疼痛等。曲马朵的止痛效果是吗啡的1/10，但较非甾体抗炎药物止痛作用强，

2. 非甾体消炎药　非甾体抗炎药物为骨科常用的止痛类药物，止痛药物作用较中枢类止痛药物弱，但无明显成瘾性，止痛效果确切，尤其对骨及软组织轻中度疼痛疗效较好，对骨膜受肿瘤机械性牵拉、肌肉或皮下等软组织受压或胸膜腹膜受压产生的疼痛也有疗效，同时可合并用药强阿片类镇痛药增强镇痛作用。针对肌腱末端疾病及退行性关节病产生的轻度疼痛可应用非甾体消炎药。常见非甾体抗炎药物有阿司匹林、布洛芬、对乙酰氨基酚、塞来昔布、洛芬待因等。

非甾体抗炎药物具有许多潜在的不良反应，常见不良反应包括引起不良心血管事件、消化道溃疡及出血风险等。当使用剂量达到一定水平时，增加剂量不能增加镇痛效果，反而会明显增加毒性反应。因此，当应用非甾体抗炎药物接近限制用药剂量时，未能有效缓解疼痛，应改用或合用其他类镇痛药。

（三）常见止痛药物的副作用

常见止痛药物的副作用包括：①肾损害：止痛药物抑制前列腺素的合成，可诱发慢性间质性肾炎、肾乳头坏死、肾功能不全等。②胃溃疡：阿司匹林等止痛药物可刺激胃黏膜，引起胃肠反应，诱发胃溃疡，严重者可出现胃出血或穿孔。③出血倾向：水杨酸、阿司匹林等止痛药可抑制凝血酶原在肝脏内的形成，凝血酶原在血中的含量下降，可影响血小板的生理功能，从而致使凝血时间延长、凝血功能受损，从而引起出血倾向。④导致白细胞减少：安乃近、吲哚美辛等止痛药可抑制骨髓造血引起白细胞减少，甚至出现粒细胞缺乏症。⑤肝损害：阿司匹林、吲哚美辛等止痛药可引起肝损害，从而出现肝大、肝区不适、转氨酶升高等。⑥过敏反应：皮疹、发热、诱发呼吸道症状等为常见的过敏反应。⑦中枢性症状：使用吲哚美辛等可出现头痛、眩晕等。⑧掩盖症状：部分疾病的诊断需结合患者疼痛情况，故就诊前应用止痛药物缓解疼痛会掩盖症状从而影响疾病的诊断。

二、骨伤预防类用药

骨科预防用药主要指的是骨科手术预防性应用的药物，包括预防感染的抗生素、预防血栓的抗凝药及预防出血的止血药。

（一）骨科常用抗生素药物

根据手术切口是否有污染决定是否预防性应用抗生素，常用的骨科常用抗生素有头孢类、氨基糖苷类药物。头孢类抗生素包括头孢替安、头孢呋辛钠等，氨基糖苷类包括硫酸依替米星等。头孢类药物常见的不良反应有过敏反应、静脉炎、胃肠道反应、肾毒性、双硫仑反应，故应用头孢菌素期间禁止饮酒。一旦出现双硫仑样反应需特别警惕，出现后立即处理，经休息、吸氧、补液等治疗后一般好转，必要时给予利尿剂、纳洛酮等。骨科常用的抗生素有头孢素、氨基糖苷类。

1. 清洁手术 术野无污染通常不需要应用抗生素，在以下情况下可考虑预防性应用：①手术范围大、时间长、污染机会增加。②手术涉及头颅、心脏、眼睛等，一旦发生感染将造成严重后果者。③手术有异物植入，如人工关节置换、起搏器、瓣膜等。④高龄患者或者有免疫缺陷者。

2. 清洁-污染手术 可以根据实际情况决定是否需要预防用药，如呼吸道、消化道、泌尿生殖道手术，或经以上器官的手术，开放性骨折或开放性创伤的手术。

3. 污染手术 需要预防性应用抗菌药物，如胃肠道、尿道、胆道体液大量溢出或开放性创伤有污染者。

（二）骨伤常用抗凝药物

静脉血栓栓塞症（VTE）是骨科常见的、较严重的并发症之一。骨科术后或因骨科疾病需卧床的患者常并发VTE，同时VTE也是骨科围手术期死亡的主要原因之一。

VTE 包括深静脉血栓（DVT）和肺血栓栓塞症（PTE）。DVT 可发生于全身各部位的深静脉，下肢静脉较常见，下肢近端（腘静脉或其近侧部位）的 DVT 是 PTE 栓子的主要来源。围手术期死亡 PTE 是常见原因之一，来自静脉系统或右心的血栓栓子阻塞肺动脉或其分支，肺循环受阻，产生肺功能障碍。骨科常用抗凝药物可分以下几类：口服抗凝剂、胃肠外抗凝剂。

1. 口服抗凝剂　口服抗凝剂常用药物有维生素 K 拮抗剂，如华法林；口服 Xa 因子抑制剂，如利伐沙班、阿哌沙班、艾多沙班、依度沙班等；口服凝血酶抑制剂，如达比加群酯等。

2. 胃肠外抗凝药物　常用的胃肠外抗凝药物有普通肝素，如肝素、肝素钙等；低分子肝素，如低分子肝素钙、低分子肝素、达肝素、依诺肝素、那曲肝素钙等；凝血酶抑制剂，如阿加曲班、比伐卢定、重组水蛭素、地西卢定等；Xa 因子抑制剂，如磺达肝癸钠等。

（三）骨科止血药物

一方面，骨科手术需时刻警惕 VTE 的发生；另一方面，骨科手术围手术期出血风险较高，抗凝药物的应用虽能较好地预防血栓，但同时也增加了大手术的出血风险，所以骨科围手术期的抗凝、止血平衡，也是骨科药物研究的重点。

骨科常用的止血药物只要是针对凝血或纤溶过程，可分为作用于抗凝过程中的药物、作用于纤溶过程的药物。

1. 作用于凝血过程的药物　作用于抗凝过程中的药物常见的有维生素 K、凝血酶。凝血酶为局部止血药，与创面直接接触发挥止血作用，行骨科大手术的患者如肝肾功能较差，不宜使用其他止血药物，可考虑局部外用凝血酶，以减少围手术期相关出血，不良反应较少。

2. 作用于纤溶过程中的药物　作用于纤溶过程中的药物常见的有氨甲环酸、抑肽酶。氨甲环酸可在术前、术中使用，术中早期用药可减少术中出血，常见的给药途径为静脉注射或静脉滴注。该药大部分经肾脏排泄，不良反应较少。

三、消肿类药物

骨科疾病，尤其是骨折、创伤类疾病，受伤后患肢及患处周围软组织常因炎性反应出现水肿，即软组织肿胀；而脊髓、神经根受到牵拉、压迫或外伤出现运动、感觉障碍或神经根性症状，也属于炎性水肿的症状之一。因此，脱水、消肿是缓解肿胀的主要方法。

常用消肿类药物有甘露醇、注射用七叶皂苷钠等。甘露醇常用于治疗组织脱水、渗透性利尿、肝肾疾病导致的水肿等，也可降低颅内压力。同时可以应用甘露醇增加毒素和药物的排泄。老年患者使用甘露醇脱水消肿需警惕电解质紊乱，注意老年人应用本药易出现肾损害，随年龄增长，发生肾损害的机会增多。

四、促进骨折愈合类药物

骨具有较强的修复能力，骨折愈合是一个复杂的组织学和生理学变化过程，骨折部位经此过程最终能被新骨完全替代，恢复骨的原有结构和功能。常用的促进骨折愈合类药物有骨肽、鹿瓜多肽等，含骨生长因子，可在成骨细胞的增殖、分化、蛋白合成中发挥重要的调控作用，主要作用在骨吸收和骨形成的平衡。因此，骨生长因子在骨愈合和改建过程中起着十分重要的作用。

五、治疗关节软骨类药物

常见的软骨类损伤疾病有软骨退变类，如髌骨软化、骨关节炎等，还有创伤导致的软骨损伤等疾病。治疗关节软骨类药物主要有抑制软骨降解、促进软骨修复等。

（一）抑制软骨降解药物

抑制软骨降解药物主要有蛋白酶抑制剂、衰老细胞清除治疗等。骨关节炎有软骨退变、纤维化、断裂及溃疡等特征，终末环节可出现整个关节的累及。研究表明，蛋白酶对细胞外基质的降解效应是骨关节炎患者软骨破坏的重要过程，其中基质金属蛋白酶和金属蛋白酶域蛋白起关键作用。

（二）促进软骨修复类药物

目前，氨基葡萄糖及软骨素对软骨的修复临床存在争议。近年临床研究重点在于此类药物关节内注射增加软骨厚度的机制，如生长因子促进软骨细胞合成胶原及细胞外基质等。

干细胞治疗也应用于促进软骨修复类治疗。一方面，干细胞可分化软骨细胞从而修复软骨；另一方面，通过免疫调节作用而抗炎。

六、营养神经类药物

神经损伤为骨损伤常见的合并损伤，脊柱损伤常合并神经损伤，如脊柱骨折、脊柱脱位等，患者出现感觉平面障碍甚至瘫痪。上下肢骨折易损伤周围重要神经，如上肢骨折损伤桡神经、正中神经，下肢骨折损伤腓总神经，可见肌力改变、感觉运动障碍等；如腰椎间盘突出症、颈椎病等可见椎间盘突出或相应神经根出口出现软组织增生、骨质增生等；机械性压迫神经根或脊髓，会出现对应皮肤节段的症状或脊髓症状等。因此，营养神经类药物在骨科药物治疗中较常用。临床上营养神经药物有甲钴胺、腺苷钴胺、注射用鼠神经生长因子等，其中甲钴胺被广泛应用于临床。甲钴胺（维生素 B_{12}）可以促进神经细胞内细胞器的转运，促进核酸蛋白的合成，促进轴索内输送和轴索的再生；促进髓鞘的形成，恢复神经腱的传达延迟和神经传达物质的减少；促进正红血母细胞的成熟、分裂，改善贫血。因此，甲钴胺被广泛应用于末梢神经障碍。

七、抗骨质疏松类药物

骨质疏松是各种原因导致骨量减少，骨密度发生改变，出现骨的微结构异常，造成骨脆性增加，从而容易发生骨折的全身性骨疾病。常用的骨质疏松药物有以下几类。

（一）基础补充剂

常见的基础补充剂有钙剂、维生素 D，当机体钙及维生素 D 不足时应及时补充。钙剂成人推荐 800mg/d，绝经后女性及老年人推荐 1000mg/d；维生素 D 成人推荐 200IU/d，老年人 400 ～ 800IU/d。

（二）抑制骨吸收药物

常用的抑制骨吸收药物有双磷酸盐、降钙素、选择性雌激素受体调节剂、激素类药物。

1. 双磷酸盐代表药物 双磷酸盐代表药物有阿仑膦酸钠，应直立服药，尽快将药物送至胃部，避免在食道内停留过长，用药后 30 分钟内避免躺卧。降钙素类药物常用的为鲑鱼降钙素，可适度抑制破骨细胞的生物活性，减少破骨细胞的数量，对于骨质疏松性骨折引起的疼痛也具有较好的缓解作用。

2. 选择性雌激素受体调节剂 选择性雌激素受体调节剂代表药物为雷洛昔芬，用于绝经后女性患者，在子宫和乳腺组织呈现拮抗雌激素作用，抑制乳腺上皮和子宫内膜增生。在骨脂代谢方面呈现兴奋作用，具有拟雌激素作用。雷洛昔芬与钙制剂合用能预防骨的丢失，保持骨密度并有降血脂作用。

3. 雌激素类药物 雌激素类药物适用于绝经后女性的骨质疏松，其机制包括对钙调激素的影响、对破骨细胞刺激因子的抑制及对骨组织的作用，此类药物可用于预防绝经早期患者的骨质疏松及因骨质疏松导致的各种类型骨折。

（三）促进骨形成类药物

促进骨形成类药物主要是甲状旁腺激素（PTH），代表药物有特立帕肽。需要注意的是，由于安全原因，美国食品药品监督管理局（FDA）规定此类药物应用最长时间不超过 18 个月，推荐时间为 24 个月，期间需动态监测血钙水平。

（晁芳芳　石雷）

第八章　骨折的治疗方法

【学习目标】

1. 掌握正骨八法的目的、适应证及要领，夹板、石膏固定及各类骨牵引固定的操作步骤。
2. 熟悉夹板固定作用机理，骨科牵引固定术的适应证和禁忌证。
3. 了解夹板的材料选择，内固定的适应证及缺点。

骨折治疗方法包括骨折整复、固定方法、药物治疗、功能锻炼等。其中正骨手法在我国有悠久的历史，唐代太医署有"损伤折跌者正之"的记载，可见当时正骨手法已是医治骨折的主要方法。目前，常用的固定方法有外固定与内固定。外固定有夹板、石膏、绷带、牵引、支架等；内固定有接骨钢板、螺丝钉、髓内针、克氏针张力带等。

第一节　正骨手法

正骨手法是医生用手的一定技巧动作，治疗骨折、脱位及软组织损伤等的方法。《仙授理伤续断秘方》提出拔伸、捺正两法。《医宗金鉴·正骨心法要旨》总结为摸、接、端、提、按、摩、推、拿八法，称为正骨八法。今又发展为手摸心会、拔伸牵引、旋转屈伸、提按端挤、摇摆触碰、按摩推拿、夹挤分骨、折顶回旋新八法。

一、注意事项

1. 明确诊断　医生施术前要有足够的解剖基础知识，要充分了解损伤的部位、性质、作用力等因素，根据病史、受伤机制和 X 线检查结果做出诊断结果。同时分析骨折、脱位发生移位的机制，才能"手摸心会"，正确运用手法进行治疗。

2. 密切观察全身变化　对多发性骨折气血虚弱、严重骨盆骨折发生出血性休克及脑外伤重证者，均需暂缓整复。可采用临时固定或持续牵引等法，待危重病情好转后再考虑骨折整复。

3. 掌握复位标准　骨骼是人体支架，它以关节为枢纽，通过肌肉收缩活动而进行运动的。在治疗骨折时，应以恢复骨骼的支架作用为目的，骨折对位越好，支架越稳定，固定也越稳当，骨折才能顺利愈合，功能亦恢复满意。对每一个骨折，都应争取达到解剖和接近解剖对位。若某些骨折不能达到解剖对位，也应尽量达到功能对位。

4. 抓住整复时机　只要全身情况允许，整复时间越早，效果越好。骨折后半小时内局部疼痛、肿胀较轻，肌肉尚未发生痉挛，最易复位。伤后 4 ~ 6 小时内局部瘀血尚未凝结，复位也较易。一般成人伤后 7 ~ 10 天内可考虑手法复位，但时间越久，复位困难越大。

5. 选择适当麻醉　根据患者具体情况选择有效的止痛或麻醉。伤后时间不长、骨折又不复杂，可用 0.5% ~ 2% 普鲁卡因局部浸润麻醉；如果伤后时间较长、局部肿硬、骨折较为复杂、估计复位有一定困难者，上肢采用臂丛神经阻滞麻醉，下肢采用腰麻或坐骨神经阻滞麻醉，尽量不采用全身麻醉。

6. 做好整复前准备

（1）人员准备　确定主治者与助手，做好分工。参加整复者应对伤员全身情况、受伤机理、骨折类型、移位情况等进行全面的了解，做到认识一致、动作协调。

（2）器材准备　根据骨折的需要，准备好一切所需要的物品，如纸壳、石膏绷带、夹板、扎带、棉垫、压垫及需要的牵引装置等；还需根据病情准备好急救用品，以免在整复过程中发生意外。

7. 参加整复人员精力要集中　注意手下感觉、观察伤处外形的变化、注意患者的反应以判断手法的效果，防止意外事故的发生。

8. 切忌使用暴力　拔伸牵引须缓慢用力，恰到好处，勿太过或不及，不得施用猛力。整复时着力部位要准确，用力大小、方向应视病情而定，不得因整复而增加新的损伤。

9. 尽可能一次复位成功　多次反复整复易增加局部软组织损伤，使肿胀更加严重，再复位难以成功，而且还可能造成骨折迟缓愈合或关节僵硬。

10. 避免 X 线伤害　为减少 X 线辐射对患者和术者的影响，整复、固定尽量避免在 X 线直视下进行，若确实需要，应注意保护，尽可能缩短直视时间。在整复后常规拍摄正侧位 X 线片复查，以了解治疗效果。

二、手法操作

1. 摸法

（1）目的　贯穿诊断、整复、复查、功能练习等治疗骨折全过程中，是最重要的正骨手法。

（2）方法　两手把定患部相对而摸，明确疼痛的部位、性质及程度，骨擦音的声调，骨折的茬口、变位方向及软组织损伤和病变。

（3）要领　由远端到近端，由浅表到深部，内容包括受伤肿胀的部位、范围，以及软组织损伤和病变。

2. 拔伸

（1）目的　矫正患肢的重叠移位，恢复肢体的长度。

（2）方法　按照"欲合先离，离而复合"的原则，开始拔伸时，肢体先保持在原来的位置，沿肢体的纵轴，由远近骨折段做对抗牵引（图 8-1）。然后再按照整复步骤改变肢体的方向，持续牵引。

（3）要领　牵引力的大小以患者肌肉强度为依据，要轻重适宜、持续稳妥。儿童、老年人及女性患者，牵引力不能太大；反之，青壮年男性患者，肌肉发达，牵引力应加大；对于下肢肌群丰厚的患肢，如股骨干骨折应结合骨牵引；对于上肢骨折，即使肌肉发达，在麻醉下骨折的重叠移位容易矫正，如果用力过大，反而造成断端分离，以致造成不愈合。

3. 旋转

（1）目的　用于矫正骨折断端的旋转畸形。

（2）方法　肢体有旋转畸形时，可由术者手握其远段，在拔伸下围绕肢体纵轴顺时针或逆时针旋转，以恢复肢体的正常生理轴线（图8-2）。

（3）要领　单轴关节的旋转畸形，需要将远骨折段和远端肢体作为一个整体，共同旋向近折端复位，合并重叠移位也能较省力地克服。

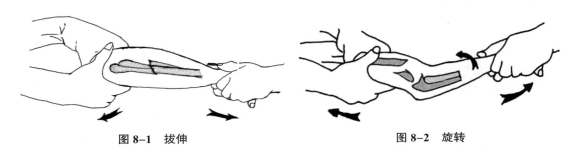

图 8-1　拔伸　　　　　　　　　　　　　　图 8-2　旋转

4. 屈伸

（1）目的　纠正近关节处骨折的成角移位和复位关节脱位的常用手法。

（2）方法　术者一手固定关节的近段，另一手握住远段，沿关节的冠轴摆动肢体，以整复骨折脱位（图8-3）。如伸直型的肱骨髁上骨折，需在牵引下屈曲，屈曲型则需伸直。伸直型股骨髁上骨折可以在胫骨结节处穿针，在膝关节屈曲位牵引；反之，屈曲型股骨髁上骨折，则需要在股骨髁上处穿针，将膝关节处于半屈曲位牵引，骨折才能复位。

（3）要领　骨折端常见的4种移位（重叠、旋转、成角、侧方移位），经常是同时存在的，在拔伸牵引下，一般首先矫正旋转及成角移位，即按骨折的部位、类型，明确骨折断端附着肌肉牵拉方向，利用其生理作用，将骨折远端旋转、屈伸，置于一定位置，远近骨折端才能轴线相对，重叠移位也能较省力地矫正。

5. 提按

（1）目的　重叠、旋转及成角畸形矫正后，纠正前后移位的主要方法。

（2）方法　前后侧（即上下侧或掌背侧）移位用提按手法（图8-4）。操作时，医生两手拇指按突出的骨折使一端向下，两手四指提下陷的骨折使另一端向上。

（3）要领　操作时手指用力要适当，方向要正确，部位要对准，着力点要稳固。术者手指与患者皮肤要紧密接触，通过皮下组织直接用力于骨折端，切忌在皮肤上来回摩擦，以免损伤皮肤。

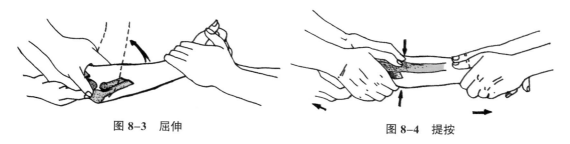

图 8-3 屈伸　　　　　　　　　　图 8-4 提按

6. 端挤

（1）目的　内外侧（即左右侧）移位用端挤手法（图 8-5）。

（2）方法　操作时，医生一手固定骨折近端，另一手握住骨折远端，用四指向自己用力谓之端，用拇指反向用力谓之挤，将向外突出的骨折端向内挤迫。

（3）要领　同提按法。

7. 摇摆

（1）目的　适用于横断型、锯齿型骨折施术后仍有间隙，可使骨折端紧密接触，增加稳定性。

（2）方法　术者可用两手固定骨折部，由助手在维持牵引下轻轻地左右或前后方向摆动骨折的远端，待骨折断端的骨擦音逐渐变小或消失，则骨折断端已紧密吻合（图 8-6）。

（3）要领　施术时要轻柔，动作幅度要小，以免移位加重。

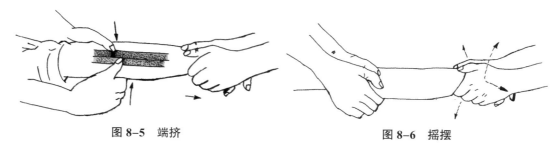

图 8-5 端挤　　　　　　　　　　图 8-6 摇摆

8. 触碰

（1）目的　又称叩击手法，可使骨折部紧密嵌插。

（2）方法　横向骨折发生于干骺端时，骨折整复夹板固定后，可用一手固定骨折部的夹板，另一手轻轻叩击骨折的远端，使骨折断端紧密嵌插，复位更加稳定（图 8-7）。

（3）要领　施术时骨折两断端复位应基本稳固，否则采用此术时骨折断端容易发生二次移位。

9. 分骨

（1）目的　用于矫正两骨并列部位的骨折。骨折段因受骨间膜或骨间肌的牵拉而呈相互靠拢的侧方移位，如尺桡骨双骨折，胫腓骨、掌骨与跖骨骨折等。

（2）方法　整复骨折时，可用两手拇指、食指、中指、无名指由骨折部的掌背侧对向夹挤两骨间隙，使骨间膜紧张，靠拢的骨折端分开，远近骨折段相对稳定，并列双骨折就像单骨折一样一起复位（图8-8）。

（3）要领　复位后尽早放置分骨垫，以防再次移位。

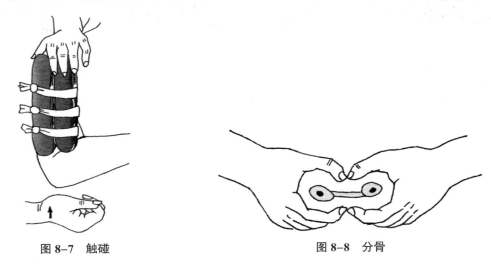

图8-7　触碰　　　　　　　　　图8-8　分骨

10. 折顶

（1）目的　横断或锯齿型骨折，如患者肌肉发达，单靠牵引力量不能完全矫正重叠移位时，可用折顶法（图8-9）。

（2）方法　术者两手拇指抵于突出的骨折一端，其他四指重叠环抱于下陷的骨折另一端，在牵引下两拇指用力向下挤压突出的骨折端，加大成角，依靠拇指的感觉，估计骨折的远近端骨皮质已经相顶时，而后骤然反折。反折时环抱于骨折另一端的四指下陷的骨折端猛力向上提起，而拇指仍然用力将突出的骨折端继续下压，这样较容易矫正重叠移位畸形。

（3）要领　用力大小，依原来重叠移位的多少而定。用力的方向可正可斜：单纯前后移位者，正位折顶；同时有侧方移位者，斜向折顶。通过这一手法不但可以解决重叠移位，也可以矫正侧方移位。此法多用于前臂骨折。

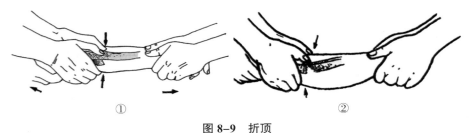

①　　　　　　　　　　②

图8-9　折顶
①加大成角　②反折对位

11. 回旋

（1）目的　多用于矫正背向移位的斜形、螺旋形骨折，或有软组织嵌入的骨折。

（2）方法　有软组织嵌的入横断骨折，需加重牵引，使两骨折段分离，解脱嵌入骨折断端的软组织，而后放松牵引，术者分别握远近骨折段，按原来骨折移位方向逆向回转，使断端相对，从断端的骨擦音来判断嵌入的软组织是否完全解脱（图 8-10）。

（3）要领　背向移位的斜面骨折，虽用大力牵引也难使断端分离。因此必须根据受伤的力学原理，判断背向移位的途径，以骨折移位的相反方向施行回旋方法。操作时须谨慎，两骨折端须相互紧贴，以免损伤软组织，若感到回旋时有阻力，应改变方向，使背向移位的骨折达到完全复位。

12. 蹬顶

（1）目的　常用于整复肩关节脱位。

（2）方法　患者仰卧床上，术者立于患侧，双手握住伤肢腕部，将患肢伸直并外展；术者脱去鞋子，用足底蹬于患者腋下（左侧脱位用左足，右侧脱位用右足），足蹬手拉，缓慢用力拔伸牵引，然后在牵引的基础上使患肢外旋、内收，同时足跟轻轻用力向外顶住肱骨头，即可复位（图 8-11）。

（3）要领　施术时需要于腋下加一软垫，以防腋神经损伤。

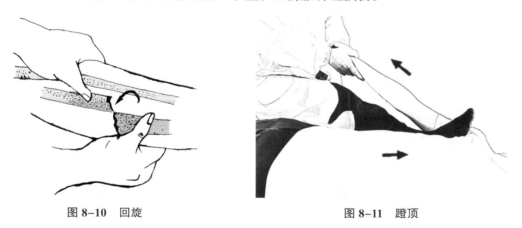

图 8-10　回旋　　　　　　　　　　　　图 8-11　蹬顶

13. 杠杆

（1）目的　本法是利用杠杆原理，力量较大，多用于难以整复的肩关节脱位或陈旧性脱位。

（2）方法　采用一长 1m、直径为 4～5cm 圆木棒，中间部位以棉垫裹好，置于患侧腋窝，两助手上抬，术者双手握住腕部，并外展 40°向下牵引，解除肌肉痉挛，使肱骨头摆脱盂下的阻挡（图 8-11）。

（3）要领　整复陈旧性关节脱位，外展角度需增大，各方向活动范围广泛，以松解肩部粘连。本法因牵引力量、活动范围较大，如有骨质疏松和其他并发症应慎用，并注意勿损伤神经、血管。

图 8-11 杠杆

（陈虞文   杨文龙）

第二节   固定方法

为了维持损伤整复后的良好位置，防止骨折、脱位再移位，保证损伤组织正常愈合，在复位后必须予以固定。固定是治疗损伤的一项重要措施。外固定是指损伤后用于体外的一种固定方法。目前常用的外固定方法有夹板固定、石膏固定、牵引固定及外固定器固定等。内固定主要应用于切开复位后，用金属内植物固定于皮肤肌肉下。

良好的固定方法应遵循以下标准：①能达到良好的固定作用，对被固定肢体周围的软组织无损伤，保持损伤处正常血运，不影响正常的愈合。②能有效地固定骨折，消除不利于骨折愈合的旋转、剪切和成角外力，使骨折端相对稳定，为骨折愈合创造有利的条件。③对伤肢关节约束小，有利早期功能活动。④对骨折整复后的残留移位有矫正作用。

一、夹板固定

骨折复位后选用不同的材料，如柳木板、竹板、杉树皮、纸板等，根据肢体的形态加以塑形，制成适用于各部位的夹板，并用系带扎缚，以固定垫配合保持复位后的位置，这种固定方法称为夹板固定。

（一）作用机理

夹板固定是从肢体功能出发，通过扎带对夹板的约束力、固定垫对骨折端防止或矫正成角畸形和侧方移位的效应力，并充分利用肢体肌肉的收缩活动时所产生的内在动力，克服移位因素，使骨折断端复位后保持稳定。因此，夹板固定是治疗骨折的良好固定方法。

1. 扎带、夹板、压垫的外部作用力　扎带的约束力是局部外固定力的来源，这种作用力通过夹板、压垫和软组织传导到骨折段或骨折端，以对抗骨折发生再移位。如三垫固定的挤压杠杆力可防止骨折发生成角移位，二垫固定的挤压剪切力可防止骨折发生侧方移位。总之，用扎带、夹板、压垫可防止骨折发生侧方、成角移位，合并持续骨牵引能防止骨折端发生重叠移位。

2. 肌肉收缩的内在动力　骨折经整复后，夹板只固定骨折的局部和毗邻的一个关节，这样既有利于关节屈伸及早期进行功能活动，又不妨碍肌肉纵向收缩活动，使两骨折端产生纵向挤压力，加强骨折端紧密接触，增加稳定性。

由于肌肉收缩时体积膨大，肢体的周径随之增大，肢体的膨胀力可对压垫、夹板产生一定的挤压作用力，从而也加强了夹板对骨折断端的稳定性，并起到矫正骨折端残余移位的作用。当肌肉舒展放松时，肢体周径恢复原状，夹板也恢复到原来的松紧度。

因此，按照骨折不同类型和移位情况，在相应的位置放置适当压力垫并保持扎带适当的松紧度，可把肌肉收缩不利因素转化为对骨折愈合的有利因素。但肌肉收缩活动必须在医护人员的指导下进行，否则可引起再移位。因此，必须根据骨折类型、部位，病程的不同阶段和患者不同年龄等进行不同方式的练功活动。

3. 逆损伤机制固定　将伤肢置于与移位倾向相反的位置固定，称为逆损失机制固定。骨折后断端的移位，可由暴力作用的方向、肌肉牵拉和远端肢体的重力等因素引起。即使骨折复位后，这种移位倾向仍然存在，因此应将肢体置于逆损伤机制方向的位置，可防止骨折再移位。

（二）适应证

1. 四肢闭合性骨折，包括关节内及近关节内骨折经手法整复成功者。股骨干骨折因肌肉发达、收缩力大，须配合持续牵引。
2. 四肢开放性骨折、创面小或经处理伤口闭合者。
3. 陈旧性四肢骨折运用手法整复者。

（三）禁忌证

1. 较严重的开放性骨折。
2. 难以整复的关节内骨折。
3. 难以固定的骨折，如髌骨、股骨颈、骨盆骨折等。
4. 肿胀持续性加重，伤肢远端脉搏微弱患者，表示末梢血液循环较差，可能伴有动脉、静脉损伤。

（四）夹板的材料与制作要求

1. 性能要求

（1）可塑性　制作夹板的材料能根据肢体各部的形态塑形，以适应肢体生理弧度的要求。

（2）韧性 具有足够的支持力而不变形，不折断。

（3）弹性 能适应肌肉收缩和舒张时所产生的肢体内部的压力变化，发挥其持续固定复位作用。

（4）吸附性和通透性 夹板必须具有一定程度的吸附性和通透性，以利肢体表面散热，不致发生皮炎和毛囊炎。

（5）质地宜轻 过重则增加肢体的重量，增加骨折端的剪力和影响肢体练功活动。

（6）能被 X 线穿透 利于及时检查。

2. 夹板材料 夹板材料包括杉树皮、柳木板、竹板、厚纸板、胶合板、金属铝板、塑料板等。木板、竹板应按损伤的部位和类型，锯成长宽适宜的形状，并将四角边缘刨光打圆。需要塑形者，用热水浸泡后再用火烘烤，弯成各种所需的形状，内衬毡垫，外套布套。按大、中、小配成套备用。

3. 夹板固定的要求

（1）宽度要求 大部分夹板为 4 块，小腿夹板为 5 块，夹板围成总宽度相当于所需要固定肢体周径的 4/5 或 5/6 左右。每块夹板间要有一定的间隙。

（2）厚度要求 夹板不宜过厚或过薄，一般来说，竹板为 1.5～2.5mm，木板为 3～4mm，如夹板增长时，其厚度也应相应增加。在夹板内面衬以 0.5cm 厚毡垫或棉花。

4. 夹板固定方式 夹板固定的方式应视骨折的部位不同而异，分不超关节固定和超关节固定两种。

（1）不超关节固定 适用于骨干骨折，夹板的长度等于或接近骨折段肢体的长度，以不妨碍关节活动为度；

（2）超关节固定 适用于关节内或近关节处骨折，夹板通常超出关节处 2～3cm，以能捆住扎带为度。

（五）固定垫

固定垫又称压垫，一般置放在夹板与皮肤之间，以维持骨折端在复位后的良好位置，并有轻度矫正残余移位的作用（图 8-12）。

1. 压垫材料的选择

（1）质地要求 加压垫必须选用质地柔软，有一定弹性、支持性及一定可塑性，能吸水，可散热，对皮肤无刺激的材料，如棉垫、纱布等。

（2）形状要求 加压垫的形状、厚薄、大小应根据骨折的部位、类型、移位，以及局部肌肉是否丰厚等情况而定。其形状原则上应与形体相适应，以保持局部皮肤压力的均衡。其大小、厚度及硬度宜适中，加压垫过厚易造成压疮，过薄又起不到加压作用，这是必须注意的。

2. 压垫的分类

（1）平垫 为长方形或方形厚薄均匀的压垫，用于肢体平坦的部位，如四肢长管状骨干骨折。

（2）塔形垫 为中间厚而形略小、两边渐薄而形渐大、外形像宝塔样的加压垫，用于关节附近的凹陷处。

（3）梯形垫 为一边较厚、一边较薄、呈梯形台阶式的压垫，用于肢体斜坡处。

（4）高低垫 为一边高、一边低的压垫，用于锁骨骨折。

（5）抱骨垫 呈半月状之压垫，用于髌骨骨折及尺骨鹰嘴骨折。

（6）葫芦垫 为厚薄一致、两头大、中间小、像葫芦状的加压垫，用于桡骨头脱位。

（7）大头垫 用棉花或棉毡包扎于夹板的一头、做成蘑菇状的固定垫，用于肱骨外科颈骨折。

（8）横垫 为长条形厚薄均匀的固定垫，用于桡骨下端骨折。

（9）分骨垫 用一金属丝为中心、外用棉花卷成圆柱样、长条状的固定垫，用于尺桡骨骨折、掌骨骨折及趾骨骨折（中置金属丝是为便于 X 线检查时了解分骨垫位置是否合适）。

（10）合骨垫 为两头高、中间凹陷的加垫，用于桡尺骨远侧关节分离。在使用时为防止压迫尺骨头可在相将部位剪一小孔。

（11）空心垫 在平垫中剪一圆孔而成，用于内外踝骨折，该圆孔是为防止压迫骨突部位而产生压迫性溃疡。

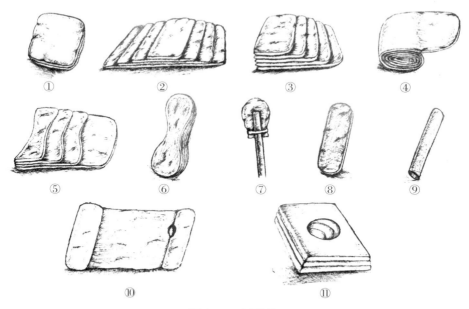

① ② ③ ④

⑤ ⑥ ⑦ ⑧ ⑨

⑩ ⑪

图 8-12 固定垫

3. 压垫的固定方法 根据骨折的类型、移位的情况，在适当部位安置加压垫，常用的有一垫固定、二垫固定、三垫固定法。

（1）一垫固定法 主要压迫骨折部位，多用于肱骨内上髁骨折、外踝骨折，桡骨头骨折及脱位等。

（2）二垫固定法　用于有侧方移位的骨折，骨折复位后，两垫分别置于两骨折端原有移位的一侧，以骨折线为界，两垫不能超过骨折线，以防再发生侧方移位（图8-13①）。

（3）三垫固定法　适用于成角移位的骨折。骨折复位后，一垫置于骨折成角移位的角尖处，另两垫置于尽量靠近骨干两端的对侧，三垫形成杠杆力，防止和矫正发生成角移位（图8-13②）。

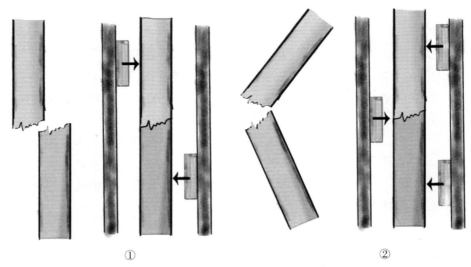

①　　　　　　　　　　　　　　②

图8-13　固定垫使用方法（①二垫固定法。②三垫固定法）

另外，在骨折复位前，应根据骨折类型、部位及患者身材选用或制作适当型号的夹板，再将拟选用的加压垫固定于夹板的适当位置以备用。

（六）夹板固定步骤

1. 评估患者情况

（1）判断患者全身情况，包括呼吸、意识、血压。

（2）判断患者局部损伤情况，包括裂口、骨折部位及类型、有无活动性出血、判断肿胀程度、评估有无神经损伤。

2. 施术准备

（1）阅片观察骨折类型，骨折断端移位方向。

（2）挑选合适夹板并就近摆放。

（3）制作压垫。

（4）制作扎带，扎带由用12cm宽的布带或用绷带折叠而成，选用3～4根。

（5）调配膏药，按照中医外治法辨证，可选用活血散瘀膏、万应膏等外用膏药。

3. 固定步骤（图8-14）

（1）根据骨折部位类型及移位程度，选用正骨八法复位，并嘱咐助手复位后维持牵引。

（2）外敷膏药，并用胶带固定。

（3）依据压垫固定原则，合理放置压垫。

（4）缠绕绵纸或毛巾于将放置夹板部位，一般来说绵纸需要缠绕 3 周左右，缠绕范围要比夹板固定范围多出 2cm 左右，以防长时间固定对皮肤造成压疮。

（5）按照损伤部位，合理放置夹板，注意放置夹板的软面应贴近皮肤，以免造成压疮。

（6）捆扎扎带。将扎带依次绑扎夹板的中间、远心端、近心端，并绕夹板两周后包扎，活结绑扎在前侧或外侧板上。

（7）调整扎带。按顺序捆扎后，一般夹板中间扎带会松弛，需要再次调整。扎带的松紧度以包扎后提起扎带能在夹板面上下移动 1cm 为适宜。如绑扎后夹板间无缝隙或间隙过大以致皮肉突出，说明选择的夹板不合适，应予更换。

4. 观察血运

（1）观察患肢末梢血运，以免捆扎过紧造成肢端坏死。

（2）悬吊患肢，嘱咐患肢复查时间及锻炼方法。

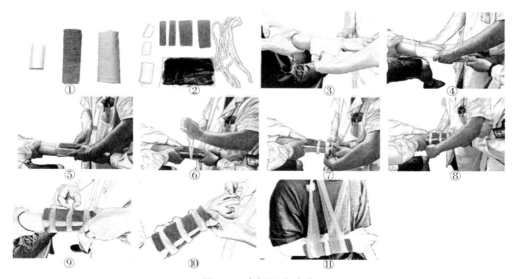

图 8-14 夹板固定步骤

①准备材料　②制作压垫　③外敷中药　④缠绕绵纸　⑤放置夹板　⑥先捆扎中间扎带
⑦捆扎远端扎带　⑧捆扎近端扎带　⑨调整扎带　⑩检查血运　⑪患肢悬吊

（七）注意事项

1. 适当抬高患肢，以利肢体肿胀消退，可用软枕垫高。

2. 密切观察患肢的血液循环情况，尤其是在固定后 3 ～ 4 天内更应注意肢端动脉的搏动、温度、颜色、感觉、肿胀程度、手指或足趾主动活动等。

3. 肢体血液循环障碍最早的症状是剧烈疼痛，切勿认为是骨折本身引发的疼痛。骨折引起的疼痛是仅限于骨折局部，一般整复后疼痛逐渐减轻，若固定之后疼痛加剧，被绑扎处远端肢体出现抖动性疼痛，则多为肢体血液循环障碍所致，必须及时将扎带予以放松，如仍未见好转，应拆开衬垫的绷带重新包扎。若不及时处理，可以发生缺血性肌挛缩，形成畸形，甚至发生肢体坏疽，后果极为严重。

4. 若在夹板固定垫处、夹板两端或骨突部位出现固定的疼痛点时，应及时拆开夹板进行检查，以防止压迫性溃疡产生。

5. 注意经常调整夹板扎带的松紧度。若肢体肿胀严重，应适当放松扎带；肿胀消退后则应逐渐紧缩扎带。

6. 定期做 X 线透视及摄片，以了解复位情况，尤其是在复位 2 周内，一般每周 2次。如位置满意则可维持固定，若发生再移位应再进行整复。2 周后每周复查 1 次，直至骨折达到临床愈合标准。

7. 及时指导患者进行积极而正确的功能锻炼，发挥其主观能动性，以加速骨折愈合。

（八）解除夹板时间

解除夹板固定的时间主要依据骨折临床愈合的情况而定。一般干骺骨折需固定2～4 周，骨干骨折应在骨折达到临床愈合标准后方能解除。否则，持物或负重过早容易引起骨折部再移位，造成畸形愈合，影响肢体功能。下肢骨折在拆除夹板固定后，需用双拐进行保护性行走，伤肢负重需经过一段时间功能锻炼和适应后方可逐步恢复正常功能。

二、石膏固定

石膏固定是通过固定骨折部的上关节、下关节，由整个肢体表面的均匀加压，把肢体固定在一定位置，控制肌肉的收缩活动，以达到对骨折端进行固定的目的。石膏固定的优点是能够良好地塑型、固定可靠、便于搬动和护理，是一种外固定方法。其对于关节内骨折及近关节部的骨折的固定是夹板所不能比拟的，它可以任意塑型，并根据需要将关节固定在某一位置。但它的缺点也是显而易见的，故临床上需根据具体情况灵活选用。

（一）石膏绷带的用法

使用时将石膏绷带卷平放在 30～40℃温水桶内，待气泡出净后取出，以手握其两端，挤去多余水分，即可使用。石膏在水中不可浸泡过久，或从水中取出后放置时间过长。因耽搁时间过长，石膏很快就会硬固，如勉强使用，各层石膏绷带将不能互相凝固成为一个整体，从而影响固定效果。

（二）衬垫放置位置

为了预防骨隆突部的皮肤和其他软组织受压致伤，包扎石膏前必须先放好衬垫（图

8-15）。常用的衬垫有绵纸、棉垫、棉花等。根据衬垫的多少，可分为有衬垫石膏和无衬垫石膏。

1. 有衬垫石膏 石膏与皮肤之间加衬垫，即先将肢体用绵纸包绕，再缠包石膏绷带。有衬垫石膏，患者较为舒适，但固定效果略差，多在手术后作固定用。

2. 无垫石膏 仅需在骨突处放置衬垫，其他部位不放。无垫石膏固定效果较好，石膏绷带直接与皮肤接触，比较服贴。但骨折后因肢体肿胀，容易影响血液循环或压伤皮肤。

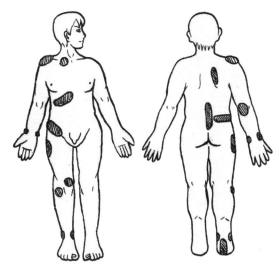

图 8-15 衬垫覆盖位置图

（三）常用石膏绷带类型及功能

常用的石膏绷带类型一般可分为石膏托、石膏夹板、U 形石膏、躯干石膏及躯干石膏。

1. 石膏托 石膏托用于四肢稳定性骨折、软组织肿胀及骨折关节脱位后辅助固定。

2. 石膏夹板 石膏夹板用于四肢稳定骨折及多段骨折、肢体肿胀严重者。

3. U 形石膏 U 形石膏用于上臂、前臂、足和小腿的骨折，踝关节脱位和软组织挫伤。

4. 管型石膏 管型石膏用于四肢稳定骨折、肿胀较轻患者。

5. 躯干石膏 躯干石膏包括髋关节人形石膏、石膏背心及儿童蛙形石膏等。

（四）石膏托固定操作步骤

石膏托固定需要遵循具体步骤，如下所示（图 8-16）。

1. 体位 将患肢置于功能位（或特殊要求体位）。如患者无法持久维持这一体位，则需有相应的器具，如牵引架、石膏床等，或有专人扶持。

2. 放置衬垫 保护骨隆突部位放上棉花或绵纸。

3. 测量长度 用绵纸测量并确定目标石膏托长度，并进行往返折叠 3 周。

4. 转卷石膏 戴上手套，整个石膏的厚度以不致折裂为原则，一般为 8～12 层。一般上肢石膏托需用 10cm 宽的石膏绷带 10～12 层，下肢石膏托需用 15cm 宽的石膏绷带 12～14 层。石膏托的宽度一般以能包围肢体周径的 2/3 左右为宜。

5. 折叠入水 双手分别将石膏托两端，向中间折叠，并泡入 30～40℃温水桶内浸泡。

6. 挤干水分 待气泡出净后取出，以手握其两端挤去多余水分，即可使用。石膏在水中不可浸泡过久，或从水中取出后放置时间过长。因耽搁时间过长，石膏很快硬固，如勉强使用，各层石膏绷带将不能互相凝固成为一个整体，从而影响固定效果。

7. 平铺石膏 用大鱼际平铺石膏，注意石膏绷带要平整，勿扭转，以防形成皱褶。

8. 安放塑型 将石膏托放置于绵纸衬垫上，衬垫侧贴向皮肤，放置于预定位置；塑捏成型使石膏托跟贴近皮肤，切勿用手指，以免形成凹陷造成局部压迫。

9. 绷带捆扎 捆扎绷带固定石膏。

10. 等待塑型 特别注意膝轮廓及足横弓、纵弓塑形；要将手指、足趾露出，以便观察肢体的血液循环、感觉和活动功能等，同时有利功能锻炼；维持石膏固定位置，直至石膏完全凝固；搬运时注意勿折断，否则及时修补；抬高患肢，防止肿胀。

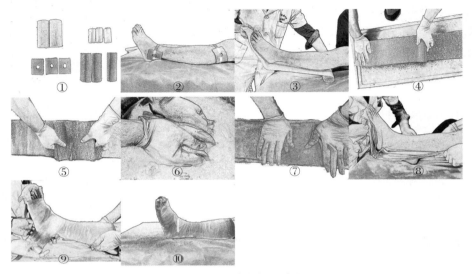

图 8-16 石膏托操作步骤

①材料准备 ②放置护垫 ③测量长度 ④转卷石膏 ⑤折叠入水 ⑥挤干水分 ⑦平铺石膏
⑧安放塑型 ⑨绷带捆扎 ⑩等待塑型

（五）包扎石膏绷带的基本方法

对管型石膏及躯干部位石膏的制作都需要包扎石膏绷带。环绕包扎时，一般由肢体的近端向远端缠绕，以滚动方式进行，切不可拉紧绷带，以免造成肢体血液循环障碍。在缠绕的过程中，必须保持石膏绷带的平整，切勿形成皱褶，尤其在第 1～2 层更应注意。由于肢体的上下粗细不等，当需向上或向下移动细带时，要提起绷带的松弛部并向肢体的后方折叠，不可翻转绷带。

操作要迅速、敏捷、准确，两手互相配合，即一手缠绕石膏绷带，另一手朝相反方向抹平，使每层石膏绷带紧密贴合，勿留空隙。石膏的上下边缘及关节部要适当加厚，以增强其固定作用。整个石膏的厚度以不致折裂为原则，一般为 8～12 层。最后将石膏细带表面抹光，并按肢体的外形或骨折复位的要求加以塑形。因石膏易于成形，必须在成形前数分钟内完成，否则不仅达不到治疗目的，反而易使石膏损坏。对超过固定范围部分和影响关节活动的部分（不需固定关节），应加以修削。边缘处如石膏嵌压过紧，可将内层石膏托起，适当切开。对髋"人"字石膏、蛙式石膏，应在会阴部留有较大空隙，最后用色笔在石膏显著位置标记诊断及日期。有创面者应将创面的位置标明，以备开窗。

（六）石膏固定后注意事项

1. 石膏定型后，可用电吹风或其他办法烘干。

2. 在石膏未干以前搬动患者，注意勿使石膏折断或变形，常用手托起石膏，忌用手指捏压，回病房后必须用软枕垫好。

3. 抬高患肢，注意有无受压症状，随时观察指（趾）血运、皮肤颜色、温度、肿胀、感觉、运动情况。如果有变化，立即将管型石膏纵向切开。待病情好转后，再用浸湿的纱布绷带自上而下包缠。使绷带与石膏粘在一起，如此石膏干固后不减其固定力。固定后肢体肿胀，可沿剖开缝隙将纱布绷带剪开，将剖缝扩大，在剖缝中填塞棉花并用纱布绷带包扎。

4. 手术后或有伤口患者，如发现石膏被血或脓液浸透，应及时处理。

5. 注意冷暖。寒冷季节注意避免外露肢体；炎热季节，对包扎大型石膏患者要注意通风，防止中暑。

6. 注意保持石膏清洁，勿使尿、便等浸湿污染。翻身或改变体位时，应保护石膏原形，避免折裂变形。

7. 如因肿胀消退或肌肉萎缩致使石膏松动者，应立即更换石膏。

8. 患者未下床前，需帮助其翻身，并指导患者做石膏内的肌肉收缩活动；情况允许时，鼓励下床活动。

9. 注意矫正畸形。骨折或因畸形做截骨术的患者，X 线复查发现骨折或截骨处对位尚好，但有成角畸形时，可在成角畸形部位的凹面横向切断石膏的周径 2/3，以石膏凸面为支点，将肢体的远侧段向凸面方向反折，即可纠正成角畸形。然后用木块或石膏绷带条填塞石膏之裂隙中，再以石膏绷带固定。

三、牵引

牵引是通过牵引装置，利用悬垂之重量为牵引力，身体重量为反牵引力，达到缓解肌肉紧张和强烈收缩，整复骨折、脱位，预防和矫正软组织挛缩，以及对某些疾病术前组织松解和术后制动作用的一种治疗方法。牵引多用于四肢和脊柱。

牵引疗法有皮肤牵引、骨牵引及布托牵引等。根据患者的年龄、体质、骨折的部位和类型、肌肉发达的程度和软组织损伤情况的不同，可分别选用。牵引重量以缩短移位程度和患者体质而定，应随时调整。牵引力不宜太过与不及，牵引力太大，易使骨折端发生分离，造成骨折迟缓愈合和不愈合；牵引力不足，则达不到复位固定的目的。

（一）皮肤牵引

通过对皮肤的牵拉使作用力最终达患处，并使其复位、固定与休息的技术，称为皮肤牵引。此法对患肢基本无损伤，痛苦少，无穿针感染之危险。由于皮肤本身所承受力量有限，同时皮肤对胶布黏着不持久，故适应范围有一定的局限性（图8-17）。

1.适应证　骨折需要持续牵引疗法，但又不需要强力牵引或不适于骨牵引、布带牵引的病例，如小儿股骨干骨折、小儿轻度关节挛缩症、老年股骨粗隆间骨折及肱骨髁上骨折因肿胀严重或有水疱不能即刻复位者。

2.禁忌证　皮肤对胶布过敏者；皮肤有损伤或炎症者；肢体有血循环障碍者，如静脉曲张、慢性溃疡、血管硬化及栓塞等；骨折严重错位需要重力牵引方能矫正畸形者。

3.牵引方法

（1）按肢体粗细和长度，将胶布剪成相应宽度（一般与扩张板宽度相一致）并撕成长条，其长度应根据骨折平面而定，即骨折线以下肢体长度与扩张板长度两倍之和。

（2）将扩张板贴于胶布中央，但应稍偏内侧2～3cm，并在扩张板中央孔处将胶布钻孔，穿入牵引绳，于扩张板之内侧面打结，防止牵引绳滑脱。

（3）防止胶布粘卷，术者将胶布两端按两等分或三等分撕成叉状，其长度为一侧胶布全长的1/3～1/2。

（4）在助手协助下，骨突处放置纱布，术者先持胶布较长的一端平整地贴在大腿或小腿外侧，并使扩张板与足底保持两横指的距离，然后将胶布的另一端贴于内侧，注意两端长度相一致，以保证扩张板处于水平位置。

（5）用细带缠绕，将胶布平整地固定于肢体上。勿过紧以防影响血液循环。

（6）将肢体置于牵引架上，根据骨折对位要求调整滑车的位置及牵引方向。

（7）腘窝及跟腱处应垫棉垫，切勿悬空。

（8）牵引力根据骨折类型、移位程度及肌肉发达情况而定，小儿宜轻，成人宜重，但不能超过5kg。

图8-17　皮肤牵引

4.注意事项　需及时注意检查牵引重量是否合适，太轻不起作用，过重胶布易滑脱或引起皮肤水疱。注意有无皮炎发生，特别是小儿皮肤柔嫩，对胶布反应较大，若有不良反应及时停止牵引。注意胶布和绷带是否脱落，滑脱者应及时更换。特别注意检查患肢血运及足趾（指）活动情况。

（二）骨牵引

骨牵引又称直接牵引，系利用钢针或牵引钳穿过骨质，使牵引力直接通过骨骼而抵达损伤部位，并起到复位、固定与休息的作用。

1.特点　骨牵引优点：①可以承受较大的牵引力，阻力较小，可以有效克服肌肉紧张，纠正骨折重叠或关节脱位造成的畸形。②牵引后便于检查患肢。③牵引力可以适当增加，不致引起皮肤发生水疱、压迫性坏死或循环障碍。④配合夹板固定，保持骨折端不移位的情况下可以加强患肢功能锻炼，防止关节僵直、肌肉萎缩，以促进骨折愈合。骨牵引缺点：①钢针直接通过皮肤穿入骨质，如果消毒不严格或护理不当，易导致针眼处感染。②穿针部位不当易损伤关节囊或神经血管。③儿童采用骨牵引容易损伤骨骺。

2. 适应证　骨牵引适应证：①成人肌力较强部位的骨折。②不稳定性骨折、开放性骨折。③骨盆骨折、髋臼骨折及髋关节中心性脱位。④学龄期儿童股骨不稳定性骨折。⑤颈椎骨折与脱位。⑥皮肤牵引无法实施的短小管状骨骨折，如掌骨、指（趾）骨骨折。⑦手术前准备，如股骨粗隆间骨折髓内钉圈术等。⑧关节挛缩畸形者。⑨其他需要牵引治疗而又不适于皮肤牵引者。

3. 禁忌证　骨牵引禁忌证：①牵引处有炎症或开放创伤污染严重者。②牵引局部骨骼有病变及严重骨质疏松者。③牵引局部需要切开复位者。

4. 操作方法

（1）颅骨牵引

适应证：适用于颈椎骨折脱位。

操作方法（图 8-18）：①准备：患者仰卧，头下枕一个沙袋，剃光头发并用肥皂及清水洗净，擦干。②定点：用甲紫溶液在头顶正中画一前后矢状线，将头顶分为左右两半，再以两侧外耳孔为标记，经头顶画一额状线，两线在头顶相交为中点；张开颅骨牵引弓两臂，使两臂的钉齿落于距中点两侧等距离的额状线上，该处即为颅骨钻孔部位；另一方法是由两侧眉弓外缘向颅顶画两条平行的矢状线，两线与上述额状线相交的左右两点，为钻孔的位置，用甲紫溶液标记。③操作：常规消毒，铺无菌巾，局部麻醉后，用尖刀在两点处各做一长约 1cm 小横切口，深达骨膜，止血，用带安全隔板的钻头在颅骨表面斜向内侧约 45°角，以手摇钻钻穿颅骨外板（成人为 4mm，儿童为 3mm），注意防止穿过颅骨内板伤及脑组织；然后将牵引弓两钉齿插入骨孔内，拧紧牵引弓螺丝钮，使牵引弓钉齿固定牢固，缝合切口并用酒精纱布覆盖伤口。牵引弓系牵引绳并通过滑车，抬高床头进行牵引。

牵引重量：牵引重量一般第 1～2 颈椎用 4kg，以后每下一椎体增加 1kg。复位后其维持牵引重量一般为 3～4kg。为了防止牵引弓滑脱，在牵引后第 1～2 天内，每天将牵引弓的螺丝加紧一扣。

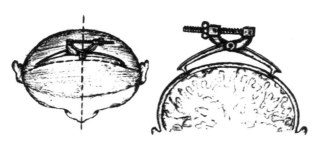

图 8-18　颅骨牵引

（2）尺骨鹰嘴牵引

适应证：适用于难以复位或肿胀严重的肱骨髁上骨折和肱骨髁间骨折、移位严重的肱骨干斜形骨折或开放性骨折。

操作方法（图8-19）：①准备：患者处于仰卧位，屈肘90°，前臂中立位。②定点：在尺骨鹰嘴下2cm，尺骨嵴旁一横指处，即为穿针部位，标记笔标记。③操作：常规消毒，铺无菌巾，局部麻醉后，用克氏针自内向外刺入直达骨骼，注意避开尺神经，用手摇钻将克氏针垂直钻入并穿出对侧皮肤，使外露克氏针两侧相等，以酒精纱布覆盖针眼处，安装牵引弓进行牵引。儿童患者可用大号巾钳代替克氏针直接牵引。

牵引重量：牵引重量一般为2～4kg。

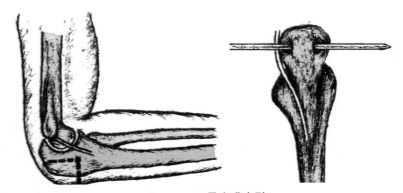

图8-19　尺骨鹰嘴牵引

（3）股骨髁上牵引

适应证：适用于股骨干骨折、粗隆间骨折、髋关节脱位、骶髂关节脱位、骨盆骨折向上移位、髋关节手术前需要松解粘连者。

操作方法（图8-20①）：①准备：患者仰卧位，手法复位后伤肢置于牵引架上，使膝关节屈曲40°。②定点：在内收肌结节上2cm处标记穿针部位，在股骨下端前后之中点。③操作：常规消毒，铺无菌巾，局部麻醉后，向上拉紧皮肤以克氏针向定位点穿入皮肤直达骨质，掌握骨钻进针方向，徐徐转动手摇钻，当穿过对侧骨皮质时同样向上拉紧皮肤，以手指压迫针眼处周围皮肤，穿出钢针使两侧钢针相等，酒精纱布覆盖针孔，安装牵引弓进行牵引。穿针时一定要从内向外进针，以免损伤神经血管。穿针的方向应与股骨纵轴成直角，否则钢针两侧负重不平衡，易造成骨折断端成角畸形。

牵引重量：牵引重量一般为体重的1/8～1/6，维持量为3～5kg。

（4）胫骨结节牵引

适应证：适用于股骨干骨折、伸直型股骨髁上骨折等。

操作方法（图8-20②）：①准备：手法复位后，将患肢置于牵引架上。②定点：穿针的部位在胫骨结节顶之下两横指处，在此点平面稍向远侧部位即为进针点。③操作：常规消毒，铺无菌巾，局部浸润麻醉后由外侧向内侧进针，以免伤及腓总神经，斯氏针穿出皮肤后使两针距相等，酒精纱布保护针孔，安置牵引弓进行牵引。

牵引重量：牵引重量为 7 ～ 8kg，维持量为 3 ～ 5kg。

图 8-20　牵引图

①股骨髁上牵引　②胫骨结节骨牵引

（5）跟骨牵引

适应证：适用于胫骨髁部骨折、胫腓骨不稳定性骨折、踝部粉碎性骨折、跟骨骨折向后上移位和膝关节屈曲挛缩畸形等。

操作方法（图 8-21）：①准备：将患肢置于牵引架上，小腿远端垫一沙袋使足跟抬高，助手一手握住前足，一手握住小腿下段，维持踝关节中立位。②定点：内踝尖与足跟后下缘连线的中点为穿针部位，标定位点。③操作：常规消毒，铺无菌巾，局部麻醉后，自内侧钻入，直达骨质。注意穿针的方向，胫腓骨骨折时，针与踝关节面呈 15°，即进针处低、出针处高，有利于恢复胫骨的正常生理弧度。穿出后用酒精纱布覆盖针孔，安装牵引弓进行牵引。

牵引重量：3 ～ 5kg。

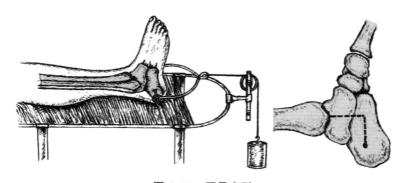

图 8-21　跟骨牵引

（6）肋骨牵引

适应证：过去常用于多根多段肋骨骨折造成浮动胸壁，出现反常呼吸时。目前由于外科技术的发展应用较少。

操作方法（图 8-22）：①准备：患者仰卧位，常规消毒铺巾。②定点：确定浮动胸壁中央的单根目标肋骨。③操作：局部浸润麻醉后，用无菌钳子一端系于牵引绳，进行滑动牵引。

牵引重量：2 ～ 3kg。

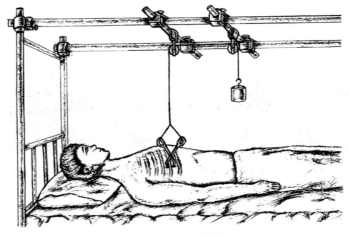

图 8-22　肋骨牵引

5. 注意事项

（1）牵引装置安置完毕后将牵引针两端多余部分剪去，并套上小瓶，以防止针尖的损害。

（2）注意牵引针两侧有无阻挡，如有阻挡应及时调整，以免减低牵引力。

（3）经常检查针眼处有无感染，为防止感染，隔日向针孔处滴75%酒精2～3滴。如感染明显又无法控制，应将其拔出，并根据病情采用他法。

（4）注意牵引针有无滑动或将皮肤拉豁。此种情况多见于克氏针，应及时调整牵引弓、重新更换。

（5）注意肢体有无压迫性溃疡。

（6）鼓励患者及时进行肌肉运动和指（趾）功能锻炼。

（三）布托牵引

布托牵引具用厚布或皮革按局部体形制成各种兜托，托住患部，再用牵引绳通过滑轮连接兜托和重量进行牵引。常用的布托牵引有以下几种。

1. 颌枕带牵引

（1）适应证　无截瘫的颈椎骨折脱位、颈椎间盘突出症及颈椎病等。

（2）操作方法　目前使用的颌枕带一般为工厂加工成品，分为大号、中号、小号。也可自制，用两条布带按适当角度缝在一起，长端托住下颌，短端牵引枕后，两带之间再以横带固定，以防牵引带滑脱，布带两端以金属横梁撑开提起，并系牵引绳通过滑轮连接重量砝码，进行牵引（图8-23）。牵引重量为3～5kg。此法简便易行，便于更换，不需特别装置。但牵引重量不宜过大，否则影响张口进食，压迫产

图 8-23　颌枕带牵引

生溃疡，甚至滑脱至下颌部压迫颈部血管及气管，引起缺血窒息。

2. 骨盆悬吊牵引

（1）适应证 耻骨联合分离、骨盆环骨折分离、髂骨翼骨折向外移位、骶髂关节分离等。

（2）操作方法 布兜以长方形厚布制成，其两端各穿一木棍。患者仰卧位，用布兜托住骨盆，以牵引绳分别系住横棍之两端，通过滑轮进行牵引（图8-24）。牵引重量以能使臀部稍离开床面即可，一侧牵引重量为3～5kg。

3. 骨盆牵引带牵引

（1）适应证 腰椎间盘突出症、神经根受压、腰椎小关节紊乱症。

（2）操作方法 用两条牵引带，一条骨盆带固定骨盆，一条固定胸部，并系缚在床头上，再以两根牵引绳分别系于骨盆牵引带两侧扣眼，通过床尾滑轮进行牵引（图8-25）。一侧牵引重量为5～15kg。

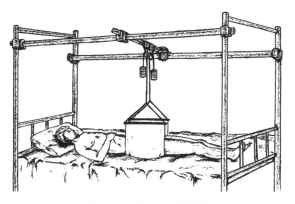

图 8-24 骨盆悬吊牵引

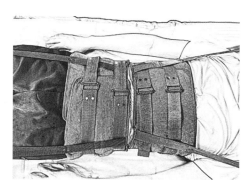

图 8-25 骨盆牵引带牵引

4. 牵引的注意事项

（1）牵引装置安置完毕后将牵引针两端多余部分剪去，并套上小瓶，以防止针尖的损害。

（2）注意牵引针两侧有无阻挡，如有阻挡应及时调整，以免减低牵引力。

（3）经常检查针眼处有无感染，为防止感染，隔日向针孔处滴75%酒精2～3滴。如感染明显又无法控制，应将其拔出，并根据病情采用他法。

（4）注意牵引针有无滑动或将皮肤拉豁。此种情况多见于克氏针，应及时调整牵引弓、重新更换。

（5）注意肢体有无压迫性溃疡。

（6）鼓励患者及时进行肌肉运动和指（趾）功能锻炼。

四、内固定

内固定是指用金属螺钉、钢板、髓内钉系统、克氏针张力带等内植物直接将骨折断端连接固定起来的手术方式，称为内固定术。

骨伤科随着中西医结合的发展，复位与外固定技术不断提高，大多数骨折都能得到治愈，但是有些复杂骨折及合并损伤采用非手术治疗效果不佳，仍有内固定手术的必要。

（一）适应证

每个部位骨折的适应证各不相同，但如果有下列情况，应该考虑行切开复位内固定术。

1. 复位困难　手法复位困难、难以达到功能复位标准、预期会影响远期肢体功能者。

（1）关节内骨折、经手法复位关节面仍然难以解剖复位者，如胫骨平台骨折。

（2）骨折合并脱位、经闭合复位不成功者。

（3）骨折端有肌肉、肌腱、骨膜或神经血管等软组织嵌入，手法复位失败者，如肱骨下 1/3 骨折伴有神经损伤。

2. 外固定难以维持骨折位置　外固定方法难以维持复位位置者。

（1）大块的撕脱性骨折　多因强大肌肉牵拉而致，外固定难以维持其对位，如移位较大的髌骨骨折、尺骨鹰嘴骨折等。

（2）特殊部位骨折　某些血液供应较差的骨折，如果没有采用稳固固定手段，难以维持骨折断端位置，容易造成缺血坏死，如股骨颈骨折。

3. 合并伤和多发伤

（1）血管、神经复合损伤。骨折合并主要神经、血管损伤者，需探查神经、血管进行修复，并同时内固定骨折，如肱骨髁上骨折合并肱动脉损伤。

（2）开放性骨折。在 6～8 小时内需要清创，如伤口污染较轻、清创又彻底，可直接采用内固定。

（3）多发骨折和多段骨折。为了预防严重并发症和便于患者早期活动，对多发骨折某些重要部位可选择内固定。多段骨折难以复位与外固定，如移位严重者应采用内固定。

（4）合并肌腱和韧带完全断裂者。

4. 畸形愈合和骨不连　骨折经过治疗出现畸形愈合、骨不连造成功能障碍者，需要行翻修手术治疗。

（二）缺点

1. 创伤与出血　手术即刻造成创伤，术中可能损伤肌腱、神经、血管；术后引起上述软组织粘连或隐性出血性失血，影响肢体功能。

2. 影响骨折愈合　传统手术方法因其剥离骨膜过多，影响骨折部位血供，导致骨折迟缓愈合或不愈合；采用经皮微创技术或髓内固定方式能够进一步避免愈合不良事件的发生。

3. 感染风险　骨折处周围软组织因暴力作用已有严重的损伤，手术增加创伤和出血,致使局部抵抗力下降。无菌技术不严格易发生感染,影响骨折愈合。

4.二次手术　部分内植物需手术取出,造成二次创伤和痛苦。因此在临床上应严格掌握内固定的适应证,切忌滥用。

5.围手术期风险　如果患者半年内发生心肌梗死、脑梗死等,行切开复位内固定术术后再发梗死风险较高,需综合评估。

（陈虞文　杨文龙）

第九章　筋伤的治疗方法

【学习目标】

1. 掌握理筋手法的功效及操作特点，针刀治疗的操作流程、常见手法、进针规程及热敏灸的操作方法。

2. 熟悉整脊特色治疗方法，针刀晕针的预防及处理，腧穴热敏化定义，热敏灸疗法的适应证及禁忌证，其他物理治疗的种类及操作方法。

3. 了解整脊手法原则，针刀医学定义及基础理论，各种物理治疗的适应证及禁忌证。

治疗筋伤的方法很多，传统的治疗方法有推拿理筋等手法治疗，随着中医治疗手段的发展，逐渐诞生出中医整脊、小针刀、热敏灸等新型治疗方案及创新理论，可以与西医学如体外冲击波治疗、肢体智能运动训练治疗护理器各种方案相互补充，共同完善与构建出现代骨伤科筋伤的治疗手段与方法。

第一节　整脊理筋手法

一、整脊治疗

（一）整脊的定义

整脊一词有广义和狭义之分，广义的整脊是指运用手法、导引练功、针灸、中药、牵引等方法整复调理结构和功能异常的脊柱防治法；狭义的整脊是指运用各种手法移动患者的患病脊椎，矫正椎间关节失稳，恢复脊椎的稳定性，使患病的脊椎恢复正常的解剖结构和功能，松解粘连，缓解肌肉痉挛，解除对神经等的刺激压迫，从而治疗因脊椎结构异常而引起的疾病。

（二）整脊的治疗原则

整脊治疗包括理筋、调曲和练功三个方面。

1. 理筋　脊柱的不平衡，除了受外来暴力及骨质自身破坏外，常见的劳损病均源于肌肉韧带损伤而致应力不平衡。所以，在诊疗脊柱劳损及各类伤病中，理筋为首要治疗原则。理筋的主要方法有多种，包括膏摩、药浴、拔罐刺血、推拿理筋等。

2. 调曲　脊柱劳损性伤病的病理改变均为椎体曲度改变。整脊治疗是以调整和恢复曲度为主要目的和治疗原则。椎曲的病理改变往往不是短期形成，所以临床上有适应性的（代偿性）曲度改变，也有导致主要症状体征的改变，这需要鉴别清楚，以恢复其导致主要症状体征的曲度改变为主要治疗目标和原则。

3. 练功　脊柱的形态结构决定功能，而功能也影响形态结构，在理筋调曲后，维持正常脊柱运动功能的练功（包括协助治疗的练功）是维持疗效和康复的重要方法，也是整脊诊疗的重要原则之一。根据脊柱运动力学创立的各种练功方法，均可以对脊柱的形态结构起到维系作用。

二、手法要点

理筋手法由按摩、推拿手法所组成。整脊手法是理筋手法的一个重要分支，主要针对脊柱的扳法、拔伸法、背法、踩跷法、屈伸法、摇法、按压法等类手法。其技术要求是操作时要平稳自然，因势利导，避免生硬粗暴；选择手法要有针对性，定位要准；手法施术时要用巧力，以柔克刚，以巧制胜，不可使用蛮力；各种扳法在操作时，用力要疾发疾收，用所谓的"短劲""寸劲"，发力不可过长，发力时间不可过久。即可概括为"稳、准、巧、快"四字。整脊特色手法对躯干部疾病每个部位都有相应治法，因此具体内容将在躯干部疾病分册进行分别阐述。

（一）理筋手法的功效

理筋手法是治疗筋伤主要手段之一，其主要功效有以下几点。

1. 活血散瘀，消肿止痛　肢体损伤后由于不同程度的血脉破裂，而致瘀阻或流注于四肢关节，或滞阻于筋络肌腠，必将壅塞气血循行，导致气滞血瘀、经脉阻塞、不通则痛。手法按摩能解除血管、筋肉的痉挛，增进血液循环和淋巴回流，加速瘀血的吸收，达到活血散瘀、消肿止痛的目的，并有利于组织损伤的修复。

2. 舒筋活络，解除痉挛　急性损伤或慢性劳损，筋络功能将受到不同程度影响，轻则痉挛萎缩，重则功能丧失。通过推拿按摩，起到舒展和放松肌肉、筋络的作用，使患部脉络通畅，疼痛减轻，从而解除由损伤引起的反射性痉挛。

3. 理顺筋络，整复错位　理筋手法能整复跌仆闪挫所造成的"筋出槽、骨错缝"。《医宗金鉴·正骨心法要旨》云："跌仆闪挫，以致骨缝开错以手推之，使还旧也。"临床上常用于外伤所造成的肌肉、肌腱、韧带、筋膜组织的破裂、滑脱及关节半脱位，如腰椎间盘突出症、骶髂关节错位等。总之，理筋手法对软组织破裂、滑脱、关节错缝具有理顺、整复、归位的作用。

4. 松解粘连，通利关节　当软组织损伤后，局部出血，长久不消，血肿机化，组织间形成粘连，致使关节活动障碍。理筋手法能活血化瘀，松解粘连，滑利关节，可使紧张僵硬的组织恢复正常。临床上对于组织粘连伴关节功能障碍者，可用弹拨和关节活络手法，再配合练功活动，使粘连松解，关节功能逐步得以恢复正常。

5. 通经活络，祛风散寒　肢体损伤后用点穴按摩法，循经取穴，具有镇痛、消痛、止痛的功效。医生在痛处用按法减轻疼痛，谓之镇痛法。在伤处邻近取穴，"得气"后患处疼痛减轻，称为移痛法。对陈旧性损伤所致的局部疼痛，反复用强刺激手法治疗后，局部疼痛逐渐消退，谓之消痛法。风寒侵袭机体，以致经络不通、气血不和，产生肢体麻木、疼痛等症状。理筋手法可以温经通络、祛风散寒、调和气血，从而调整机体内阴阳平衡失调，恢复肢体的功能。

（二）手法分类及操作

理筋手法按部位、作用及操作的不同，分为舒筋通络法和活络关节法。

1. 舒筋通络法　舒筋通络法是医生利用一定手法作用于肌肉较为丰满的部位，从而达到疏通气血、舒筋活络、消肿止痛的作用。

（1）**按摩法**　根据手法轻重一般可分为轻度按摩法和深度按摩法。

1）轻度按摩法

适应证：一般在理筋手法开始和结束时应用，适用全身各部位，以胸腹胁肋处损伤较为常用。

手法功用：消瘀退肿，镇痉止痛，缓解肌肉紧张。

操作步骤：用单手或双手的手掌或指腹，放在患处用力轻柔缓慢地做来回直线或圆形的按摩动作。

2）深度按摩法

适应证：可由轻度按摩法转入，或结合点穴进行，对肢体各部位的损伤、各种慢性劳损、风湿痹证等均可采用。

手法功用：舒筋活血，化瘀生新，消肿止痛，解除痉挛，软化粘连。

操作步骤：摩动的频率快慢可根据病情、体质而决定，动作要协调，力量要均匀。

在深部按摩注中还有捋顺法及拇指推法：①捋顺法：由肢体的近端向远端推摩的手法称为捋顺（图9-1）。其手法劲力较大，但有向心与离心方向上的区别。②拇指推法：又称一指禅推法，是用拇指单独进行的摆动性推法，用拇指端掌面或偏桡侧着力于一定部位或经络穴位上，通过腕部的摆动和拇指关节的屈伸活动，使力持续作用于患部或穴位上，推动局部之筋肉，要求沉肩、垂肘、悬腕（图9-2）。

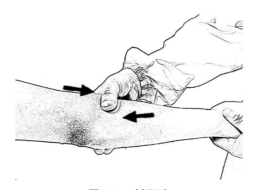

图 9-1　捋顺法

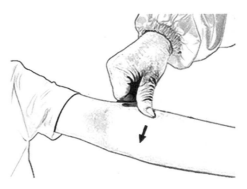

图 9-2　拇指推法

（2）揉擦法

1）揉法

适应证：适应于肢体各部位损伤，慢性劳损、风湿痹痛等。

手法功用：揉法比较柔和，具有放松肌肉，缓解症状，活血化瘀，消肿止痛的作用。

操作步骤：用拇指或手掌在皮肤上做轻轻地回旋揉动，也可用拇指与四指成相对方向揉动，揉动的手指或手掌一般不移开接触的皮肤，仅使该处的皮下组织随手指或手掌的揉动而滑动（图9-3）。

图 9-3 揉法

2）擦法

适应证：适用于腰背部以及肌肉丰厚部位的慢性劳损和风湿痹痛等。

手法功用：活血散瘀，消肿止痛，温经通络，松解粘连，软化瘢痕。

操作步骤：是用手掌、大小鱼际、掌根或手指在皮肤上摩擦。操作时用上臂带动手掌，力量大而均匀，动作要灵巧而连续不断，使皮肤有红、热舒适感。施行手法时要用润滑剂，防止擦伤皮肤。

（3）㨰法

适应证：适用于陈伤及慢性劳损和肩、腰背、四肢等肌肉丰厚部位的筋骨酸痛、麻木不适、肢体瘫痪等。

手法功用：调和营卫，疏通经络，祛风散寒，解痉止痛。

操作步骤：用手的小鱼际尺侧缘及第3、第4、第5掌指关节的背侧按于体表，沉肩、屈肘约120°，手呈半握拳状，手腕放松，利用腕力和前臂的前后旋转，反复㨰动，顺其肌肉走行方向自上而下或自左而右，按部位顺序操作，压力要均匀，动作要协调而有节律（图9-4）。

（4）击打法

适应证：胸背部因用力不当屏伤岔气；陈旧性腰背部、大腿及臀部肌肉损伤兼有风寒湿证者。

手法功用：疏通气血，消除瘀积，缓解疲劳，祛风散寒。

操作步骤：用拳捶击肢体的手法称为捶击法，用手掌拍打患处的手法称为拍打法，两法并称击打法。用掌侧击打又称劈法。头部可用指尖及指骨间关节叩打（图9-5）。击打时要求蓄劲收提，即用力轻巧而有反弹感，避免产生震痛感。动作要有节奏，快慢要适中，腕关节活动范围不宜过大，以免手掌接触皮肤时用力不均。

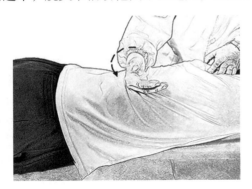

图 9-4　擦法

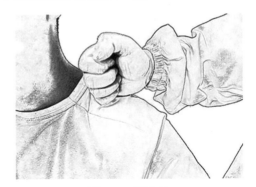

图 9-5　捶击法

（5）拿捏法

适应证：适应于急慢性伤筋而致痉挛或粘连者。

手法功用：缓解痉挛，松解粘连。

操作步骤：用拇指与其他四指相对成钳形，一紧一松地拿捏，以挤捏肌肉、韧带等软组织的一种手法（图 9-6）。操作时腕要放松，用指面着力，逐渐用力内收，并做连续不断地揉捏动作，用力由轻到重、再由重到轻，不可突然用力。

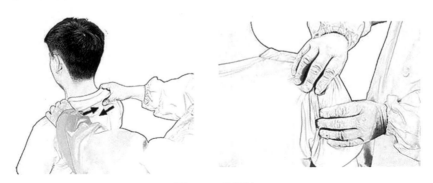

图 9-6　拿捏法

（6）点压法

适应证：多用于胸腹部内伤、腰背部劳损、截瘫及神经损伤、四肢损伤及损伤伴有内伤者。

手法功用：强的刺激手法具有疏通经络、宣通气血、调和脏腑、平衡阴阳的作用。

操作步骤：分为用中指为主的一指点法，用拇指、食指、中指点法（图 9-7），或用五指捏在一起组成梅花状的五指点法。手指与患者的皮肤成 60°～ 90°，用力大小可分为轻、中、重三种。所谓轻点压，是以腕关节为活动中心，主要以腕部的力量，与肘和肩关节活动协调配合。其力轻而有弹性，是一种轻刺激手法，多用儿童及体弱患者。中点压，是以肘关节为活动中心，主要用前臂的力量，腕关节固定，肩关节协调配合，是一种中等刺激手法。重点压，以肩关节为活动中心，主要用上臂的力量，腕关节固定，肘关节协调配合，刺激较重，多用于青壮年及肌肉丰厚的部位。但对重要脏器的部位慎用，如用时力量要适当减轻。

（7）搓抖法

1）搓法

适应证：多用于四肢、肩、肘、膝关节，也可以用于腰背、胁肋部的伤筋。

手法功用：调和气血，舒筋活血，放松肌肉，消除疲劳。

操作步骤：用双手掌面相对放置患部两侧，用力做快速的搓揉，并同时做上下或前后往返移动的手法，称为搓法（图9-8）。双手用力要对称，搓动要快，移动要慢，动作要轻快、协调、连贯。

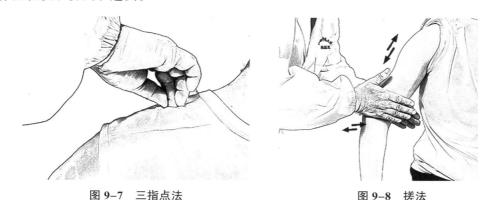

图 9-7　三指点法　　　　　　　　　图 9-8　搓法

2）抖法

适应证：多用于四肢关节，但以上肢为常用，常配合按摩与搓法，一般用于理筋手法的结束阶段。

手法功用：松弛肌肉，缓解外伤所引起的关节功能障碍，并能减轻施行重手法的反应，增加患肢的舒适感。

操作步骤：用双手握住患者的上肢或下肢的远端，稍微用力做连续的小幅度上下快速的抖动，使关节有松动感，称为抖法（图9-9）。抖动幅度要小，频率要快，轻巧舒适，嘱咐患者充分放松肌肉。

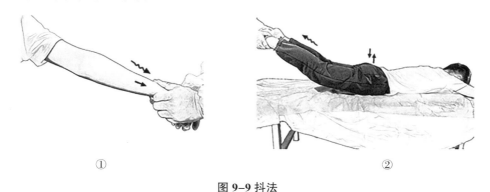

①　　　　　　　　　　　　　　　　　②

图 9-9 抖法

①上肢抖法　②下肢抖法

2. 活络关节法　医生用一个或数个手法作用于关节处，从而达到活络和通利关节的作用，一般在理筋手法施行后的基础上再应用。活络关节法适用于组织粘连、挛缩，或关节功能障碍、活动受限，或伤后关节间微有错落不合缝者。通过活络关节手法，逐步使肢体功能恢复正常。

（1）屈伸法

适应证：适用于肩、肘、髋、膝、踝等关节伤后所致的关节功能障碍。

手法功用：本法对各种损伤后的关节屈伸和收展活动障碍、筋络挛缩、韧带及肌腱粘连、关节强直均有松解作用。

操作步骤：一手握肢体的远端，另一手固定关节部，然后缓慢、均匀、持续有力地做被动屈伸或外展、内收活动。在屈伸关节时，要稍微结合拔伸或按压力（图9-10）。在特殊情况下，用屈伸或外展法来分离粘连，但应防止粗暴的推扳而造成骨折等并发症，用力应恰到好处、刚柔相济。

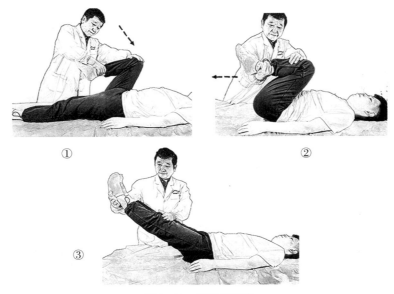

①　　②　　③

图9-10　屈伸关节法

（2）旋转摇晃法

适应证：多用于四肢关节、颈椎和腰椎部的僵硬、粘连及关节突关节的滑脱错位等。本法及屈伸关节手法均是活络关节的主要手法。然而对骨折尚未愈合、脱位虽经复位、关节囊尚未修复者忌用。

手法功用：本法具有松解关节滑膜、韧带及关节囊的粘连，促进和恢复关节功能的作用。

操作步骤：一手握住关节的近端，另一手握住肢体的远端，来回做旋转及摇晃动作。要按关节功能活动的范围，掌握旋转及摇晃的幅度。本法应轻柔、循序渐进，活动的范围由小到大，以不引起剧痛为原则。

若操作时一手托住下颌，另一手按扶头后；或一手托住下颌，另一手按住颈椎患部棘突上，做旋转动作，可听到"格"的响声，称为颈部旋转法，又称扳颈手法（图9-11）。

若使患者侧卧位，操作时一手扳肩、一手扳臀，向相反方向用力，使腰部产生旋转，称为腰部旋转法，腰部旋转法又称斜扳法（图9-12）。本法也可采取坐位。

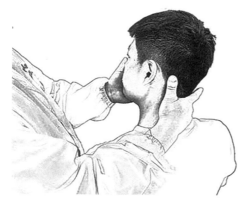

图 9-11 颈部旋转法

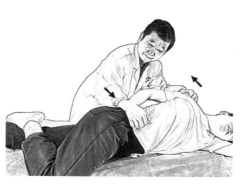

图 9-12 腰部旋转法

（3）腰部背伸法

适应证：用于急性腰扭伤、腰椎间盘突出症及稳定性腰椎压缩性骨折。

手法功用：使腰部脊柱及两侧背伸肌过伸，松弛肌紧张，使扭错的关节突关节复位，有助于腰椎间盘突出症状缓解，还可使压缩性椎体骨折的楔形得以改善。

操作步骤：立位法又称背法（图9-13）。医生略屈膝、背部紧贴患者背部，使其骶部抵住患者的腰部，患者与医生双肘屈曲反扣，将患者背起，使其双足离地，同时以臀部着力晃动牵引患者腰部。臀部的上下晃动要和两膝的屈伸协调。卧位法又称扳腿法或推腰扳腿法（图9-14）。俯卧、侧卧位均可，医生一手扳腿，另一手推按于腰部，迅速向后拉腿而达到腰部过伸的目的。

图 9-13 腰部背伸法

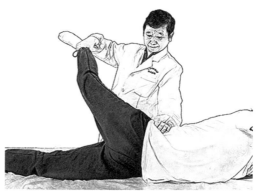

图 9-14 扳腿法

（4）拔伸牵引法

适应证：多用于肢体关节扭伤、挛缩及关节突关节错位等。

手法功用：疏通筋脉，行气活血，松弛筋脉，松解挛缩。

操作步骤：本法是由医生和助手分别握住患肢远端和近端，对抗用力牵引。开始时先按肢体原来体位顺势用力牵引，然后再沿肢体纵轴对抗牵引，用力轻重得宜、持续稳准（图9-15）。

图9-15 拔伸牵引法

（5）按压踩跷法

适应证：本法是一种较强的刺激手法，常与揉法结合应用，适用于肢体麻木、酸痛和腰肌劳损及腰椎间盘突出症等。拇指按压法适用于全身各个穴位，掌根按压法适用于腰背及下肢部；屈肘按压法和踩跷法压力较大，用于腰臀部肌肉丰厚处。

手法功用：通络止痛，放松肌肉，松解粘连。

操作步骤：拇指按压应握拳，拇指伸直，用指端或指腹按压。掌根按压应用单掌或双掌掌根着力，向下按压，也可用双掌重叠按压。屈肘按压（肘压法）用屈肘时突出的鹰嘴部分按压。踩跷法是医生双足踏于患处，双手撑于特制的木架上（以控制用力的轻重）进行踏跳。患者躯体下需垫软枕，以防损伤，并嘱患者做深呼吸配合，随着弹跳的起落，张口一呼一吸，切忌屏气。

（康剑）

第二节 针刀疗法

古代中医外科文献常见"针刀"或"刀针"字样，这里的"针刀"和现代的针刀不是同一个概念，它是当时针灸器械以及外科手术器械的统称，多用于排脓放血。如《严氏济生方·痈宜论治》记载："痈之证甚恶，多有陷下透骨者，服狗宝丸，疮四边必起，依前法用乌龙膏、解毒收讫，须用针刀开疮孔，其内已溃烂，不复知痛，乃纳追毒丹于孔中，以速其溃。"

现代的针刀特指针刀疗法，此疗法于1976年首次由朱汉章教授发明，其来源于一种民间疗法，于 2003 年确立了针刀医学。其具有相对独立的理论依据，是基于现代针灸学和外科技术发展面成的一门新兴的交叉学科。

一、针刀医学的定义

针刀疗法是在针刀医学理论指导下，以针刀为主要工具、以解剖学为支撑、参考外科技术形成的一种新的治疗方法。

针刀集合了针灸针和手术刀的特点，先以针刺的方式刺入皮肤，然后完成切开、牵拉及机械刺激等一系列治疗操作。针刺能在不切开皮肤的条件下达到深层组织，但对病变组织不能进行切开、剥离、松解等操作。外科手术虽可以完成上述操作，但损伤较大。而针刀治疗既可达到切割、松解、剥离、清除病灶的目的，又可减少外科手术创伤，这是针刺疗法和外科手术疗法的融合。

二、针刀医学的基础理论

1. 慢性软组织损伤的理论　软组织主要承担运动功能，损伤后往往以纤维化方式修复，并形成与原组织不同的纤维性组织结构，导致组织的力学性能改变。当人体软组织发生纤维性改变或适应性改变时，这将直接影响运动系统甚至运动系统以外的力学平衡。目前，针刀治疗疾病是通过对软组织病灶的干预来调整人体的力学平衡，所以说针刀医学的基本思想之一就是重视软组织与力学平衡的重要性。

2. 关于骨质增生的理论　骨骼结构受应力影响，负荷增加骨增粗，负荷减少骨变细。软组织张力增高可增大其附着处骨的负荷，容易使其在骨上的附着点形成骨赘。

3. 经络理论的新探索　中医学认为经络内属脏腑，外络肢节，沟通人体表里，行气血、通阴阳，内溉脏腑，外濡腠理，保卫机体，抗御病邪。现代生理学认为，只有神经体液综合调节才能维持机体内外环境的稳定，与经络的这种调节功能类似。因此有人提出经络与神经体液调节学说、经络系统与神经体液系统的功能密切相关。针刀刺入人体组织与普通毫针刺入穴位有类似之处，都是通过神经和体液调节为渠道进行全身调节。

三、针刀治疗适应证与禁忌证

（一）针刀的适应证

针刀的适应证包括：①慢性软组织损伤：四肢和躯干肌肉、肌腱、筋膜、韧带等组织的慢性损伤，如肌筋膜炎、第 3 腰椎横综合征、肱骨外上髁炎、髌下脂肪垫炎、足跟痛、肩周炎、陈旧性踝关节扭伤等。②骨关节疾病：四肢、脊柱骨和关节疾病，如颈椎病、腰椎间盘突出症、骨性关节炎、缺血性股骨头坏死、关节僵直、强直性脊柱炎等。③周围神经卡压综合征：各个部位的周围神经卡压综合征，如梨状肌综合征、腕管综合征、踝管综合征等。④其他：脊源性疾病、三叉神经痛、面肌痉挛、过敏性鼻炎、陈旧性肛裂、痛经等。

（二）针刀的禁忌证

针刀的禁忌证包括：①严重内脏病的发作期：此时患者应积极行内科治疗，待病情稳定后再择期行针刀治疗，如糖尿病、心脏病、高血压等。②有出血倾向者：如选择针刀治疗，可能出现治疗部位止血困难，甚至形成血肿；长期使用华法林、阿司匹林等抗凝药物者，接受针刀治疗时应向医生说明，以使医生做出恰当的处理。③体质极度虚弱不能耐受者：相对而言，针刀治疗刺激量要比针灸更大，虽然医生通常会采用局部麻醉措施，但还是会有一些不适感，因此体质极度虚弱者不能实施针刀治疗。④妊娠妇女：如接受针刀治疗，可因疼痛刺激有流产的风险。⑤精神紧张不能合作者：如勉强接受针刀治疗，可能出现晕针或者相反的治疗效果。⑥施术部位有感染、坏死、血管瘤或肿瘤：若施术部位有感染，坏死则容易加重；若有肿瘤，可能造成肿瘤扩散。⑦施术部位有红肿、灼热，或在深部有脓肿者：施术部位有红肿、灼热，说明患者局部可能有急性感染，应积极查明原因，对症治疗；若深部有脓者，针刀治疗可使脓肿扩散到周围软组织，使病情加重。⑧施术部位有重要神经、血管，或有重要脏器，在施术时无法避开时不能采用针刀治疗，以免损伤重要神经、血管。

四、针刀器械及其治疗作用

（一）针刀的构成与型号

针刀通常由针刀柄、针刀体、针刀刃组成（图9-16）。针刀刃是针刀体前端的楔形平刃，针刀体是针刀刃和针刀柄之间的部分，针刀柄是针刀体尾端的扁平结构。操作时针刀的刀口线与针刀体垂直，针刀柄与针刀刃在同一平面内，因此当针刀刃进入人体后可通过暴露在体外的针刀柄调整针刀刃的方向。现在临床使用的针刀为一次性针刀，这种针刀的针刀柄由塑料制成，针刀体为不锈钢材质。针刀常见型号如下。

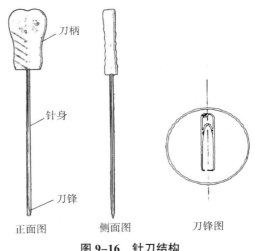

图9-16　针刀结构

1. I型针刀　I型针刀是应用最为广泛的针刀，适应于治疗各种软组织损伤和骨关节损伤以及其他杂病的治疗。根据尺寸不同分为四种型号，分别为I型1号、I型2号、I型3号、I型4号（图9-17）。

I型1号针刀：全长15cm，针刀柄长2cm，针刀体长12cm，针刀刃长1cm，针身为圆柱形直径0.4～10mm，刀口为齐平口，刀口线和针刀柄在同平面内。

I型2号针刀：结构与I型1号相同，针刀体长度为9cm。

I型3号针刀：结构与I型1号相同，针刀体长度为7cm。

I型4号针刀：结构与I型1号相同，针刀体长度为4cm。

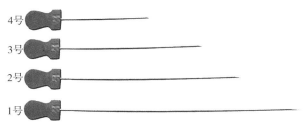

图 9-17　Ⅰ型针刀

2. Ⅱ型针刀　全长 12.5cm，针刀柄长 2.5cm，针刀身长 9cm，针刀刃长 1cm 针刀体为圆柱形，针刀体直径 3mm，刀口线宽 0.8mm。Ⅱ型针刀适用于软组织紧张度过高者或骨折畸形愈合凿开折骨术。

（二）针刀的直接作用

1. 切开作用　切开作用，即使用针刀前端的平刃将组织直接切开的作用，属于锐性松解。常用针刀前端的平刃宽 0.6 ～ 1.0mm，可以在软组织中形成若干毫米级别的整齐的切口。针对不同组织，针刀的切开方法有很多，如纵切、横切，平切、十字切、铲切等，可以产生分离粘连、延长窄缩、减张减压、损毁等作用．

2. 牵拉作用　牵拉作用即通过针刀体在组织内摆动或撬拨的方式，对其周围软组织进行牵拉产生的作用，属于钝性松解。针刀体直径较粗较硬，不易弯曲，可以对组织进行有效的牵拉。牵拉的方式有多种，如纵向摆动、横向摆动等，可以达到分离粘连、延长挛缩、减张减压等作用。

3. 机械刺激作用　针刀治疗除了具有对软组织的切开和牵拉作用外，还有类似于现代毫针针刺的针刺效应。因为针刀的形状与毫针类似，其治疗方式也与毫针的提插手法类似，所以针刀治疗必然具有针刺效应，特别是使用针刀直接接触神经的神经触激术。

（三）针刀的治疗效应

1. 松解粘连　用针刀在粘连部位以锐性切割方式和牵拉的钝性方式都可对组织粘连产生松解作用。在粘连的部位可直接使用针刀将其切开。因针刀的刀口较窄，难以形成连续的切口，可配合纵向、横向的方式牵拉粘连组织，达到松解的目的。

2. 延长挛缩　与开放手术相比，在挛缩组织上用针刀创造小切口，配合牵拉的方式延长组织，具有创伤小、出血少、时间短的优点。

3. 减压镇痛　针刀还具有减张减压、局部损毁、镇痛的作用。

五、针刀治疗操作流程

（一）针刀治疗的术前准备

1. 患者的体位　针刀操作时患者的体位尤其关键，对定点、操作过程有很大影响，关系到治疗效果。针刀操作的体位选择既要让术者便于操作，也要让患者感到舒适，避免产生紧张情绪。常用的体位有仰卧位、侧卧位、俯卧位、坐位。

仰卧位适用于头、面、颈前、胸、腹、四肢前外侧，年老体虚、精神紧张者也应尽量使用仰卧位；侧卧位适用于侧头、侧胸、侧腹、下肢外侧等部位；俯卧位适用于头、颈、肩、腰、骶、下肢等部位；坐位适用于头顶、颈、肩、背部等部位。

2. 进针点的揣定 为保证针刀进针的准确性从而保证治疗的安全性及有效性，揣穴有着重要的指导意义，分为单指揣穴和双指揣穴。

单指揣穴的操作要点为：用左手拇指定位后以指尖按压，适用于一般部位的操作，能避开重要神经、血管。双指揣穴的操作要点为用左手拇、食指固定需针刀松解的部位，适用于危险部位的病理反应物，比如条索、结节等。

3. 针刀的无菌操作 针刀虽然是微创，但依然属于有创操作，需要扎实的无菌术理论知识及严格的无菌操作流程。

针刀治疗的器械需要针刀、手套、洞巾等，需选用一次性使用器械。操作医生及助手均需佩戴口罩、帽子，严格按照七步洗手法严格消毒，戴无菌手套。标记治疗点后，用碘伏棉球从内向外消毒3遍，消毒范围以标记点为中心、不小于10cm为半径；然后覆盖无菌洞巾，标记点位于洞口中心。一支针刀仅可在一个治疗点使用，不可在多个治疗点使用同一针刀，以防感染。治疗结束后迅速用无菌敷料包扎，治疗结束后48小时内不可污染敷料。

4. 针刀的麻醉方法 针刀操作的麻醉起到消除、减轻患者疼痛、紧张等不适感的作用，以确保针刀操作的顺利、安全进行。一般以局部浸润麻醉为主，选用稀释的0.25%～0.1%浓度的利多卡因，每个治疗点注射1mL。治疗点消毒后，注射器针头紧贴皮肤进入皮内后回抽未见血液再推注局麻药，造成一皮丘，再逐层深入分层给药，每次注射前都应回抽，以防注入血管。

（二）针刀握持方法

针刀在人体内可以根据治疗需求随时转动方向，而且对各种疾病的治疗刺入深度都有不同的规定。因此针刀的握持方法要求能够掌握针刀方向和控制刺入的深度。针刀握持方法可以分为单手进针法和夹持进针法。

1. 单手进针法 术者右手食指和拇指捏住针刀柄以控制针刀方向，其余三指置于施术部位的皮肤上，作为针刀刺入时的一个支撑点，以控制针刀刺入的深度（图9-18）。在针刀刺入皮肤的瞬间，支撑指需要提供与刺入力相反的支撑力，以防止针刀刺入皮肤过深。

2. 夹持进针法 倘若肢体部位较深需使用长型号针刀，其基本握持方法和前者相同，只是要用左手拇食指捏紧针刀体下部，方便扶持针体与控制方向，并能预防用力刺入时造成针体形变及进针方向改变。

以上两种是基本的握持针刀方法，适用于大部分的针刀治疗。治疗特殊部位时，根据具体情况持针方法也应有所变化。

①　　　　　　　　　　　　　　②

图 9-18　针刀握持方法（单手握持、双手握持）

（三）进针步骤

1.定点　针刀治疗时针刀要刺穿皮肤到达病处，需要选择最佳的进针刀点。原则上进针点与目标位置的距离应尽可能短。准确定点是基于对病因、病理的精确诊断。

2.定向　在精确掌握进针刀部位结构的前提下，采取适当的入路，有效地避开重要的神经、血管和脏器，确保操作安全。

3.加压分离　在进针时以左手拇指下压定点皮肤，同时横向拨动，使重要血管在挤压下尽可能地被分离在指腹一侧，此时右手持针紧贴左手拇指甲缘刺入。加压分离是在浅层部位有效避开神经、血管的一种方法。

4.刺入　在加压分离的基础上，右手持针刀快速、小幅度地用力下压，使针力瞬间穿透皮肤，并以缓慢的速度推进至目标位置。推进过程中不断轻轻抖动针刀，使之避开神经、血管，然后在目标位置根据需要进行治疗，刺入时防止针刀刺入过深而损伤深部重要神经、血管和脏器，或超过病灶而损伤到健康组织（图 9-19）。

（四）针刀入路依据

选择合适的针刀入路对于保证操作安全至关重要，一般而言可以按照以下几种结构作为进针参照。

1.骨性标记为依据　针刀操作时

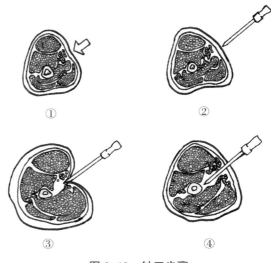

①　　　　　　　　　　②

③　　　　　　　　　　④

图 9-19　针刀步骤
①定点　②定向　③加压分离　④刺入

以骨面为导航引导刀刃的移动称为以骨性标志为依据进针。在非直视情况下，无法看到体内的神经和血管等重要组织，有时无法判断针刀刃在体内的确切位置，这就给针刀治疗带来了安全隐患，而以骨性标志为依据的针刀入路可以规避这种风险。

以骨性标志为依据的针刀入路具有以下优点：①一般骨性标志、神经、血管的位置是相对固定的，骨性标志可以用手在体表精确触知，或用针刀在体内精确触知，有利于避开神经和血管。②以骨性标志为依据，可以精确判断针刀刃在体内的位置，不至于造成因为位置不清而引起的意外，如针刀刃始终不离开肋骨骨面可有效地避免气胸。

2. 腱性标记为依据　松解浅表的韧带及肌腱，多以腱性标志为依据。进针时，术者用手触清目标肌腱或韧带以确定定点。进针时使针刀刃快速刺入皮肤，直达肌腱或韧带表面，此时术者手下有坚韧的阻力感，然后按照既定目标进行操作。

3. 腱附着点为依据　适用于肌与骨连接处的松解，松解腱与骨的连接处可以降低肌肉的张力，有利于因目标肌肉张力过高而致的肌腱末端病，松解腱的附着点还可以治疗肌止点的损伤。进针时，首先确定腱的附着区域为进针刀点，针刀刃到达骨面后轻提针刀至腱表面，切开松解腱起止点。肌与骨骼的附着点经常是劳损点，也是针刀治疗的松解点。操作时针刀刃不离骨面，术后充分压迫止血。

4. 组织层次为依据　通常治疗点没有明确的骨性标志，没有骨面依托的部位需以组织层次为依据进针刀。人体不同部位的组织厚度差异很大，需要针刀松解的组织层次深浅不一，针刀穿过不同组织时，医生手下感觉也不一样，因此对组织层次应该有清楚地把握。

（五）针刀技法

针刀技法是指在针刀治疗过程中，针刀刃和针刀体作用于病灶组织，根据不同的治疗目的，采用不同的操作方法。它是针刀操作技术的核心部分，也是取得治疗效果的根本手段。一般来说，针刀松解软组织可概括锐性松解（切开）、钝性松解（牵拉）、神经触激术。

1. 锐性松解　锐性松解是指通过针刀刃直接将目标组织切开的方法。针刀前端的平刀很窄能够对紧张的筋膜、韧带等病变组织进行小范围的切开减压，或者把挛缩的组织切开延长，或者把相互粘连的组织切开分离。根据刀口线方向与组织纤维走行方向的关系，锐性松解可分为纵向切开法、横向切开法和铲切法。

（1）**纵向切开法**　刀口线与肌肉、韧带或肌筋膜走行方向平行，在快速刺穿皮肤直达病变组织后，刀口线方向仍保持与肌纤维、韧带或肌筋膜走行方向一致，纵向切割部分病变软组织。

（2）**横向切开法**　刀口线与肌肉、韧带或肌筋膜走行方向平行，在快速刺破皮肤直达病变组织后，感觉持针手下有硬结、条索感，再调转刀口线90°，使其垂直于病变组织的肌纤维、韧带或肌筋膜的走行方向，横向切开部分病变软组织。

（3）铲切法　针刀到达病灶后，针刀刃紧贴病灶表面实施铲切的方法。

2. 钝性松解　钝性松解是指用针刀的针体通过杠杆原理对软组织进行撬拨，以钝性牵拉的方式对病灶组织进行减压、延长、分离等作用。

锐性松解和钝性松解可以互相促进，切开是牵拉的前提，不切开则难以有效牵拉。针刀切开的范围非常有限，牵拉可有效增强切开松解效果。

（1）纵向摆动法　行锐性松解后，为了进一步加强松解效果，拇指、食指持针刀柄为力点，中指托住针体作为支点，通过杠杆原理沿纤维走行方向进行撬拨，使针体对软组织形成强有力的牵拉作用。

（2）横向摆动法　行锐性松解后，为了进一步加强松解效果，拇指、食指持针刀柄作为力点，中指托住针体作为支点，通过杠杆原理垂直于纤维走行方向进行撬拨，使针体对软组织形成强有力的牵拉作用（图9-20）。

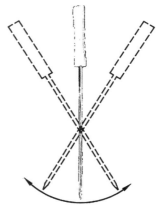

图9-20　横向摆动法

（3）通透剥离法　针刀到达病损部位后，在相邻组织之间，在相邻组织界面水平摆动针刀以达到分离粘连的目的。通透剥离法适用于相邻组织平面之间发生的粘连。本法操作幅度大，松解彻底，适用于肌肉、肌腱的治疗。

3. 神经触击术　神经触击术适用于神经病变，将刀口线与神经纵轴相平行，针刀刺入并到达神经干表面并触击神经，出现放电样感觉即止。操作中不可过度触击而损伤神经。

（六）出针刀法

出针刀法是治疗完毕后，先以左手持纱布并按压针孔周围皮肤，将针刀垂直于皮肤向外拔出。若拔针后，针眼有血液渗出，则用无菌纱布或棉球在表面按压数分钟即可，最后用创可贴或无菌纱布覆盖针孔。

（七）异常情况处理

1. 晕针　晕针表现为精神疲倦、面色苍白、恶心呕吐、心慌出汗等，严重者可出现神志不清、晕厥、休克。

处理方法：①立即停止治疗，将针刀迅速拔出。②扶患者去枕平卧，抬高双下肢，松开衣带，盖上薄被，打开门窗。③症状轻者静卧片刻，或给予温开水送服即可恢复。④症状重者，在上述处理的基础上，点按或针刺合谷、内关穴，必要时温灸关元。⑤如果上述处理仍不能使患者苏醒，可考虑吸氧或做人工呼吸，静脉推注50%葡萄糖10mL，或采取其他急救措施。

2. 针刀断裂　针刀断裂表现为针刀折断，全部或部分遗留在体内，或部分暴露在皮肤外。

处理方法：①术者保持冷静，嘱患者不要紧张，切勿乱动，以免折断的针刀继续向体内深入。②若断端尚留在皮肤之外一部分，应迅速用止血钳夹紧慢慢拔出。③若残端与皮肤相平或稍低，但仍能看到残端，可用食指下压针孔两侧皮肤，使断端突出皮外，然后用止血钳夹持断端拔出体外。④针刀断端完全没入皮肤下面，若断端下面是坚硬的骨面，可从针孔两侧用力下压，借骨面作底将断端顶出皮肤；如断端下面是软组织，可用手指将该部捏住将断端向上托出。⑤若针刀断在腰部，因肌肉较丰厚，深部又是肾脏，加压易造成断端移位而损伤内脏，如能确定断针位置，应迅速用左手绷紧皮肤，用2%利多卡因在断端体表投影点注射0.5cm左右大小的皮丘及深部局麻；手术刀切开0.5cm小口，用刀尖轻拨断端，断针多可自切口露出；若断针依然不外露，可用小镊子探入皮肤内夹出。⑥若断针部分很短，埋入人体深部，在体表无法触及和感知，必须采用外科手术探查取出。手术宜就地进行，患者不宜搬动移位。必要时，可借助 X 线定位。

3. 出血　表浅血管出血表现为针刀拔出后，针孔迅速流出血液；肌层血管出血表现为局部血肿，因血肿压痛可导致局部疼痛、麻木。胸腹部血管出血可表现为血液流入胸腹腔，引起咳、胸闷、腹痛等。处理方法：①表浅血管出血用消毒干棉球压迫止血；手、足、头面、后枕部等小血管丰富处，针刀松解后，无论出血与否，都应常规按压针孔 1 分钟；若少量出血导致皮下青紫瘀斑者，不必特殊处理，一般可自行消退。②较深部位血肿：局部肿胀疼痛明显或仍继续加重，可先做局部冷敷止血或肌注酚磺乙胺；24小时后局部热敷、理疗、按摩，外用活血化淤药物以加速淤血的吸收。③有重要脏器的部位出血：椎管内、胸腹内出血较多或不易止血者，需立即进行外科手术，若出现休克先做抗休克治疗，若出现急腹症则对症处理。

（康剑　杨文龙）

第三节　热敏灸疗法

热敏灸全称腧穴热敏化艾灸新疗法，又称热敏化悬灸，用点燃的艾炷悬灸于热敏态腧穴，以产生传热、透热、扩热、表面不（微）热深部热、局部不（微）热远端热及其他非热感（酸、胀、压、重、痛等）的热敏灸感或经气传导。热敏灸疗法传承并发展于传统悬灸疗法，是陈日新教授等研发的一种新灸法。热敏灸不用针、不接触人体、无痛苦、无副作用，受到业界广泛认可。

一、热敏灸产生的历史背景

（一）灸疗的起源

灸法为温热疗法，《说文解字》有云："灸，灼也。"灸疗的起源与火的应用密切相关。古人在长期的生活实践中，发现通过点燃树枝或柴草对人体进行熏、灼可消除或缓解病痛，后来才发现"艾"是最适宜的烧灼材料。据《左传》记载："疾不可为也，在肓之上，膏之下，攻之不可，达之不及，药不治焉。"其中"攻"是指艾灸，"达"是指针刺。在马王堆汉墓中出土了公元前168年的医书，其中记载了灸法的就有三篇，这些医著被公认为是最早记载"灸法"的医书。更能凸显出灸法盛行的是成书稍后的医学专著——《黄帝内经》，其中关于灸疗的记载甚多，如《灵枢·官能》曰："针所不为，灸之所宜。"《灵枢·背腧》曰："以火补者，勿吹其火，须自灭也；以火泻者，疾吹其火，传其艾，须其火灭也。"《灵枢·经脉》曰："陷下则灸之。"《素问·骨空论》曰："灸寒热之法，先灸项大椎。"随着医学的不断发展，历代出现了大量灸法专著，如公元3世纪有《曹氏灸方》、唐代的《骨蒸病灸方》、宋代的《备急灸法》等。

（二）穴位敏化

穴位是人们在长期的医疗实践中被发现的治疗疾病的部位，也称疾病的反应点，是人体脏腑经络之气输注于体表的特殊部位。后来医家在长期的针灸临床实践中探索发现，疾病反应点大多数出现在相关经穴部位，对外界刺激敏感，体现在刺激部位的感觉敏感和刺激效应的敏感，因此将疾病的反应点又称敏化腧穴。正如《灵枢·经筋》曰："以痛为腧。"《灵枢·五邪》曰："以手疾按之，快然乃刺之。"《素问·缪刺论》曰："疾按之，应手如痛，刺之傍三痏，立已。"《灵枢·骨空论》曰："切之坚痛如筋者，灸之。"

腧穴敏化是指当机体处于疾病状态下时，体表相应部位则会出现异常的敏化现象，其表现形式不一，如局部皮肤色泽的改变、压敏、痛敏、热敏、力敏等。不同类型的敏化腧穴各有适宜的刺激方式，如压敏、力敏腧穴适宜指压和针刺，热敏腧穴适宜艾灸刺激，电敏腧穴适宜电刺激。

二、腧穴热敏化

腧穴热敏化是指用艾热在敏化态腧穴上进行悬灸，患者感觉表皮感觉不到灼热，而是产生透热、扩热和传热等特殊舒适灸感。对敏化态腧穴进行施灸易激发循经感传，产生小刺激大反应，从而气至病所，能大幅度提高临床疗效。这种灸感与针刺得气相似，均为气至而有效。腧穴热敏现象主要包括传热、透热、扩热、局部不（微）热远端热、表面不（微）热深部热和其他非热灸感，具体如下。

（一）传热

传热是指灸热从施灸点开始循一定路线向远部传（图9-21）。

（二）透热

透热是指灸热从施灸点皮肤表面直接穿透深部组织，甚至到达胸腹腔脏器（图9-22）。

（三）扩热

扩热是指灸热以施灸点为中心向周围扩散（图9-23）。

图 9-21　传热

图 9-22　透热

图 9-23　扩热

（四）局部不（微）热远端热

局部不（微）热远端热是指施灸部位不（或微）热，而远端施灸部位感觉甚热（图 9-24）。

（五）表面不（微）热深部热

表面不（微）热深部热是指施灸部位不（或微）热，其深部组织甚至胸腹腔脏器反而感觉甚热（图 9-25）。

（六）其他非热感觉

其他非热感觉是指施灸部位或远离施灸部位产生酸、麻、胀、痛、冷、压、重等非热感觉（图 9-26）。

三、热敏灸疗法的适应证及禁忌证

（一）适应证

凡是人体在疾病状态下出现腧穴热敏化现象，无论寒证、热证、虚证、实证均可使用热敏灸疗法。其中热敏灸疗法在骨科疾病中适应病症包括在膝关节骨性关节炎、颈椎病（包括椎动脉型、神经根型、颈型、交感神经型和脊髓型）、腰椎间盘突出症、肩周炎、骨质疏松症、腰肌劳损、肌筋膜炎、强直性脊柱炎、第三腰椎横突综合征、肩手综合征、肱骨外上髁炎、股骨头缺血性坏死、肌筋膜疼痛、痛症、足跟痛、纤维肌疼痛综合征等。

图 9-24　局部不（微）热远端热

图 9-25　表面不（微）热深部热

图 9-26　其他非热感觉

（二）禁忌证

1. 中暑高热、高血压危象、肺结核晚期大量咳血等禁用艾灸疗法。
2. 孕妇的腹部和腰骶部不宜施灸。

四、热敏灸的操作方法

（一）灸材的选择

以纯艾条为穴位热敏探查的首选灸材。

（二）探查准备

需保持诊室安静，维持诊室温度在 20 ～ 30℃之间。患者选取最舒适的体位，将探查部位充分暴露，全身肌肉放松，呼吸均匀，注意力集中，仔细体会艾灸时的感觉。医生将注意力集中于施灸部位，并询问患者在艾热探查过程中的感觉。

（三）探查部位

腧穴热敏化部位的选取可根据针灸的选穴原则来确定，用点燃的艾条在可能发生热敏化的腧穴部位进行热敏探查。针灸的选穴原则有：①近部选穴：在病痛局部或邻近部位的腧穴。②远部选穴：在病变部位所属和相关联的经脉上，选取病痛部位较远的腧穴。③辨证对症选穴：根据疾病的证候或特殊的症状选取适当的腧穴。

（四）探查手法

首先，在可能发生热敏化腧穴的部位，用点燃的艾条于距离皮肤 3cm 左右的位置进行悬灸，使患者局部产生舒适感。常用的探查手法包括回旋灸、循经往返灸、雀啄灸、温和灸等。临床上往往将上述 4 种手法进行组合，从而激发、探查热敏化腧穴。其次，上述四种手法按顺序各操作 1 分钟，并反复进行，以皮肤灸至潮红为度，一般经过 2 ～ 3 遍手法的探查即可出现热敏现象。最后，将艾火保持于热敏腧穴的部位维持灸感，施行定点温和灸治疗。常用的 4 种探查手法具体操作如下。

1. 回旋灸　与施灸部位的皮肤保持一定距离，用点燃的艾条均匀地往复回旋施灸（图 9-27）。

2. 循经往返灸　与施灸部位的皮肤保持一定距离，用点燃的艾条匀速地沿经脉循行方向往返移动施灸（图 9-28）。

3. 雀啄灸　用点燃的艾条对准施灸部位进行一上一下地摆动，如同鸟雀啄食一般（图 9-29）。

4. 温和灸　与施灸部位的皮肤保持一定距离，用点燃的艾条对准施灸部位进行定点施灸（图 9-30）。

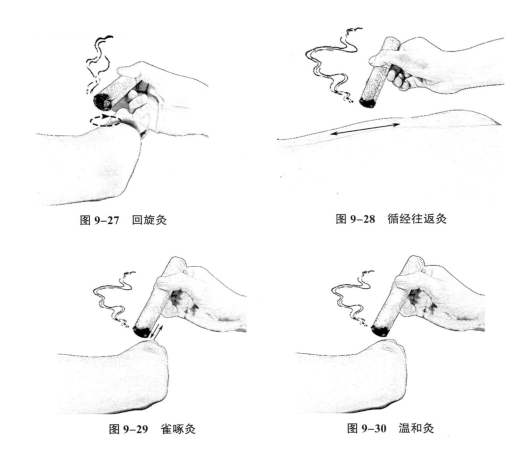

图 9-27　回旋灸

图 9-28　循经往返灸

图 9-29　雀啄灸

图 9-30　温和灸

（五）腧穴热敏的判别

通过使用上述 4 种探查方法，在施灸时出现 6 种热敏灸感反应中的 1 种及以上均可表明该穴位发生热敏化。腧穴是否出现热敏现象是通过施灸部位对艾条的灸感反应来判断的。在探查腧穴热敏过程中，患者需高度集中注意力，细心体会灸感变化，当出现热敏灸感时应及时告知施灸者。

（六）热敏灸剂量

热敏灸剂量是以上述热敏现象消失所需的时间为每穴的最佳施灸时间，称为饱和灸量或称消敏灸量。最佳施灸剂量往往是提高临床疗效的重要条件之一。

五、热敏灸疗法与传统悬灸疗法的区别

热敏灸疗法是通过采用点燃的艾条在热敏态腧穴上施以艾热，激发透热、扩热、传热、局部不（微）热远部热、表面不（微）热深部热、非热感觉等热敏灸感和经气传导，达到气至病所，并施以个体化的饱和消敏灸量，能显著提高临床疗效的一种新疗法。热敏灸疗法传承并发展于传统悬灸，虽然两者均是对准穴位"悬空"而灸的悬灸疗

法，但是有以下本质的不同。

（一）灸位不同

施灸部位不同。传统悬灸是依据患者症状辨证选穴，一般取十四经脉或阿是穴，该疗法不需要辨别热敏化腧穴，激发经气感传的效率低。热敏灸疗法需要先探查热敏化腧穴，继而在热敏化腧穴上施灸，产生小刺激大反应，易激发经气感传。

（二）灸感不同

施灸时患者的自我感觉不同。灸疗以艾热作用于体表，从而产生局部或表面热感。传统悬灸对灸感不作要求，而是施以热敏灸时，要求施灸过程中产生传热、透热、扩热、局部不（微）热远部热、表面不（微）热深部热、非热觉6种热敏现象及经气感传，达到气至病所的目的。热敏灸疗法与针刺疗法的精髓相似，均要求气至而有效。

（三）灸量不同

艾灸每次有效的作用剂量称为灸量。艾灸剂量由3个因素组成，包括艾灸面积、艾灸强度和艾灸时间，当前两个因素不变的情况下，艾灸剂量主要由艾灸时间所决定。传统悬灸在辨证选穴的基础上每穴统一施灸10～15分钟，或以施灸部位皮肤发红为度。而热敏灸疗法在施灸过程中，每个敏化态腧穴施灸的时间不是固定的，具有个体化性是以热敏灸感消失为施灸时间。

六、注意事项及意外事项的处理

（一）注意事项

行热敏灸治疗时，需要有下列注意事项：①过劳、过饥、过饱、酒醉等不宜施灸。②嘱患者采取舒适、可持久、并能充分暴露施灸部位的体位。③施灸前，应向患者详细介绍热敏灸操作流程，消除患者对艾灸的恐惧或紧张感。④施灸时，将艾火与皮肤保持适当距离，要注意防止艾火脱落灼伤患者或烧坏衣服被褥等，并随时了解患者的反应。⑤如果消敏时间较长，患者出现不适感可先移开艾火，休息片刻后继续施灸。⑥艾灸结束后，必须将燃着的艾条完全熄灭，以防复燃。

（二）意外情况的处理

1.晕灸　晕灸是指患者在施灸时感到恐惧或紧张，出现头晕、出冷汗、口唇发白、四肢发冷等"晕灸"现象，此时应立即停灸，使患者平卧或头低脚高卧位，注意保暖。轻者仰卧片刻，或给予温开水或糖水，症状即可缓解；重者应及时采取急救措施。

2.灸伤　灸伤是指施灸时因施灸者不专心导致施灸太过或火星掉落而引起灸伤。轻者立即冷敷并可涂"万花油"或"京万红"烫伤软膏。若局部出现小水疱时，注意不宜擦破，一般数日即可自然吸收自愈。当水疱较大，可用注射器从水疱下方边缘穿入将渗出液吸出，并配合外用消毒敷料保护，一般数日可痊愈。

（方婷）

第四节　物理治疗

一、体外冲击波疗法

随着冲击波医学的发展，近年来各地骨科医学中心开始利用适当能量的高能量冲击波治疗骨肌系统疾病，体外冲击波是利用电极在水中高压放电，通过水将声波能量传导，并由反射器反射后集中成高能量的冲击波。冲击波的能量是超声波的 1000 倍左右，它作用于人体通过力化学信号转导产生生物学效应，达到促进组织细胞再生及修复的功能。

（一）发展历史

在大气层中，打雷、闪电、爆炸、超音速航空器所产生的具有压力瞬间增高特性的声波，就是一种冲击波。冲击波是作为一种具有剧增高压和高速传导特性的爆破性声波而被人们所感知，它们可以打破门窗玻璃和损伤耳鼓膜。20 世纪 80 年代初，高能量冲击波已经广泛运用于击碎泌尿系统结石，使患者免除手术的痛苦及危险。20 世纪 90 年代开始，各地一些骨科医学中心开始利用适当能量的体外冲击波治疗骨不连、骨折延迟愈合及慢性软组织损伤性疾病，并取得显著的疗效。由此，逐渐演变产生了治疗骨肌系统疾病的体外冲击波疗法（ESWT）。

（二）生物学效应

冲击波是一种通过振动、高速运动等导致介质极度压缩而聚集产生能量的具有力学特性的声波，可引起介质的压强、温度、密度等物理性质发生跳跃式改变。ESWT 物理特性包括：①机械效应，即当冲击波进入人体后，在不同组织的界面处所产生的效应。②空化效应，即存在于组织间液体中的微气核空化泡在冲击波作用下发生振动，当冲击波强度超过一定值时，发生的生长和崩溃所产生的效应。③热效应，即冲击波在生物体内传播过程中，其振动能量不断被组织吸收所产生的效应。

（三）冲击波治疗仪分类

现在的冲击波仪器根据输出能量波形的不同分为两种，即聚焦式冲击波和发散式冲击波（图 9-31）。聚焦式冲击波具有光的传播特性，可以通过特定的半椭圆球反射体将冲击波机械聚焦，经水囊内液体传递作用于病患局部。发散式冲击波，又称气压弹道式冲击波，是由压缩气体推动金属弹子撞击前端冲探头产生的机械波。

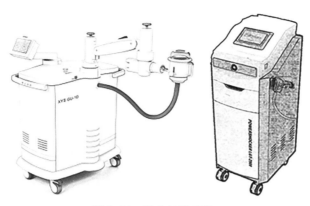

图 9-31 冲击波治疗仪
①聚焦式冲击波 ②发散式冲击波

（四）适应证

1. 绝对适应证 ESWT 绝对适应证包括：①骨折延迟愈合及骨不连、成人股骨头坏死、应力性骨折。②软组织慢性损伤性疾病：冈上肌腱炎、肱骨外上髁炎、肱骨内上髁炎、足底筋膜炎、跟腱炎、肱二头肌长头肌腱炎、股骨大转子滑囊炎等。

2. 相对适应证 ESWT 相对适应证包括骨性关节炎、骨髓水肿、胫骨结节骨软骨炎、距骨软骨损伤、腱鞘炎、肩峰下滑囊炎、髌前滑囊炎、髌腱炎、弹响髋、肌痉挛、肌肉拉伤、腕管综合征、骨坏死性疾病（月骨坏死距骨坏死、舟状骨坏死）、骨质疏松症等。

（五）禁忌证

1. 绝对禁忌证 ESWT 绝对禁忌证包括：①出血性疾病：凝血功能障碍患者可能引起局部组织出血，未治疗、未治愈或不能治愈的出血性疾病患者不宜行 ESWT。②血栓形成患者：该类患者禁止使用 ESWT，以免造成血栓栓子脱落，引起严重后果。③生长痛患儿：生长痛患儿疼痛部位多位于骨骺附近，为避免影响骨骺发育，不宜行 ESWT。④严重认知障碍和精神疾病患者。

2. 相对禁忌证 ESWT 相对禁忌证包括：①严重心律失常患者。②严重高血压且血压控制不佳患者。③安装心脏起搏器患者。④恶性肿瘤已多处转移患者。⑤妊娠女性。⑥感觉功能障碍患者。⑦其他。

3. 局部因素禁忌证 ESWT 局部因素禁忌证包括：①肌腱、筋膜断裂及严重损伤患者。②体外冲击波焦点位于脑及脊髓组织者、位于大血管及重要神经干走行者、位于肺组织者。③骨缺损＞2cm 的骨不连患者。④关节液渗漏患者；易引起关节液渗出加重。⑤其他。

（六）不良反应

1. 治疗部位局部血肿、淤紫、点状出血。

2.治疗部位疼痛反应增强。

3.治疗部位局部麻木、针刺感、感觉减退。

二、其他现代骨科治疗技术

除以上技术外，还有射频消融、肢体智能运动训练治疗护理器（CPM机）等。

（一）射频消融

射频消融主要用于椎间盘突出疾病，其过程是由低温逐渐加热从而热凝，起到对髓核组织消融、固定的作用。整个过程较安全，热凝操作不但对椎间盘无损伤，反而减少了椎间盘内压力，具有缓解疼痛、减轻炎症的作用。不同于手术摘除椎间盘引起弹性模量改变而引起相邻阶段椎间盘退变，射频消融不影响相邻阶段椎间盘的力学稳定。

（二）肢体智能运动训练治疗护理器

根据人体四肢的活动范围和特点，主要作用是满足卧床患者术前、术后恢复期做上下四肢的伸直、屈曲、外展等全范围被动运动，是一种物理运动疗法。通常采用电源变压器、步进减速电机、控制板、驱动器、限位开关、机壳为主要动力部件，以直线滑台或减速器模拟人体作往复伸展外展等运动。患者可根据个人的需要适当调速，主要针对卧床者关节强直伸直疼痛、肌肉萎缩、肌腱和韧带粘连、早期关节功能康复干预，防止活动受限或促进关节功能恢复。本机具有调速方便、安全可靠、使用操作简单、定时读数准确、角度可调、携带方便、显示运动里程等特点，有助于伤病关节局部功能的恢复（图9-32）。

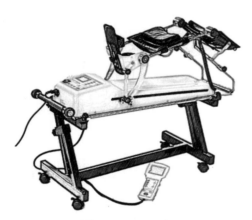

图9-32　CPM机

（康剑）

第十章 创伤急救

【学习目标】

1. 掌握急救基本原则，心肺复苏、膈下腹部冲击法的操作方法，止血、包扎、固定、转运的操作要点。

2. 熟悉各类常见院外急救概念及处理流程，环甲膜穿刺操作方法。

3. 了解急救病情分级标准，损伤控制理念的概念。

创伤是一种由于机械或物理因素引起的损伤，又称外伤。创伤急救的目的是保护伤员的生命，避免继发性损伤，防止伤口污染。因此医务人员必须熟练掌握创伤急救知识与救护技能，力求做到快抢、快救、快送，尽快安全地将伤员转送至医院进行妥善治疗。

第一节 损伤控制理念

损伤控制理念主要是指针对严重创伤患者的治疗，改变以往初期就进行复杂、完整手术的策略，而采用分期手术的方法。损伤控制是以快捷、简单的操作，维护患者的生理机制，控制伤情的进一步恶化，使遭受严重创伤的患者获得复苏的时间和机会，然后再进行完整、合理的手术或分期手术。

一、损伤控制理论病理基础

严重多发伤可对全身各系统功能产生严重损害，特别对生命支持系统构成巨大威胁，患者生理功能几乎耗竭，内环境严重紊乱，表现为"死亡三联征"，即体温不升、凝血机制紊乱、代谢性酸中毒。

（一）体温不升

由于失血、大量液体复苏，体腔暴露使热量丢失增加，加之产热功能损害，严重创伤患者中心温度明显降低。低体温会导致心律失常、心搏出量减少、外周血管阻力增加、血红蛋白氧离曲线左移、氧释放减少；抑制凝血激活途径导致凝血障碍；抑制免疫监视系统功能。

（二）凝血机制紊乱

低体温引起凝血酶、血小板量减少和功能损害，凝血因子 V、凝血因子 Ⅷ 合成减少；纤溶系统激活，纤维蛋白原裂解产物大量增加；大量液体灌注引起的血液稀释又进一步加重了凝血障碍。

(三) 代谢性酸中毒

持续低灌注状态下细胞能量代谢由需氧代谢转换为乏氧代谢，导致体内乳酸堆积；升压药物及低温所致心功能不全进一步加重酸中毒；而酸中毒又进一步损害凝血功能。三者互为因果，恶性循环，而长时间的复杂外科手术及麻醉会进一步引起失血、热量丢失、酸中毒、全身炎症反应综合征和免疫系统损害，使患者自身创伤修复能力严重受损。

二、损伤控制理论基本内容

损伤控制理论最初是由腹部创伤救治中发展起来，一般分为三个阶段，即出血和污染的初步控制、转入重症监护病房复苏、待生理稳定后再行明确修复重建手术。损伤控制理论旨在优先考虑重症患者早期的生理恢复而不是解剖重建，减轻医源性的"二次打击"，提高救治成功率。随后，这个理论被应用到骨科领域中，逐渐发展形成了损伤控制骨科，即快速伤情评估、控制出血、清创（必要时分期），早期不稳定骨折的临时固定（如外固定、牵引），经复苏治疗、患者病情稳定后再行确定性手术治疗（如骨折切开复位内固定）。

（肖伟平　杨文龙）

第二节　急救技术基本概念

急救技术是在患者危急状态下所采取的一种紧急救护措施。医务人员必须熟练掌握常见危急症的评估方法、处理流程及急救措施，以挽救患者生命、提高抢救成功率、减少伤残率、促进康复、提高生命质量。

一、急救分类及原则

急救内容按照急救环境可称为院前急救、院内急救。急救原则是先抢后救、检查分类、先急后缓、先重后轻、先近后远、连续监护、救治同步、整体治疗。

二、院前急救

(一) 概念

院前急救是指在院外对急危重症患者的急救，广义的院前急救是指患者在发病时由医护人员或目击者在现场进行的紧急抢救，而狭义的院前急救是指具有通讯器材、运输工具和医疗基本要素所构成的专业急救机构，在患者到达医院前所实施的现场抢救和途中监护的医疗活动。

(二) 院前急救步骤

院前急救步骤包括脱离险区、评估病情、对症救治、安全转移。

1. 脱离险区　注意现场安全，要使伤员脱离险区并移至安全地带；对急性中毒的患者应尽快使其离开中毒现场，搬至空气流通区；对触电的患者，要立即解脱电源。

2. 评估病情　评估病情包括检查患者有无意识、气道是否通畅、有无自主呼吸、有无颈动脉搏动、有无大出血、受伤部位及其他情况。

3. 对症救治　根据评估伤病情，立即采用初步对症救治，如针对急性外伤出血患者，立即行止血及包扎；针对疑似骨折患者，需要妥善固定和包扎，如果急救时没有专业的包扎用品，可以在现场使用适宜的替代品使用；心跳、呼吸骤停患者，应分秒必争实施胸外心脏按压和人工呼吸。

4. 安全转移　根据患者不同的伤情，采用适宜的担架和正确的搬运方法。在运送患者的途中要密切关注伤病情变化，并且不能中止救治措施，将患者迅速且平安地运送到医院做后续抢救。

（肖伟平　杨文龙）

第三节　基础生命支持技术

基础生命支持又称初步急救或现场急救，目的是在心搏骤停后立即徒手争分夺秒地进行复苏抢救，以使心、脑及全身重要器官获得最低限度的紧急供氧（通常可提供正常血供的 25% ～ 30%）。《2020 年美国心脏协会心肺复苏及心血管急救指南》急救步骤包括心搏骤停的判定、重建循环（circulation）、开放气道（airway）、重建呼吸（breathing）等环节，即心肺复苏的"CAB"步骤。

一、心肺复苏

心搏骤停如得不到及时抢救，4 ～ 6 分钟后会造成脑和其他重要组织器官的不可逆损害，因此必须立即在现场进行心肺复苏。传统的心肺复苏通常分为基础生命支持、进一步生命支持和延续生命支持，鉴于近 20 年来更强调脑保护和脑复苏的重要性，其后又发展成心肺脑复苏。

（一）评估和观察要点

1. 观察环境　确认现场环境安全。

2. 意识判断　凑近患者耳旁（双侧）大声呼唤并轻拍双肩。

3. 呼吸判断　通过眼看，胸部有无起伏，判断时间为 < 10 秒，无反应表示呼吸停止。

4. 脉搏检查　判断呼吸同时，术者食指和中指指尖触及成人触摸颈动脉，儿童触摸颈动脉或股动脉，婴儿触摸肱动脉。倘若儿童与婴儿在无脉搏或脉搏 < 60 次 / 分、并伴有血流灌注不足的体征，应立即开始心肺复苏。

5. 心电图检查　在院患者心电监测出现停搏、室颤、心电机械分离则应立即开始心肺复苏（CPR）。

（二）操作要点

1. 安置体位　正确的复苏体位是仰卧位，小心放置患者仰卧在坚实平地上，转动时应一手托住患者颈部，另一手扶着患者肩部，使患者沿躯体纵轴整体地翻转到仰卧位。

2. 重建循环（C）　胸外心脏按压是心脏停搏时采用人工方法使心脏恢复跳动的急救方法，心跳停止应立即进行胸外心脏按压（图 10-1）。

（1）按压部位　胸骨中下 1/3 交界处或剑突上 2 指处：乳头连线与胸骨交叉点。

（2）按压手法　一手掌根部放于按压部位，另一只手平行重叠于此手背上，手指上翘、并拢，以掌根部接触按压部位，双臂位于患者胸骨的正上方，双肘关节伸直，利用上身重量垂直下压。

（3）按压幅度　5～6cm。

（4）按压频率　100～120 次 / 分。

（5）按压 - 通气比　胸外按压、人工呼吸比率 30∶2，按压 30 次后执行"A"。

3. 开放气道（A）　开放气道保持呼吸道通畅，如有明确呼吸道分泌物，应当清理呼吸道、口鼻部，并取下活动义齿。可采用仰头抬颏法（鼻尖、耳垂与身体长轴垂直），患者颈椎损伤时使用双手托颌法。

条件允许可使用简易呼吸器连接氧气，调节氧流量至少 10～12L/min。使面罩与患者面部紧密衔接，挤压气囊 1 秒，使胸廓抬举，连续 2 次，通气频率 8～10/min。

4. 重建呼吸（B）　口对口人工呼吸法是借助抢救者用力呼气的力量，使气体被动吹入肺泡，通过肺的间歇性膨胀，达到维持肺泡通气和氧合作用，从而减轻机体缺氧和二氧化碳潴留。操作时应注意下列情况。

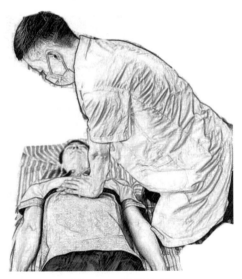

图 10-1　胸外按压

（1）压额、捏鼻、包口吹气，吹气时双唇包绕患者口部形成封闭腔，并保证每次通气维持时间应超过 1 秒，通气量 500～600mL。

（2）用眼睛余光观察患者胸廓是否抬起，潮气量足够，强调应产生明显的胸廓起伏，避免深吸气。如果是人工气，给气为气囊的 1/4。

（3）吹毕，松开鼻孔，侧转换气，注意观察胸廓复原情况，见胸廓抬起即可。

（4）吹气两口后，进行胸外心脏按压。

（5）双人 CPR 时如果人工气道已建立，人工通气按 8～10 次 / 分频率进行，不需与胸外按压协调，通气时不应中断按压。

CAB 程序操作 5 个循环后，再次判断患者颈动脉搏动及呼吸 10 秒，如已恢复，进行进一步的生命支持。

（三）心肺复苏有效指标和终止抢救标准

1. 心肺复苏有效指标

（1）可触及大动脉搏动。

（2）患者口唇、颜面部转红。

（3）瞳孔反射恢复。

（4）自主呼吸开始出现。

2. 终止抢救的标准　现场心肺复苏应坚持不断地进行，不可轻易做出停止复苏的决定。符合下列条件者，现场抢救人员方可考虑终止复苏。

（1）患者呼吸和循环已有效恢复。

（2）无心脏搏动和自主呼吸，心肺复苏在常温下持续30分钟以上，医生到场确定患者已死亡。

（3）有专门医生接手承担复苏或其他人员接替抢救。

二、环甲膜穿刺

环甲膜穿刺是临床上对呼吸道梗阻、严重呼吸困难的患者采用的急救方法之一，可为气管切开术赢得时间。环甲膜穿刺是现场急救的重要组成部分，具有简便、快捷、有效的优点。

（一）评估和观察要点

确认患者咽喉部有无异物阻塞。

（二）操作要点

1. 患者去枕仰卧，肩背部垫起，头后仰。不能耐受者，可取半卧位。

2. 甲状软骨下缘与环状软骨弓上缘之间，与颈部正中线交界处即为环甲膜穿刺点。

3. 常规消毒穿刺部位，戴无菌手套。

4. 术者左手以食指、中指固定环甲膜两侧，右手持粗针头从环甲膜垂直刺入。

5. 接注射器，回抽有空气、确定无疑后，垂直固定穿刺针（图10-2）。

（三）注意事项

1. 勿用力过猛，出现落空感即表示针尖已进入喉腔。

2. 穿刺过程中出现心搏骤停应立即行心肺复苏。

3. 如遇血凝块或分泌物堵塞针头，可用注射器注入空气，或用少许生理盐水冲洗。

4. 若穿刺部位皮肤出血较多应注意止血，以免血液返流气管内。

5. 穿刺针留置时间不宜过长。

6. 下呼吸道阻塞患者不可做环甲膜穿刺术。

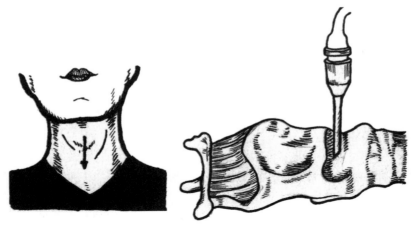

图 10-2　环甲膜穿刺

三、膈下腹部冲击法

膈下腹部冲击法是由 1974 年美国医生海姆立克发明，是一种简便有效地解除气道异物阻塞的急救方法，又称海姆立克急救法。原理是在上腹部猛推，以抬高膈肌而使得空气由肺内压出，如此产生人工咳嗽，将阻塞气道的异物排出。为了清除气道内的异物，必要时多次重复这个推动的动作（图 10-3 ）。

（一）评估和观察要点

评估患者气道梗阻程度：患者抓住颈部，出现进行性呼吸困难，如干咳、发绀、不能说话或呼吸，提示哽噎；患者如不能说话、咳嗽逐渐无声、呼吸困难加重并伴有喉鸣或患者无反应，提示严重气道梗阻。

（二）操作要点

1. 儿童及成人　嘱患者身体前倾，术者站于患者身后，前脚置于患者双脚间呈弓步状。双臂环抱患者腰部，一手握拳、大拇指侧放在患者腹部中线，脐部上方两指处，再用另只手握紧此拳，双手急速冲击性向内上方压迫患者腹部。

若为自救，则应一手握拳，另一手成掌按在拳头上，置于脐上方，弯腰靠在一固定物体上（如桌子边缘、椅背、扶手栏杆等），以物体边缘压迫上腹部快速向上冲击，直至异物排出。

2. 婴儿　将婴儿趴在术者前臂并依靠在大腿上，头部稍向下前倾，一只手捏住婴儿颧骨两边以固定颈部，在其背部两肩胛骨间拍背 5 次，依患者年龄决定力量的大小；再将婴儿翻正，在胸骨下半段用食指及中指压胸 5 次，重复上述动作直至异物吐出。

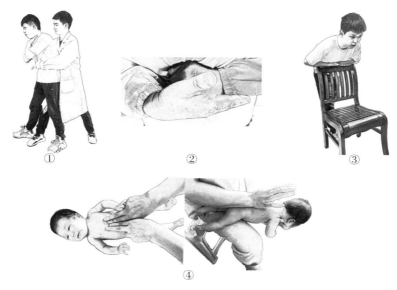

图 10-3 膈下腹部冲击法
①儿童及成人 ②按腹手法 ③自救 ④婴儿

3. 指导要点

（1）告知患者进食前将食物切成细块，充分咀嚼。

（2）告知患者口中含有食物时，应避免大笑、讲话或活动。

4. 注意事项

（1）如呼吸道部分梗阻、气体交换良好，鼓励用力咳嗽。

（2）用力要适当，防止暴力冲击。

（3）在使用本法后检查患者有无并发症发生。

（4）肥胖、妊娠后期及应用海姆立克手法无效者，可使用胸部推击法。

（晁芳芳　杨文龙）

第四节　创伤急救基本技术

止血、包扎、固定、搬运是外伤救护的四项基本技术。实施现场外伤救护时，现场人员要本着救死扶伤的人道主义精神，在通知就近医院的同时，要沉着、迅速地开展现场急救工作，其原则是先抢后救、先重后轻、先急后缓、先近后远；先止血后包扎，再固定后搬运。

一、止血

（一）评估和观察要点

1. 评估患者意识状态、合作能力。

2.了解判断出血部位、性质及出血量。

3.评估现场适合止血的物品及条件。

（二）止血法分类及操作要点

1.指压止血法　根据动脉的走向，在出血伤口的近心端用手指压住动脉处，达到临时止血的目的。本法适用于头部、颈部、四肢的动脉出血。指压止血法属于应急措施，应根据现场情况及时改用其他止血方法。

（1）头部出血　不同的头部出血止血法如下所示（图10-4）。

1）头面部出血：一侧头面部出血，可用拇指或其他四指在颈总动脉搏动处（气管与胸锁乳突肌之间），压向颈椎方向。

2）头顶部出血：一侧头顶部出血，用食指或拇指压迫同侧耳前方颞浅动脉搏动点。

3）颜面部出血：一侧颜面部出血，用食指或拇指压迫同侧面动脉（下颌骨下缘下颌角前方约3cm处）搏动处。

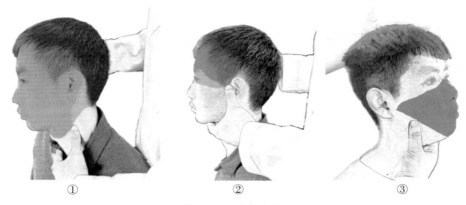

图10-4　头部止血

①头面止血　②头顶止血　③颜面止血

（2）上肢出血　不同的上肢出血止血法如下所示（图10-5）。

1）肩腋部出血：用食指压迫同侧锁骨窝中部的锁骨下动脉搏动处，将其压向深处的第一肋骨。

2）前臂出血：用拇指或其余四指压迫上臂内侧肱二头肌内侧沟处肱动脉的搏动点。

3）手部出血：两手拇指分别压迫手胸襟横纹稍上处，内外侧（尺动脉、桡动脉）各有一搏动点。

4）手指出血：由于指动脉走行于手指的两侧，故手指出血时应捏住指根的两侧而止血。

（3）下肢出血　不同的下肢出血止血方法如下所示。

1）大腿出血：用双拇指重叠用力压迫大腿上端腹股沟中点稍下方股动脉搏动处。

2）足部出血：用两手指或拇指分别压迫足背中部近踝关节处的足背动脉和足跟内侧与内踝之间的胫后动脉。

2. 填塞止血法 用消毒材料填塞伤口内起到压迫止血的方法；或用急救包棉垫等填塞在出血的伤口内，再加压包扎将伤口包扎好。本法适用于腹股沟、腋窝、肩部等处伤口的止血。

3. 加压包扎止血法 先将无菌敷料覆盖在伤口上，再用绷带或三角巾以适当压力包扎。本法适用于小动脉、中静脉、小静脉或毛细血管出血。

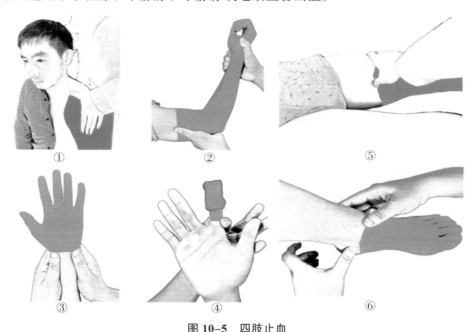

图 10-5 四肢止血
①肩腋 ②前臂 ③手部 ④手指 ⑤大腿 ⑥足部

4. 止血带止血法 四肢大动脉出血或采用加压包扎后不能有效控制的大出血应采用止血带止血法。止血带按照种类包括布条止血带、橡皮止血带及表带止血带。

（1）操作要点 用橡皮止血带止血先抬高患肢，将软织物衬垫于伤口近心端的皮肤上，其上用橡皮带紧缠肢体 2～3 圈，橡皮带的末端压在紧缠的橡皮带下面即可。在伤口的近心端将止血带与皮肤之间加衬垫后进行结扎，上臂绑缚于上 1/3 处，下肢绑缚于中上 1/3 交界处，标记结扎日期、时间和部位（图 10-6）。

（2）注意事项 止血带松紧度以出血停止、远端摸不到动脉搏动为宜；止血带要做出显著标记（如红色布条），并注明扎止血带的时间；由于止血带止血法能将大部分血供阻断，因此扎止血带时间应 1～1.5 小时放松 1 次，每次 30～60 秒；松解止血带时，可用按压法止血，以免长时间绑缚造成肢端坏死。止血带止血法不适用于前臂及小腿部位的止血。在紧急情况下可用绷带、布带等代替，但不应用绳索、电线或铁丝等物代替。

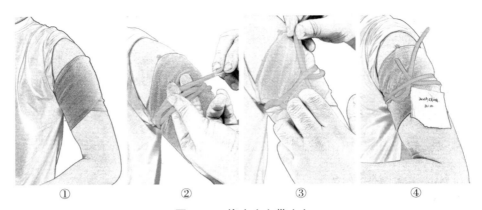

图 10-6　橡皮止血带止血

①放置软垫　②缠绕夹住　③活结拉紧　④标注时间

5. 屈肢加垫止血法　应用于四肢膝、肘以下部位出血时，如没有合并骨折和关节损伤，可将一个厚棉垫、泡沫塑料垫或绷带卷塞在肘窝或腘窝部，屈曲肘和膝，再用三角巾、宽布条、手帕或绷带等紧紧缚住（图 10-7）。

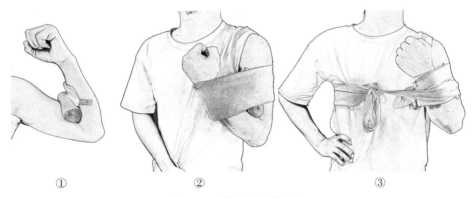

图 10-7　屈肢加垫止血法

6. 钳夹止血法　若条件允许，在无菌条件下用止血钳夹住伤口内出血的大血管断端，连同止血钳一起包扎在伤口内，迅速转运。

7. 血管结扎法　患者需长途转运时，可在初步清创后结扎断裂血管，缝合皮肤后迅速转运，防止创面长期暴露造成感染。

二、包扎

包扎是外伤急救常用方法，具有保护伤口、减少污染、固定敷料及夹板、压迫止血、减轻疼痛、有利于伤口早期愈合等作用。常见包扎材料包括纱布、辅料、绷带及三角巾等。当现场急救没有上述常规包扎材料时，也可使用身边的衣服、手绢、毛巾等就近取材进行包扎。

（一）绷带包扎法

普遍使用的一种伤口包扎法，其取材、携带和操作方便，方法容易掌握（图10-8）。

1. 环形包扎法 环绕肢体数圈包扎，每圈需重叠，适用于四肢、额部、胸腹部等粗细相等部位的小伤口。

2. 螺旋形包扎法 先环绕肢体 3 圈，再斜向上环绕，后圈压住前圈的 1/3 ～ 2/3，用于肢体周径变化不大的部位，如上臂和足部等。

3. 螺旋反折包扎法 先环绕肢体 3 圈，再斜旋向上环绕，每圈反折 1 次，压住前圈的 1/3 ～ 2/3，此法适用于肢体周径不等的部位，如小腿和前臂等。

4. "8" 形包扎法 用于肩、肘、腕、踝、等关节部位的包扎和固定锁骨骨折。以肘关节为例，先在关节中部环形包扎 2 卷，绷带先绕至关节上方，再经屈侧绕到关节下方，过肢体背侧绕至肢体屈侧后再绕到关节上方，如此反复，呈 "8" 字连续在关节上下包扎，后圈压住前圈的 1/3 ～ 2/3，最后在关节上方环形包扎 2 卷，胶布固定。

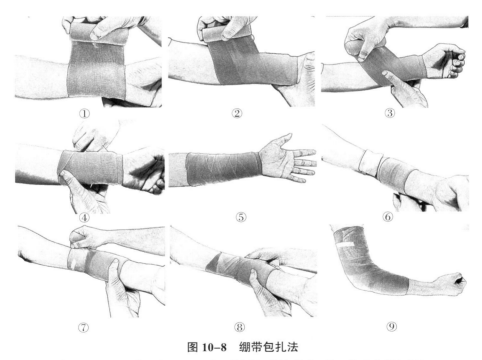

图 10-8　绷带包扎法

①环形包扎法　②螺旋包扎法　③～⑤螺旋反折包扎法　⑥～⑨ "8" 形包扎法

（二）三角巾包扎法

1. 包扎方法 包扎方法包括头部帽（风帽）式包扎法、单肩和双肩包扎法、单胸和双胸包扎法、背部包扎法、腹部和臀部包扎法、上肢包扎法、手部包扎法、小腿和足部包扎法等（图 10-9）。

图 10-9 三角巾包扎法
①头部包扎 ②单胸包扎 ③前臂包扎

2. 注意事项

（1）包扎伤口应先简单清创并盖上消毒纱布再包扎。

（2）包扎压力应适度，以能止血或初步制动为宜。

（3）包扎方向应自下而上、由左向右、自远心端向近心端包扎，以助静脉血液回流。绷带固定的结应放在肢体的外侧面，不应放在伤口及骨突出部位。

（4）包扎四肢应暴露出指或趾，以便观察末梢血运和感觉，如发现异常，应松开重新包扎。

三、固定

固定是针对骨折的急救措施。通过固定可以限制骨折部位的移动，从而减轻伤员的疼痛，避免骨折断端因摩擦而损伤血管、神经及重要脏器。固定也有利于防治休克，便于伤员的搬运。固定材料中最理想的是夹板，如抢救现场一时找不到夹板，可用竹板、木棒等代替。另需备纱布或毛巾、绷带、三角巾等。

（一）骨折临时固定法

1. 锁骨骨折 用毛巾垫于两腋前上方，将三角巾折叠成带状，两端分别绕两肩呈"8"字形，尽量使两肩后张，拉紧三角巾的两头在背后打结。

2. 肱骨骨折 用一长夹板置于上臂后外侧，另一短夹板放于上臂前内侧，在骨折部位上下两端固定，屈曲肘关节成 90°，用三角巾将上肢悬吊，固定于胸前。

3. 前臂骨折 使伤员屈肘 90°，拇指向上。取两夹板分别置于前臂的内侧、外侧，然后用绷带固定两端，再用三角巾将前臂悬吊于胸前。

4. 大腿骨折 取一长夹板置于伤腿外侧，另一夹板放于伤腿内侧，用绷带或三角巾分成 5 ~ 6 段将夹板固定牢。

5. 小腿骨折 取两块夹板分别置于伤腿内侧、外侧，用绷带分段将夹板固定（图

10-10）。

6. 脊柱骨折　使伤员平直仰卧于硬板上，在背腰部垫一薄枕使脊柱略向上突，必要时用几条带子将伤员固定于木板上，不使移位。

图 10-10　小腿固定

（二）注意事项

1.固定骨折部位前如有伤口和出血，应先止血与包扎。

2.开放性骨折者如有骨端刺出皮肤，切不可将其送回伤口，以免发生感染。夹板长度须超过骨折的上下两个关节，骨折部位的上下两端及上下两个关节均要固定牢。

3.夹板与皮肤间应加垫棉垫或其他物品，使各部位受压均匀且固定牢。

4.肢体骨折固定时，须将指（趾）端露出，以观察末梢循环情况，如发现血运不良，应松开重新固定。

四、搬运

现场搬运伤员的目的是为了及时、迅速、安全地转运伤员至安全地区防止再次受伤。因此，使用正确的搬运方法是急救成功的重要环节，而错误的搬运方法可以造成附加损伤。现场搬运多为徒手搬运，在有利安全运送的前提下，也可使用一些搬运工具。

（一）几种特殊伤员的担架搬运

1. 昏迷或有呕吐窒息危险的伤病员　使伤病员侧卧或俯卧于担架上，头偏向一侧，保证呼吸道通畅的前提下搬运转送。

2. 骨盆损伤的伤员　用三角巾将骨盆做环形包扎，搬运时使伤员仰卧于硬板或硬质担架上，双膝略弯曲，其下加垫。

3. 脊柱损伤的伤员　脊柱损伤严禁背运和屈曲位搬运，应由 3～4 人同侧托起伤员的头部、肩背部、腰臀部及两下肢，平放于硬质担架或硬板上。颈椎损伤应由专人牵引伤员头部，注意搬运时动作要一致，伤员胸腰部垫一薄枕，以保持胸腰部过伸位（图 10-11）。

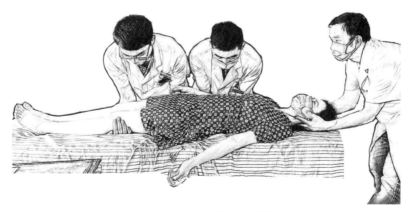

图 10-11　脊柱损伤的搬运

（二）批量伤员处理

群体性伤害事故发生时，批量伤员应按伤情分类决定转送次序，其中重要的内容为急救病情分级如下所示（表 10-1）。

表 10-1　急救病情分级标准

分级范畴及处理	生命体征	特 征 描 述
I 危急（红色）立即进入抢救室	心率停止或≥180 次/分 呼吸停止或暂停＜10 次/分 SpO₂＜85% 收缩压＜75mmHg 舒张压无	危及生命，如果一来到急诊科未得到紧急的救治，患者可能死亡 心跳呼吸骤停、严重呼吸困难、休克、昏迷（GCS＜9）、惊厥、复合伤、急救车转来明确心梗、血糖＜60mg/dL
II 危重（橙色）10 分钟内立即监护重要生命体征	心率≥150 次/分或＜50 次/分、不规则的脉搏 呼吸≥30 次/分 SpO₂ 85%～93% 收缩压＜90mmHg 或≥210mmHg 舒张压＞120mmHg 或≤30mmHg	生命体征不稳定，有潜在生命危状态，如果未在到达后 10 分钟内得到救治，患者的情况会很严重或短时间内恶化或危及生命，或导致器官功能衰竭 内脏性胸痛，气促，含服硝酸甘油不缓解；心电图（ECG）提示急性心肌梗死；呼吸窘迫、非慢性阻塞性肺疾病（COPD）患者 SpO₂＜90%，活动性出血
III 紧急（黄色）30 分钟内安排急诊流水优先诊治	心率 120～150 次/分、心律失常 呼吸≥25 次/分或＜30 次/分 SpO₂ 93%～97% 收缩压≥180mmHg 或≤210mmHg 舒张压＞110mmHg	可能危及生命或情况紧急，生命体征稳定，有状态变差的危险 急性哮喘、剧烈腹痛、心，脑血管意外、严重骨折、腹痛持续 36 小时以上、开放性创伤、儿童高热
IV 不紧急（绿色）2 小时内安排急诊流水顺序	心率 50～120 次/分 呼吸 10～25 次/分 SpO₂＞97% 收缩压 90～180mmHg	慢性疾病急性发作的患者，如哮喘持续状态、小面积烧伤感染、轻度变态反应等

（肖伟平　杨文龙）

第十一章　严重创伤并发症

【学习目标】

1. 掌握创伤性休克，筋膜间隔区综合征，挤压综合征的诊断依据与治疗方法。
2. 熟悉创伤性休克病情分期，周围神经损伤、周围血管损伤的诊断依据。
3. 了解严重创伤并发症病因病机及中医内治方法。

第一节　周围神经损伤

周围神经系统是 12 对脑神经和 31 对脊神经的总称，它们把全身各部分组织器官与中枢神经系统联系起来，保证各种生理活动的正常进行。周围神经损伤属中医"痿证"范畴，可归于"肉痿"类，又名"肢瘫"，多因外伤引起。唐代蔺道人在《仙授理伤续断秘方·乌丸子》中曰："治打扑伤损，骨碎筋断，瘀血不散，及一切风疾。筋痿力乏，左瘫右痪，手足缓弱。"其指出了四肢瘫痪与损伤的关系。

造成周围神经损伤最主要的原因有四肢开放性损伤、骨折和暴力牵拉等。周围神经支配肢体的正常功能与活动。若受伤周围神经不能恢复，可使四肢功能活动部分或完全丧失。根据外伤史、症状和检查等可判定神经损伤的性质与程度，进而提出最佳治疗方案，以争取最大限度地恢复神经、关节与肌肉的功能。周围神经损伤较常见，上肢神经损伤多于下肢，占四肢神经损伤的 60% ～ 70%，常合并骨、关节、血管和肌肉肌腱等损伤。周围神经损伤好发于尺神经、正中神经、桡神经、坐骨神经和腓总神经等。周围神经损伤早期处理恰当，大多数可获得较好效果，神经的晚期修复也能获得一定疗效。

一、病因病理

（一）损伤原因

神经损伤一般多见于开放性与闭合性损伤，战时多为火器伤。

1. 开放性损伤

（1）锐器伤　玻璃与刀等利器切割伤，多见于手、腕或肘部等，损伤多为尺神经、正中神经和指神经等。

（2）撕裂伤　由牵拉造成的局部神经边缘不整齐的断裂，或一段神经的缺损。

（3）火器伤　子弹或弹片伤等，多合并开放性骨折、肌肉肌腱与血管损伤。

2. 闭合性损伤

（1）牵拉伤　肩、肘、髋关节脱位与长骨骨折引起的神经被过度牵拉所致的损伤。

（2）神经挫伤　钝性暴力打击所致，但神经纤维及其鞘膜多较完整，可自行恢复。

（3）挤压伤　多为外固定器械、骨折断端与脱位的关节头压迫神经所致，损伤多发生于正中神经、尺神经和腓总神经等。

（二）病理变化

周围神经断裂后失去传导冲动的功能，如神经元细胞损伤坏死后不能再生，而神经纤维在一定条件下是可以再生的。周围神经断裂后远端的神经轴索和髓鞘坏死碎裂，2～8周后被施万细胞消化及吞噬细胞吞噬而发生沃勒变性，施万鞘随之空虚塌陷；近端神经轴索和髓鞘只有一小段发生退变，以后神经膜细胞增生复原。

神经修复术后一段时间，近端神经轴索才开始以每日 1～2mm 的速度经施万管向远端长入，再生的神经纤维数由少到多由细到粗，有髓鞘的再生髓鞘，无髓鞘的不再生髓鞘。神经如未修复，近端再生的神经纤维在断裂处与施万细胞及结缔组织形成假性神经瘤。周围神经损伤后，所支配的肌肉瘫痪，肌细胞逐渐萎缩，细胞间纤维细胞增生，运动终板变形，最后消失；其感觉神经分布区的各种感觉丧失，肌肉可出现营养不良性退变。如能及时吻合断离的神经，效果较好，但一般不能完全恢复其功能。

二、诊查要点

根据外伤史，结合不同神经损伤特有的症状体征、解剖关系和神经检查，可判断有无神经损伤或损伤的部位、范围、性质和程度等，必要时可做电生理检查。

（一）一般诊查

1. 外伤史　了解损伤的时间、原因和现场情况，判断损伤的性质等。

2. 症状体征

（1）畸形　由于神经损伤，肌肉瘫痪而致，多发生在伤后数周或更长一段时间内。

（2）感觉障碍　其所支配的皮肤区发生感觉障碍、检查感觉减退或消失的范围可判断是何神经损伤。首先，临床上要注意检查痛觉、触觉、温觉和两点分辨能力的变化；其次，由于各感觉神经分布区的边界有互相重叠现象，因此受伤后短时间内感觉障碍仅表现为感觉区域的略缩小，这是附近神经的替代作用，而非损伤神经的再生现象。故要注意检查各部分神经自主支配区的感觉变化，以便为神经损伤定位。深感觉为肌肉和骨关节的感觉，可检查手指或足趾的位置觉和用音叉检查骨突出部的震动觉。

（3）运动障碍　神经损伤后所支配的肌肉瘫痪，通过检查肌肉瘫痪的程度可判断神经损伤的程度。定期反复检查，可以了解神经再生、肢体功能恢复和预后情况等，进而调整治疗方案。肌力检查要注意每块肌肉主动收缩情况，还要注意区分是否为协同肌的代偿作用，故检查肌肉功能时不能单纯以关节活动为依据

（4）腱反射的变化　神经受伤后，有关肌腱的反射即消失。

（5）自主神经功能障碍　周围神经损伤后所支配的皮肤出现营养障碍，如无汗、干燥、灼热和发红等，晚期皮肤发凉，失去皱纹，变得平滑、少汗、干燥，毛发过多和指甲变形。可做发汗试验以判断交感神经是否损伤。方法是在伤肢上先涂以 2% 碘伏溶液，晾干后涂抹一层淀粉；同时嘱患者饮热开水并适当运动，以使其出汗。出汗区表面转变为蓝色，无汗区表面不变色，结果表明无汗区有交感神经损伤。

（6）神经本身的变化　沿神经纤维走行区触诊和叩诊可了解神经本身的变化。神经不全损伤时，触诊可引起神经全段疼痛。叩击损伤神经的远端，引起该神经支配区针刺样麻痛，则表明该神经开始再生（Tinel 征），是神经轴索再生的证据。临床上常以此推测神经再生的情况，Tinel 征若停滞不前，说明神经纤维生长受阻；若远端反应敏感且越来越明显，表示神经生长良好。

（二）四肢周围神经损伤诊察

周围神经是指脑和脊髓以外的所有神经，因创伤容易造成损伤的四肢周围神经包括腋神经、桡神经、尺神经、正中神经、肌皮神经、股神经、坐骨神经、腓总神经、胫神经（图 11-1）。

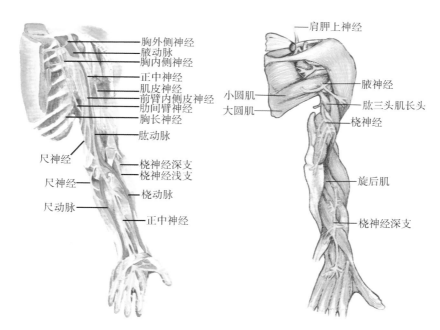

图 11-1　上肢周围神经

1. 腋神经损伤

（1）解剖　腋神经为臂丛后束分支，与旋肱后动脉伴行穿过肩部四边孔，绕肱骨外科颈，发出肌支支配三角肌后部、中部、前部肌肉及小圆肌，发出皮支支配三角肌部的皮肤。肩关节骨折、脱位，肩后部的撞击伤或穿刺伤可伤及腋神经。

（2）诊断　腋神经损伤诊断标准包括：①肩部外伤史。②腋神经主要支配三角肌，损伤后一般表现为三角肌感觉和运动的异常，如三角肌麻痹、萎缩，方肩畸形，肩关节下垂半脱位，肩外展功能丧失。三角肌表面皮肤感觉障碍。

2. 尺神经损伤

（1）解剖　尺神经来自臂丛神经内侧束，经过大圆肌上缘进入上臂内侧。至上臂中部，神经由臂内侧肌间隔前方穿到后方。

（2）诊断　尺神经损伤诊断标准包括：①上臂及前臂的尺神经损伤：多由开放性创伤所致，在上臂部尺神经与肱动脉伴行，肱动脉损伤时都应考虑有无尺神经损伤。尺神经在上臂部完全损伤时，其所支配的肌肉均麻痹，感觉完全消失。②前臂远端掌侧切割伤：往往合并尺侧腕屈肌肌腱断裂，小指末节及环指尺侧感觉多不存在。所有小鱼际肌及骨间肌出现麻痹。如果该肌肌肉无麻痹症状，可能因为损伤位置低，尺神经背侧支并未伤及，所以手指尺侧及手掌尺侧的感觉仍存在（图 11-2）。

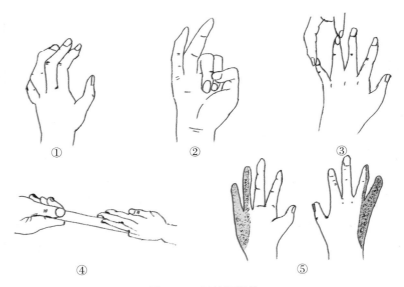

图 11-2　尺神经损伤

①爪形手　②第 4、5 指屈伸不全　③第 2、3、4、5 不能外展和内收　④第 2、3、
4、5 指间不能夹纸片　⑤感觉障碍区

3. 正中神经损伤

（1）解剖　正中神经是由臂丛神经的内、外侧束分出的正中神经内、外侧头组成。在上臂无分支达肘部，神经从上臂内侧转向肘前方，从肱二头肌腱内侧进入旋前圆肌并发出分支。

（2）诊断　正中神经损伤诊断标准包括：①肘部骨折脱位所致正中神经损伤，多为牵拉伤，神经所支配的前臂屈肌及手部肌肉均可麻痹，拇指不能外展，感觉支所分布区的感觉减退或消失。②前臂远端掌侧切割伤，因正中神经位置表浅，极易损伤。临床表现为鱼际肌麻痹及拇指、食指、中指感觉减退或消失，前臂掌侧切割伤（图 11-3）。

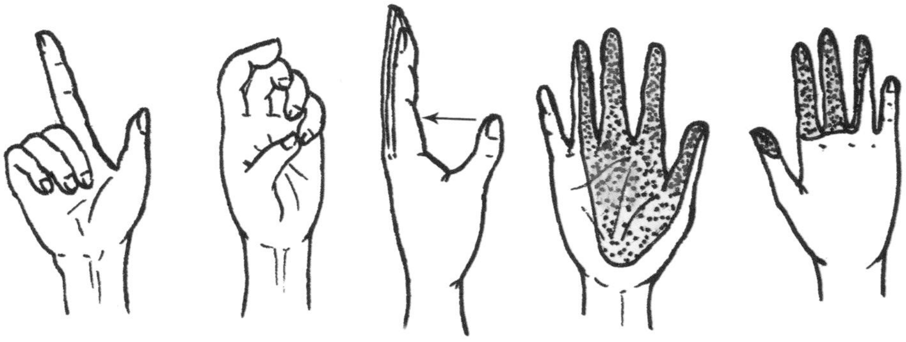

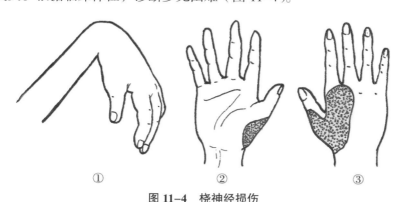

图 11-3　正中神经损伤

①第 1、2 指不能屈曲，第 3 指屈曲不全　②拇指不能对掌，不能掌侧运动　③感觉障碍区

4. 桡神经损伤

（1）解剖　桡神经来自臂丛神经后束，在肩胛下肌部位分出腋神经后，即延续为桡神经，下行至大圆肌平面发出四根神经支，支配肱三头肌的长头、内侧头、外侧头及肘后肌。

（2）诊断　肩后部撞击伤、肱骨干骨折、肱骨的手术、肘部贯通伤、桡骨头脱位等，常伤及桡神经。桡神经损伤诊断标准包括：①桡神经在肩部损伤，可致伸肘无力及伸腕、伸指、伸拇功能丧失。②桡神经在上臂部损伤，伸肘功能不受影响，只有伸腕、伸指、伸拇。③神经在肘部或肘以下损伤，肱桡肌及桡侧腕长伸肌不受影响，仅伸指、伸拇功能丧失。根据临床体征，诊断多无困难（图 11-4）。

图 11-4　桡神经损伤

①腕下垂、拇指不能外展和背伸　②感觉区域障碍图

5. 肌皮神经损伤

（1）解剖　肌皮神经由 C5、C6、C7 神经纤维组成，发自臂丛外侧束，向外下方走行斜穿喙肱肌，后于肱二头肌与肱肌之间下行，沿途发支支配以上三肌。在肘关节稍下方，部分纤维从肱二头肌下端外侧穿出深筋膜，分布于前臂外侧份的皮肤，称为前臂外侧皮神经。

（2）诊断　肌皮神经损伤诊断标准包括：①肱二头肌麻痹，肘关节不能屈曲。②前臂外侧皮肤痛觉消失或减退。

6. 股神经损伤

（1）解剖　股神经由 L2～L4 神经后支组成。在髂窝内发出肌支到腰大肌及髂肌。在两肌之间下行，在腹股沟韧带深面进入股部，距韧带下方 2～3cm 处发出分支支配耻骨肌、缝匠肌及股四头肌。皮支分布到股前侧皮肤，终末支为隐神经，跨越膝关节内侧至小腿，与大隐静脉伴行，分布到小腿内侧及足内侧皮肤。

（2）诊断　因股神经较深，损伤机会较少。骨盆骨折和腹股沟部手术有时伤及神经。股神经损伤主要临床表现为股四头肌麻痹、膝关节不能主动伸直。大腿前内侧、小腿及足内侧感觉障碍。

7. 坐骨神经损伤

（1）解剖　坐骨神经是人体最粗大的神经，由 L4～L5、S1、S2、S3 神经组成，出坐骨大孔经梨状肌下缘进入臀部及股后侧，管理下肢的感觉和运动，由腰神经和骶神经组成。坐骨神经分支点的变异很大，有的由骶神经丛即分为两支，有的则在股部下段才分为两支。

（2）诊断　坐骨神经损伤诊断标准包括：①坐骨结节以上部分损伤造成股后肌群，小腿前、小腿外、后肌群及足部肌肉全部瘫痪。②股骨中下段损伤表现为膝—下肌肉全部瘫痪，如分支损伤，则表现为腓总神经及胫神经支配区域瘫痪。③小腿内侧及内踝处区域外、膝以下区域感觉消失。

8. 腓总神经损伤

（1）解剖　腓总神经由 L4～L5、S1 神经组成。腓总神经是骨颈处的神经，沿腘窝上外缘经股二头肌内缘下行，至腓骨头后方并绕过腓骨颈，向前穿腓骨长肌起始部，分为腓浅神经及腓深神经两终支（图 11-5）。

（2）诊断　腓总神经损伤诊断标准包括：①由于小腿伸肌群的胫前肌、姆指长短伸肌、趾长短伸肌和腓骨长短肌瘫痪，出现患足下垂内翻。②小腿外侧和足背区域感觉消失。

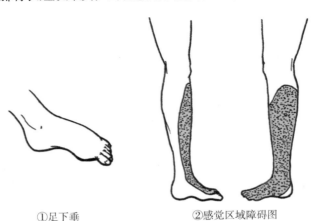

①足下垂　　　　　②感觉区域障碍图

图 11-5　腓总神经损伤

①足下垂　②感觉区域障碍图

9. 胫神经损伤

（1）解剖　胫神经来自 L4 ～ L5、S1、S2、S3。在腘窝近侧与腓总神经分开，沿小腿后中线下行，发出肌支至跖肌、腓肠肌、比目鱼肌、长屈肌、趾长屈肌及胫后肌神经终末支自内踝后方穿至前方．肌支支配足内在肌，感觉支分布到足跖面皮肤。

（2）诊断　由于胫神经深在，且周围多软组织，受伤机会较少。膝关节脱位、严重的小腿损伤可损伤胫神经。胫神经损伤诊断标准包括：①足不能主动跖屈及内翻。②为小腿后外侧、足外侧缘、足跟及各趾的跖侧和背侧感觉丧失。

三、临床分型

按神经损伤程度进行以下分型。

（一）神经断裂

神经断裂多见于开放性损伤造成的完全性与不完全性断裂，前者表现为感觉与运动功能完全性丧失并发肌肉神经营养不良性改变，后者为不完全性丧失。

（二）轴索断裂

轴索断裂多见于轴索断裂而鞘膜完好，但神经功能丧失，常由挤压或牵拉损伤所致。当致伤因素解除后，受伤神经多在数月内完全恢复功能。

（三）神经失用

神经失用多见于神经轴索和鞘膜完整，但神经传导功能障碍，可持续几小时至几个月，多因神经受压或外伤引起，一般可自行恢复。

四、辅助检查

（一）肌电图检查

肌肉收缩可引起肌肉电位的改变。神经断裂后，主动收缩肌肉的动作电位消失，2 ～ 4 周后出现去神经纤颤电位。神经再生后，去神经纤颤电位消失，而表现为主动运动电位。

（二）诱发电位检查

目前，临床上常用的检查项目有感觉神经动作电位（SNAP）、肌肉动作电位（MAP）和体感诱发电位（SEP）等，其临床意义主要为神经损伤的诊断、评估神经再生和预后情况及指导神经损伤的治疗。

五、治疗方法

周围神经损伤常常合并于肢体损伤或继发于其后，临证时可根据肢体和神经损伤的具体情况采用手术或非手术疗法。肢体闭合性损伤合并的神经损伤，其中神经失用症或轴索断裂，常不需手术治疗多能自行恢复，而神经断裂需手术治疗。

（一）一般治疗

周围神经损伤一般治疗的目的为神经和肢体功能的恢复创造条件，防止肌肉萎缩和关节僵硬等。

1. 妥善保护患肢 避免冻伤、烫伤、压伤及其他损伤等。

2. 复位解除骨折断端和关节头的压迫 凡因骨折脱位导致神经损伤，首先应整复骨折与脱位并加以固定，解除骨折断端和关节头对神经的压迫。未断裂的神经，有望在 1～3 个月后恢复其功能；如神经断裂或嵌入骨折断端或关节面之间，应尽早手术探查处理。

3. 外固定 骨折脱位整复后需要外固定；神经损伤合并肢体一侧肌肉瘫痪，为避免拮抗肌将关节牵拉到畸形位置引起的关节僵直，需用夹板与石膏等将患肢固定于功能位；神经损伤合并肢体全部肌肉瘫痪，为防止肢体重力导致的关节脱位，同样需用外固定将患肢固定于功能位，为日后肢体功能的全部恢复奠定良好的基础。桡神经损伤引起的腕下垂，可用掌侧板固定患腕于背伸位等。

（二）手术治疗

1. 一期手术 适用于一期手术指证为无菌手术中损伤的神经；开放性指神经损伤；整齐的锐器伤，肌腱等软组织损伤较少；能够确定神经损伤范围，技术条件具备，应立即彻底清创减少感染机会，修复相应的血管、吻合神经、处理骨折脱位与肌腱损伤等。

2. 二期手术 二期手术时间最好在伤后 1～3 个月内进行，6 个月内也能获得较好效果，之后越来越差。根据神经损伤的性质和范围，二期修复术有神经松解术、神经吻合术、神经转移与移植术、肌腱转移术和关节融合术等。

（三）辨证论治

1. 中医内治 损伤致经络气滞血瘀，筋脉失养。症见肢体瘫痪，张力减弱，感觉迟钝或消失，皮肤苍白湿冷，汗毛脱落，指甲脆裂，舌质紫暗或有瘀斑，脉弦涩。治宜活血化瘀，益气通络，用补阳还五汤加减，后期在此基础上重用补肝肾强筋骨之药，外用骨科外洗一方熏洗。

2. 手法治疗 有针对性进行手法治疗，保持肌张力，防治肌肉萎缩、肌纤维化、关节僵硬或关节萎缩及关节畸形等。手法由肢体近端到远端，反复捏揉数遍，强度以肌肉感觉酸胀为宜，可涂搽活血酒；上肢取肩井、肩髃、曲池、尺泽、手三里、内关和合谷等穴，下肢取环跳、承扶、殷门、血海、足三里、阳陵泉、阴陵泉、承山、三阴交、解溪和丘墟等穴，强刺激以得气为度。最后，在患肢上来回揉搽 1～2 遍结束。功能锻炼着重练习患肢各关节各方向的运动，待肌力逐步恢复，可训练抗阻力活动。

3. 针灸治疗 针灸治疗在神经损伤中后期多用。根据证候循经取穴配以督脉相应穴位或沿神经干取穴，或兼取两者之长，用强刺激手法或电针。

（1）正中神经损伤 取手厥阴心包经穴，如天泉、曲泽、郄门、间使、内关、大陵、劳宫和中冲等。

（2）桡神经损伤 取手太阴肺经穴，如中府、侠白、尺泽、列缺、鱼际和少商等。

（3）尺神经损伤 取手少阴心经穴，如少海、通里、阴郄、神门、少府、少冲等。

（4）腓总神经损伤 取足少阳胆经穴和足阳明胃经穴，如阳陵泉、外丘、光明、悬钟、丘墟、足窍阴、足三里、丰隆、上巨虚、下巨虚、解溪、冲阳和内庭等。

（5）胫神经损伤 取足太阳膀胱经穴和足太阴脾经穴，如委中、合阳、承筋、承山、阴陵泉、地机、三阴交、商丘、公孙、太白和隐白等。

（肖伟平　杨文龙）

第二节　周围血管损伤

四肢血管损伤无论平时或战时都较多见，常与四肢骨折脱位和神经损伤同时发生。血管损伤中动脉损伤多于静脉，亦可见伴行的动静脉合并损伤和静脉的单独损伤。动脉损伤后多立即发生大出血，可危及生命。即使出血停止，也可能因肢体远端供血不足发生坏死或功能障碍。

一、病因病理

周围血管损伤是指血管损伤是外科急救过程中最常遇到的创伤，可分为开放性损伤与闭合性损伤，但开放性损伤明显多于闭合性损伤，动脉损伤多于静脉损伤。直接暴力伤大多为切割伤、刺穿伤、爆炸伤等。间接暴力所致损伤中，要注意胸部降主动脉和腹部肠系膜动脉的疾驰减速伤。若救治不及时，常可导致伤员失血性休克和死亡。

二、诊查要点

根据外伤史和临床检查，可对血管损伤做出及时准确的诊断，但应注意防止漏诊或误诊。

（一）外伤史

周围血管损伤都有明确的外伤史，如切割伤、刺伤、工业伤等。

（二）症状体征

1. 皮肤情况 周围血管损伤的皮肤情况主要表现为皮肤苍白及皮肤温度下降。由于动脉受阻，供血断绝，则皮肤呈苍白色。如血流减慢，则皮肤发绀；若静脉回流受阻，血液瘀滞，则发绀加深。

皮肤温度随局部血流速度改变，血流缓慢或停止时，皮温立即下降。肢体的血液循环经常随环境温度或其他因素而变化，温度波动范围很大，环境较为炎热，室温大于皮肤温度时，测量结果并无意义。一般而言，若患侧较健侧低3℃以上，才有意义。

2. 疼痛 疼痛是神经对缺血的早期反应，急性缺血可发生剧烈疼痛。疼痛产生原因可能是由于肢体远端缺血、缺氧所致，或是动脉受到创伤，激惹动脉壁的神经而产生。

3. 肿胀 在闭合性血管创伤时肿胀较常见。可因软组织广泛创伤而直接引起，也可能是由血肿所致。此外，各种诱因引起静脉回流受阻及组织缺血，特别是肌肉组织较长时间缺血后，细胞膜渗透压改变，发生组织水肿，严重者可造成筋膜隔室综合征。

4. 感觉及运动障碍 周围神经末梢及肌肉组织，对缺氧非常敏感，当肢体发生急性严重缺血时，皮肤感觉会很快减退或消失，肌肉发生麻痹。由于血液循环障碍而发生感觉消失及肌肉麻痹，表明组织缺血程度已十分严重。即使能触到末梢动脉的搏动，也不能放松对血液循环障碍的处理。

5. 搏动性血肿 闭合性动脉伤或开放性小创口血管伤，动脉壁部分破裂或完全断裂，当伤口被血块或肿胀的软组织堵塞时，可形成搏动性血肿，常见于股动脉、腘动脉等，晚期可形成假性动脉瘤。

三、临床分型

周围血管损伤按照病理类型可以分为血管断裂、血管痉挛、血管内膜损伤、血管受压、创伤性动脉瘤和动静脉瘘。

（一）血管断裂

1. 完全断裂 四肢主要血管若完全断裂，可引起大出血和休克，甚至可导致肢体缺血性坏死。因血管壁平滑肌和弹力组织的作用，血管裂口收缩促使血栓形成，同时因为大出血或休克使血压下降，血栓较易形成，从而闭塞管腔，可减少出血或使其自行停止。肢体缺血的程度决定于损伤的部位、范围、性质和程度，同时与侧支循环的建立有关。

2. 部分断裂 可呈纵形、横形或斜形的部分断裂，由于动脉收缩使裂口拉开扩大不能自行闭合，常发生大出血，因此有时比完全断裂出血更严重。部分出血可暂时性停止，但要警惕再次发生大出血；少部分可形成创伤性动脉瘤或动静脉瘘。

（二）血管痉挛

血管痉挛常见于动脉，主要由于血管损伤或受骨折端、异物（如弹头、弹片等）的压迫刺激，以及寒冷或手术的刺激而造成的一种防御性表现。此时动脉呈现细条索状，血流受阻，甚则闭塞。一般而言，痉挛可在 1 ～ 2 小时后缓解，部分可持续 24 小时以上，长时间血管痉挛常导致血栓形成，血流中断，可造成肢体远端缺血坏死。

（三）血管挫伤

血管挫裂伤造成内膜与中层断裂，由于损伤刺激或内膜组织卷曲而引起血管痉挛或血栓形成；还因血管壁变薄弱而发生创伤性动脉瘤，动脉内血栓脱落而堵塞末梢血管。

（四）血管受压

血管受压因骨折、脱位、血肿、异物、夹板、包扎和止血带等因素压迫引起。动脉严重受压可使血流完全中断，血管壁也因此受伤，预后因受压时间的延长而加重，血栓形成导致肢体远端缺血性坏死，多见于膝部及肘部。

（五）假性动脉瘤和动静脉瘘

当动脉部分断裂加之出口狭小时，出血被局部组织张力所限而形成搏动性血肿，6 ～ 8 周后血肿机化形成包囊，囊壁内面为新生血管内膜覆盖，称为假性动脉瘤，可压迫周围组织使远端血供减少。若伴行的动静脉同时部分损伤，动脉血大部分直接流向静脉而形成动静脉瘘。

四、辅助检查

（一）动脉造影术

动脉造影术是通过直接在动脉内注射对比剂，使动脉内充盈对比剂，使动脉系统显影的检查方法，也是 X 线检查方法之一。

（二）数字减影血管造影

数字减影血管造影（DSA）基本原理是将注入造影剂前后拍摄的两帧 X 线图像经数字化输入图像计算机，通过减影、增强和再成像过程来获得清晰的纯血管影像，同时实时地显现血管影。DSA 具有对比度分辨率高、检查时间短、造影剂用量少、造影剂浓度低、患者 X 线吸收量明显降低及节省胶片等优点。

（三）多普勒血流检测仪

多普勒血流检测仪是集彩色多普勒血管成像、双功能超声扫描和超声波血流探测器等方法，对血管损伤诊断能提供精确信息的一种仪器。

五、治疗方法

在周围血管中对于动脉损伤必须修复，对于大静脉损伤要尽量修复。处理原则以挽救患者生命为先，其次保全肢体，降低致残率，最大限度地恢复肢体功能。肌肉纤维和周围神经相较皮肤和皮下组织而言对缺血更加不耐受。一般认为创伤后 4 ～ 6 小时为缺血安全期，在此期间骨骼肌和周围神经遭受永久性损伤的机会较小；创伤后缺血长达 8 ～ 12 小时，则血管再建的疗效锐减。故应力争于伤后 4 ～ 6 小时内修复血管，恢复血流。

（一）急救止血

对于动脉出血的患者，可用创伤急救中所述指压止血法、加压包扎止血法、止血带止血法，有条件的患者可行钳夹止血法或血管结扎法，以便患者长途转运。

（二）血管痉挛的处理

低温环境下注意创面的保温，如用温热盐水湿纱布覆盖创面，减少创伤、寒冷、干燥和暴露的刺激，及时解除骨折断端和异物的压迫等。无伤口而疑有动脉痉挛者，可使用普鲁卡因阻滞交感神经，也可口服或肌注盐酸罂粟碱。经上述处理仍无效者，应及早探查动脉。

（三）清创与探查术

探查术的指征为肢体远端动脉搏动消失、皮温下降、皮肤苍白或发绀、皮肤感觉麻木、肌肉瘫痪、屈曲挛缩、伤口剧痛；伤肢进行性肿胀，伴有血循环障碍；伤口反复出血，骨折已整复，但缺血症状仍未消除。

（四）手术治疗

血管损伤一般都需要在4～6小时内手术治疗，否则易发生血栓蔓延、缺血区域扩大和远端肢体严重缺血或坏死。手术方法有血管结扎术、端端吻合术、端侧吻合术、侧面修补术和移植修补术等。

（五）辨证论治

1.寒滞经脉 表现为四肢怕冷、发凉、疼痛、麻木、遇冷后症状加重、遇暖减轻、肤色或为苍白，舌淡紫，苔薄白，脉沉紧或涩。治宜温经散寒、化瘀通络，用当归四逆汤与桃红四物汤合方化裁。

2.瘀阻经脉 肢体肿胀刺痛，局部瘀血、瘀斑和压痛明显，舌质青紫，脉弦紧或涩。治宜活血化瘀、通络止痛，用桃红四物汤与圣愈汤合方化裁。

3.经脉瘀热 肢体灼热、疼痛、肤色紫暗，舌紫暗或有瘀斑，舌尖或红，苔薄黄，脉弦紧或濡。治宜清热化瘀，用四妙勇安汤与桃红四物汤合方化裁。

4.湿阻经脉 肢体水肿、胀痛，抬高肢体症状可以减轻，舌淡紫，舌体胖大，苔白腻或厚腻，脉沉紧或濡。治宜益气活血、利湿通络，用济生肾气丸与五苓散加减。

5.伤口感染 按痈和附骨疽分三期"消""托""补"施治；继发性大出血，又当辨证施治，或益气止血，或清热化瘀止血。

（杨文龙）

第三节　创伤性休克

创伤性休克是指机体遭受严重创伤的刺激及组织损害，常由严重骨折和内脏损伤引起，导致失血与体液渗出，以组织器官血流灌注不足、缺氧和内脏损害为主要特征的全身反应性综合征。中医学认为"惊则气乱""寒则气收"，常由疼痛、恐惧、焦虑、寒冷及神经麻痹等所引起，可对中枢神经产生不良刺激。当这些刺激强烈而持续时，可进一步扩散到皮层下中枢而影响神经内分泌功能，导致反射性血管舒缩能紊乱，加重病情的发展。

一、病因病理

机体遭受严重创伤后，由于大出血、剧烈疼痛、组织坏死分解产物的释放和吸收、创伤感染等有害因素作用，可致神经、循环、内分泌、新陈代谢等正常生理功能紊乱，严重时导致休克。

（一）失血

失血是创伤引起休克的最常见的原因。健康成人每公斤平均存血 75ml，总血量为 4500 ～ 5000mL。足以引起休克的失血量随着年龄、性别、健康状况及失血的速度而有所不同，因此对严重创伤失血量要有全面认识，目前可以通过休克指数评估及根据闭合骨折部位评估：

1. 休克指数评估法　休克指数 = 脉率 / 收缩压（mmHg），正常休克指数 < 0.5。

（1）休克指数为 0.6 ～ 0.9，失血量 < 700mL，占血容量 < 20%。

（2）休克指数为 1.0，失血量 1000 ～ 1500mL，占血容量 20% ～ 30%。

（3）休克指数为 1.5，失血量 1500 ～ 2000mL，占血容量 30% ～ 50%。

（4）休克指数 ≥ 2.0，失血量 2500 ～ 3500mL，占血容量 ≥ 50%。

2. 闭合性骨折失血量　对于闭合性骨折失血量估计如下所示（表 11-1）。

表 11-1　闭合性骨折失血量估计表

部位	失血量（mL）
骨盆	1500 ～ 2000
单侧髂骨	500 ～ 1000
单侧股骨	800 ～ 1200
单侧胫骨	350 ～ 500
单侧肱骨	200 ～ 500
单侧尺桡骨	200 ～ 300

（二）体液因子

体液因子中肾素血管紧张素系统中的血管紧张素可引起内脏血管收缩，并可引起冠状动脉收缩和缺血，增加血管通透性，继而发生心脏缺血和病损，使心脏收缩力下降，加重循环障碍。在儿茶酚胺、血栓素共同作用下造成肠系膜血液减少，引起肠休克使肠壁屏障功能丧失，肠腔毒素进入血流，并可引起血小板进一步聚集导致血栓形成，增加微循环外周阻力。由于这些因素的综合作用导致循环阻力增大，大量血液瘀滞在微血管网中，有效循环量减少而发生休克。

（三）组织严重的挤压伤

肢体受挤压的时间较长，可导致局部组织缺血和坏死。当压力解除后，由于局部毛细血管破裂和通透性增高，可导致大量隐性出血和血浆渗出导致水肿，使有效循环量下降；同时组织水肿阻碍了局部血液循环，使细胞缺氧加重，加速组织细胞坏死的进程。组织细胞坏死后，释放大量酸性代谢产物和钾、磷等物质，引起电解质的紊乱，其中某些血管活性物质被吸收后，对血管通透性和舒缩功能有危害，使血浆大量渗入组织间隙中或套潜在微血管内，造成恶性循环，导致有效循环量进一步下降引起休克。

除严重挤压伤或发生挤压综合征外，各种不恰当的治疗措施，如止血带的时间长（4 ～ 8 小时以上）、过紧的石膏或小夹板外固定等也可引起循环障碍，造成组织破坏，由此产生的局部或全身变化与严重挤压伤类似，也能发生休克。

（四）细菌毒素作用

创伤继发严重感染，细菌产生大量的内毒素、外毒素，这些毒素进入血液循环可引起中毒反应，并通过血管舒缩中枢或内分泌系统，使周围血管阻力发生改变，从而使血循环在动力学上发生紊乱，小动脉和毛细血管循环障碍，有效循环量减少，动脉压下降，进而发生中毒性休克。

二、诊查要点

（一）病史

患者有较严重的外伤或出血史，如车祸伤碾压伤、高处坠落伤及工业电锯伤等。

（二）症状及体征

患者休克的临床表现与严重程度有关。

1. 意识神志与表情　休克早期，脑缺氧较轻，神经细胞的反应状态多为兴奋，患者可表现为烦躁、焦虑或激动，少数患者休克初期神志清醒，仅反应迟钝、淡漠，诊断时易被忽略，应引起临床医生高度重视。当休克加重时缺氧更严重，患者可出现昏迷。

2. 皮肤　当周围小血管收缩，微血管血流量减少时，肤色苍白，后期因缺氧瘀血而发绀；肤温一般低于正常，四肢皮肤湿冷。

3. 脉搏　休克代偿期，周围血管收缩，心率增快，收缩压下降前可以摸到脉搏增快，这是早期诊断的重要依据。休克期脉搏虚细而数，按压稍重则消失，脉率为100 ～ 120 次 / 分，有时桡动脉于寸口不能明显触及，需在颈动脉或肱动脉处测定。在休克晚期出现心力衰竭时，脉搏变慢而且微细。

4. 血压　休克代偿期，血压可无大的变化，随着休克的进展，必将出现血压降低。血压开始降低时以收缩压较舒张压明显，但血压的变化要参照患者的基础血压而定。一般而言，若血压下降超过基础血压的 30%，而脉压差又低于 4kPa，则应考虑休克。总之，对血压的观察，应注意脉率增快、脉压差变小等早期征象。

5. 中心静脉压　中心静脉压正常值是 6 ～ 12cmH_2O。在创伤休克时，由于血容量不足，中心静脉压可降低。临床上应与动脉压测定、脉搏、每小时尿量测定综合分析，判断血容量情况。若中心静脉压低于正常值，即使肱动脉血压正常仍然提示血容量不足，需要补液。

6. 呼吸 休克时患者常有呼吸困难和发绀。早期代偿性酸中毒时，呼吸深而快；严重代偿性酸中毒时，呼吸深而慢。发生呼吸衰竭或心力衰竭时，出现严重呼吸困难。

7. 尿量 尿量是表明内脏血液灌注量的一个重要标志，尿量减少是休克早期的征象。若每小时尿量少于25mL，说明肾脏血灌注量不足，常提示有休克存在。

三、临床分型

（一）病情分型

临床表现按照休克的病程演变，其临床表现可分为两个阶段，即休克代偿期和休克抑制期，或称休克早期和休克期。

1. 休克代偿期 在此阶段内，机体对有效循环血量的减少使机体的代偿机制启动。机体通过神经体液的调节，通过中枢神经系统、交感神经系统的兴奋和体液因素等综合作用，如儿茶酚胺类血管收缩物质大量分泌，可引起周围血管强烈收缩，使血液重新分配，以保证心、脑等重要脏器的血液灌注，此时心排血量虽然下降，但通过代偿血压仍可保持稳定在正常范畴，此时若能迅速有效地止血、补液或输血等，多能防止休克的发生。否则，病情继续发展，进入休克抑制期。

2. 休克抑制期 患者的意识改变十分明显，有神情淡漠、反应迟钝，甚至可出现意识模糊或昏迷；还有出冷汗，口、唇、肢端发绀；脉搏细速、血压进行性下降。严重时，全身皮肤、黏膜明显发绀，四肢厥冷，脉搏摸不清，血压测不出，尿少甚至无尿。若皮肤、黏膜出现瘀斑或消化道出血，提示病情已发展至弥散性血管内凝血阶段。若出现进行性呼吸困难、烦躁、发绀，给予吸氧治疗不能改善呼吸状态，应考虑已发生呼吸窘迫综合征（ARDS）。

休克程度估计表如下所示（表11-2）。

表 11-2 休克程度估计表

项目 分期	程度	估计 出血量 （mL）	肤温	肤色	口渴	神志	收缩压 （kPa）	脉搏 （次/分钟）	尿量 （mL）
休克 代偿期	轻度	800 （<20%）	正常	正常	轻微	清楚	收缩压正常或稍升高，舒张压增高，脉压缩小	正常或略快	正常
休克抑制期	中度	800～1600 （20%～40%）	发冷	苍白	口渴	淡漠	收缩压为90～70mmHg，脉压小	100～200	尿少
	重度	＞1600 （40%以上）	厥冷	发绀、紫斑	严重口渴	意识模糊或昏迷	收缩压在70mmHg以下或测不到	速而细弱	无尿

（二）辨证分型

中医学属脱证范畴，临床上可分为气脱、血脱、亡阴、亡阳四种类型。

1. 气脱　气脱表现为创伤后气息低微，面色苍白，口唇发绀，汗出肢冷，胸闷气促，呼吸微弱，舌质淡，脉细数。

2. 血脱　血脱表现为头晕眼花，面色苍白，四肢厥冷，心悸，唇干淡白，脉细数无力或出现芤脉。

3. 亡阴　亡阴表现为烦躁，口渴唇燥，汗少而黏，呼吸气促，舌质红干，脉细无力。

4. 亡阳　亡阳表现为四肢厥冷，汗出如珠，呼吸微弱。

四、辅助检查

（一）实验室检查

1. 血常规检查　急性大出血时血红蛋白及血细胞比容测定升高，常提示血液浓缩、血容量不足。动态观察这两项指标的变化，可了解血液有无浓缩或稀释，以指导补充液体的种类和数量。

2. 尿常规检查　尿常规、比重、酸碱测定可反应肾功能情况，有必要时还要进一步做二氧化碳结合力及非蛋白氮测定。

3. 生化检查　电解质测定可发现钠及其他电解质丢失情况，由于组织细胞损伤累及细胞膜，钠和水进入细胞而钾排出细胞外，造成高钾低钠血症。

4. 凝血系列　血小板计数低于 80×10^9/L、凝血酶原时间比对照组延长 3 秒以上、血浆纤维蛋白原低于 1.5g/L 或呈进行性降低，这些说明休克可能进入弥漫性血管内凝血（DIC）阶段。

5. 血气分析　休克时可因肺换气不足，出现体内二氧化碳聚积致 $PaCO_2$ 明显升高；相反，患者原来并无肺部疾病，可因过度换气致 $PaCO_2$ 较低；若 $PaCO_2$ 超过 45mmHg 时，常提示肺泡通气功能障碍；PaO_2 低于 60mmHg、吸入纯氧仍无改善者，可能是呼吸窘迫综合征的先兆。动脉血 pH7.35 ～ 7.45，通过监测 pH、碱剩余、缓冲碱和标准重碳酸盐的动态变化有助于了解休克时酸碱平衡的情况。

（二）心电图检查

休克时常因心肌缺氧而导致心律失常，心肌严重缺氧时可出现局灶性心肌梗死，心电图表现为 QRS 波异常，ST 段降低和 T 波倒置等心肌缺血表现。

五、治疗方法

创伤性休克救治原则是积极抢救生命与消除不利因素的影响，补充血容量与调整机体生理功能，防治创伤及其并发症，纠正体液电解质和酸碱度的紊乱。

（一）一般治疗

患者取平卧位，头略放低，保暖防暑；保持呼吸道通畅，清除呼吸道分泌物，适当给氧。

（二）控制出血

导致创伤性休克最主要的原因是活动性大出血，故首要任务是进行有效的止血。

（三）处理创伤

伴开放性创伤的患者经抗休克治疗情况稳定后，应尽快手术清创、缝合创口，防止感染，争取一期愈合。如开放性创伤不处理，休克难以纠正，应在积极抗休克的同时进行手术清创缝合。对于骨折与脱位等要进行复位和适当的内固定、外固定等，对危及生命的张力性或开放性气胸及连枷胸等应紧急处理。

（四）补充与恢复血容量

在止血的情况下补充与恢复血容量是治疗创伤性休克的根本措施。

1. 血液制品　对创伤失血严重者，补充全血或红细胞混悬液可改善贫血和组织缺氧。补充鲜血浆、干冻血浆、代血浆等可维持胶体渗透压，提高有效循环量。

2. 血浆增量剂　血浆增量剂物质分子量较大，胶体渗透压和血浆蛋白相似，能够长时间留存于血管，因此扩容疗效明显。中分子右旋糖酐输入后 12 小时体内尚存 40%，是较理想的血浆增量剂。低分子右旋糖酐排泄较快，4～6 小时内就失去增量作用，它能降低血液黏稠度，减少血管内阻力而改善循环，还能吸附于红细胞和血小板表面，防止凝集。

3. 晶体液　晶体液黏度低、能够供给电解质、可快速输入、分子量小、不发生变态反应，这些优点对需要尽快补充血容量的患者是很有价值的，常用的有平衡盐、生理盐水及林格液等。

4. 血管收缩剂与舒张剂的应用　为解除血管痉挛、改善组织灌注及缺氧状况，使休克好转，可在补足血容量情况下应用血管扩张剂，如异丙肾上腺素、多巴胺等。若血容量已补足、血管扩张剂已用过、血压仍低，或无大血管出血，为保护重要器官的供血，可暂时使用血管收缩剂以升高血压，如去甲肾上腺素、甲氧明、间羟胺等。

5. 纠正电解质和酸碱度的紊乱　休克引起的组织缺氧必然导致代谢性酸中毒，而酸中毒可加重休克和阻碍其他治疗，故纠正电解质和酸碱度的紊乱是治疗休克的主要方法之一。纠正酸中毒及高钾血症应根据化验结果，适量应用碱性缓冲液及保钠排钾药物（如碳酸氢钠等）。

（五）辨证论治

1. 中医内治　创伤性休克早期可口服中药，此时注意辨证内治。气脱宜补气固脱，急用独参汤；血脱宜补血益气固脱，用当归补血汤或人参养荣汤加减；亡阴宜益气养阴，用生脉饮加减：亡阳宜温阳固脱，用参附汤加减。独参汤、生脉散均制成注射剂用于抢救休克。

2. 针灸疗法　通过针刺和艾灸可行气活血，镇痛解痉，回阳固脱，调和阴阳，调节机体代谢，从而建立新的平衡，达到抗休克的目的。常选用涌泉、足三里、人中为主穴，内关、太冲、百会为配穴，昏迷则加十宣，呼吸困难加素髎。用针刺入，得气后大幅度捻转，亦可用电针间歇性加强刺激，当血压回升稳定后拔针。艾灸选择大敦、隐白、百会、神阙、气海、关元等穴。以悬灸为主，应尽量接近皮肤而以不烫为度，亦可在体针柄上灸。

六、疾病转归

心、脑、肺、肾等器官功能的衰竭和继发感染常常是休克的并发症，常见的有急性呼吸窘迫症、急性肾功衰竭、弥漫性血管内凝血（DIC）及多脏器功能障碍等，死亡率极高。应加强监测与护理，应及早考虑到上述并发症的防治，并及时发现并处理。

（肖伟平　杨文龙）

第四节　筋膜间隔区综合征

因各种原因造成筋膜间隔区内组织压升高致使血管受压、血循环障碍、肌肉和神经组织血供不足，甚至缺血坏死，产生的一系列症状体征，统称为筋膜间隔区综合征，又称骨筋膜室综合征、筋膜间室综合征等。

《诸病源候论》加载："夫金疮始伤之时，半伤其筋，荣卫不通，其疮虽愈合，后仍令痹不仁也。"说明古代医家对本病的病机"荣卫不通"、临床表现"痹而不仁"已有所认识。

一、病因病理

筋膜间隔区由肌间隔、筋膜隔、骨膜、深筋膜与骨等构成。上臂和大腿的筋膜较薄而富有弹性，故上臂和大腿受压后不易发生筋膜间隔区综合征。前臂和小腿筋膜厚韧而缺乏弹性，有骨间膜阻隔，致使筋膜间隔区的容积不能向外扩张，因此前臂和小腿受压后易发生筋膜间隔区综合征。

筋膜间隔区内主要组织为肌肉，血管和神经穿行其中，在正常情况下，区域内能保持一定的压力，称为组织压或肌内压。当间隔区内的容积突然减少（外部受压）或内容物突然增大（组织肿胀或血肿），则组织压急剧上升，致使血管、肌肉和神经组织遭受挤压而发病，其发生原因有以下几种。

（一）肢体外部受压

肢体骨折脱位后，石膏、夹板、胶布、绷带等固定包扎过紧过久；车祸、房屋或矿井倒塌，肢体被重物挤压；昏迷或麻醉时，肢体长时间受自身体重压迫等，均可使筋膜间隔区容积变小，引起局部组织缺血而发生筋膜间隔区综合征。

（二）肢体内部组织肿胀

闭合性骨折严重移位或形成巨大血肿、肢体挫伤、毒蛇或虫兽伤害、针刺或药物注射、剧烈体育运动或长途步行，均可使肢体内组织肿胀，导致筋膜间隔区内压力升高。

（三）血管受损

主干动脉损伤、痉挛、梗死和血栓形成等致使远端筋膜间隔区内的组织缺血、渗出、水肿，间隔区内组织压升高而发生间隔区综合征。若主干动静脉同时受伤，可诱发筋膜间隔区综合征。由于筋膜间隔区内血循环障碍，肌肉因缺血而产生类组胺物质，从而使毛细血管扩大，通透性增加，大量血浆和液体渗入组织间隙形成水肿，使肌内压更为增高，形成缺血－水肿恶性循环，最后导致肌肉坏死、神经麻痹，即产生"痹而不仁"的症状。通常缺血 30 分钟，即发生神经功能异常；完全缺血 4 ～ 12 小时后，则肢体发生永久性功能障碍，出现感觉异常、肌肉挛缩与运动丧失等表现。

二、病因病机

（一）瘀滞经络

损伤早期，血溢脉外，瘀积不散，阻滞经络，气血不能循行输布，受累部位筋肉失养，故患肢肿胀灼痛，压痛明显，屈伸无力，皮肤麻木，舌质青紫，脉紧涩。

（二）肝肾亏虚

损伤后期，病久耗气伤血，肝肾亏虚。肝主筋，血不荣筋，筋肉拘挛萎缩；肾主骨，肾亏则骨髓失充，骨质疏松，关节僵硬，舌质淡，脉沉细。

三、诊查要点

（一）病史

伤者有肢体骨折脱位或较严重的软组织损伤史，伤后处理不当或延误治疗。早期以局部为主，严重情况下才出现全身症状。

（二）症状及体征

1. 全身　发热，口渴，心烦，尿黄，脉搏增快，血压下降。

2. 局部

（1）疼痛　初以疼痛、麻木与异样感为主，疼痛为伤肢深部广泛而剧烈的进行性灼痛。晚期，因神经功能丧失则无疼痛（painless）。一般患者对于麻木和异样感很少叙述，而剧痛可视为本病最早和唯一的主诉，应引起高度重视。一方面肌肉缺血坏死表现为主动收缩无力，另一方面表现为被动牵拉疼痛。

（2）皮肤变化　患肢表面皮肤略红，温度稍高，肿胀，有严重压痛，触诊可感到室内张力增高，随后皮肤苍白（pallor）或发绀，肤色呈大理石花纹。

（3）肿胀　早期不显著，但局部压痛重，可感到局部组织张力增高。

（4）感觉异常　感觉异常（paresthesia）受累区域出现感觉过敏或迟钝，晚期感觉丧失。其中两点分辨觉的消失和轻触觉异常出现较早，较有诊断意义。

（5）肌力变化　早期患肢肌力减弱，进而功能逐渐消失，被动屈伸患肢可引起受累肌肉剧痛，肌肉瘫痪（paralysis）。

（6）患肢远端脉搏和毛细血管充盈时间　因动脉血压较高，故绝大多数伤者的患肢远端脉搏可扪及，毛细血管充盈时间仍属正常。若任其发展，肌内压继续升高可至无脉（pulselessness）。若属主干动静脉损伤引起的筋膜间隔区综合征，早期就不能扪及脉搏。

四、辅助检查

（一）实验室检查

当筋膜间隔区内肌肉发生坏死时，白细胞计数和分类均升高，血沉加快；严重时尿中有肌红蛋白，电解质紊乱，即出现低钠高钾血症等。

（二）影像学检查

超声多普勒检查血循环是否受阻，可供临床诊断参考。

（三）理学检查

正常前臂筋膜间隔区组织压为9mmHg，小腿为15mmHg。如组织压超过20mmHg者，即须严密观察其变化。当舒张压与组织压的压差为10mmHg时，必须紧急彻底切开深筋膜，以充分减压。

五、临床分型

（一）前臂间隔区综合征

1.背侧间隔区压力增高时，患部肿胀，组织紧张并有压痛，伸拇与伸指肌无力，被动屈曲5个手指时引起疼痛。

2.掌侧间隔区压力增高时，患部肿胀，组织紧张并有压痛，屈拇与屈指肌无力，被动伸5个手指均引起疼痛，尺神经与正中神经支配区的皮肤感觉麻木。

（二）小腿间隔区综合征

1.前侧间隔区压力增高时，小腿前侧肿胀，组织紧张并有压痛，有时皮肤发红，伸趾肌与胫前肌无力，被动屈踝与屈趾引起疼痛，腓深神经支配区的皮肤感觉麻木。

2. 外侧间隔区压力增高时，小腿外侧肿胀，组织紧张并有压痛，腓骨肌无力，内翻踝关节引起疼痛，腓深浅神经支配区的皮肤感觉麻木。

3. 后侧浅部间隔区压力增高时，小腿后侧肿胀并有压痛，比目鱼肌及腓肠肌无力，背屈踝关节引起疼痛。

4. 后侧深部间隔区压力增高时，小腿远端内侧、跟腱与胫骨之间组织紧张并有压痛，屈趾肌及胫后肌无力，伸趾时引起疼痛，胫后神经支配区的皮肤感觉丧失。

六、治疗方法

筋膜间隔区综合征的治疗原则是早诊早治、减压彻底、减小伤残率、避免并发症。由于损伤之后导致间室内压力增加，从而引发动脉闭塞，导致远端血液供应丧失。轻者会导致缺血性肌挛缩，重者会导致坏疽及肾性疾病。

（一）解除压迫因素

立即解除所有外固定材料及其敷料，以降低阔筋膜内组织压力；对疑似患病肢体，应放置于水平位，不可将其抬高，避免缺血加重。

（二）切开减压

确诊后最有效的办法是立即将所有的间隔区全长切开，解除间隔区内高压，打断缺血–水肿恶性循环，促进静脉淋巴回流，加大动静脉的压差，恢复动脉的血运，让组织重新获得血供，消除缺血状态。在时间上，越早效果越好，越晚效果越差，如果肌肉完全坏死，肌挛缩将无法避免。彻底解压后，局部血液循环应迅速改善。若无改善，可能是间隔区外主干动静脉有损伤等，应扩大范围仔细检查，防止漏诊失治。

（三）防治感染及其他并发症

根据病情需要，选用适当的药物对症处理，防止其他并发症。

（四）辨证论治

1. 中医内治　按照中医辨证分型，筋膜间隔区综合征可应用以下方药治疗。

（1）瘀滞经络治宜活血化瘀、疏经通络，方用圣愈汤加减。手足麻木者去白芍，加赤芍、三七、橘络、木通；肿胀明显者加紫荆皮、泽兰；刺痛者加乳香、没药。

（2）肝肾亏虚治宜补肝益肾、滋阴清热，方用虎潜丸加减，阴虚者去干姜，加女贞子、菟丝子、鳖甲；阳虚者去知母、黄柏，酌加鹿角片、补骨脂、仙灵脾、巴戟天、附子、肉桂等。损伤后期，瘀阻经络，肢体麻木，筋肉拘挛萎缩，关节僵硬，应祛风除痹、舒经活络，方用大活络丹、小活络丹等。若风寒乘虚入络、关节僵硬痹痛者，宜除风散寒、通利关节，方用蠲痹汤、宽筋散或独活寄生汤等。

2. 中医外治　对恢复期的筋膜间隔区综合征用理筋手法治疗效果较好。其步骤是先对前臂或小腿屈肌群从远端向近端，用摩、揉与推等手法，由浅入深，反复施行 5 分钟。然后逐一揉捏每个手指或足趾，被动地牵拉伸指（趾），以患者略感疼痛为度，不可用暴力。继而推、摩、揉与屈伸腕或踝关节，幅度由小渐大，维持 3 分钟左右。在患部外循经点揉穴位，上肢可取曲池、少海、合谷、内关、外关等穴，下肢可取足三里、丰隆、委中、承山、血海等穴，最后以双手揉搓前臂或小腿，放松挛缩肌群。

七、疾病转归

若筋膜间隔区综合征的病理变化局限于肢体部分组织，经修复后遗留肌肉挛缩和神经功能障碍，则对全身影响不大。如病变发生于几个筋膜间隔区或肌肉丰富的区域，大量肌组织坏死，致肌红蛋白、钾离子、磷离子、镁离子与酸性代谢产物等有害物质大量释放，将引起急性肾衰竭，全身不良反应严重则发展成挤压综合征。

（肖伟平）

第五节　挤压综合征

挤压综合征是指四肢或躯干肌肉丰厚部位，遭受重物长时间挤压，解除压迫后出现的肢体肿胀、肌红蛋白血症、肌红蛋白尿、高血钾、急性肾衰竭和低血容量性休克等症候群。

中医学认为挤压伤可引起人体内部气血、经络、脏腑功能紊乱。隋代巢元方在《诸病源候论·压迮坠堕内损候》中指出："此为人卒被重物压迮，或从高坠下，致吐下血，此伤五内故也。"清代胡廷光在《伤科汇纂·压迮伤》中记载："压迮伤，意外所迫致也。或屋倒墙塌，或木断石落，压著手足，骨必折断，压迮身躯，人必昏迷。"

筋膜间隔区综合征和挤压综合征同属一个疾病的范畴，两者具有相同的病理基础，前者是本病的一个局部类型或过程。筋膜间隔区综合征若救治不及时，合并肾功能障碍则发展成为挤压综合征。

一、病因病理

挤压综合征常见于房屋倒塌、工程塌方、交通事故等意外伤害中，战时或发生强烈地震等严重自然灾害时可大量发病，偶见于昏迷或手术的患者，由于肢体长时间被自身体重压迫所致。其病理变化归纳为以下几点。

（一）肌肉缺血坏死

挤压综合征的肌肉病理变化与筋膜间隔区综合征相似。患部肌肉组织遭受较长时间的压迫，在解除外界压力后，局部可恢复血供。但由于肌肉受压缺血产生的类组胺物质可使毛细血管通透性增加，从而引起肌肉发生缺血性水肿，肌内压上升，肌肉血循环发生障碍，形成缺血－水肿恶性循环，最后造成肌肉神经发生缺血性坏死。

（二）肾功能障碍

由于肌肉缺血坏死，大量血浆渗出，造成低血容量性休克，肾血流量减少；休克和严重损伤诱发应激反应释放血管活性物质，使肾脏微血管发生强而持久的痉挛收缩致肾小管缺血，甚至坏死。肌肉坏死产生大量肌红蛋白、肌酸、肌酐，以及钾离子、磷离子、镁离子等物质，同时肌肉缺血缺氧和酸中毒可使钾离子从细胞内大量逸出，导致血钾浓度迅速升高。外部压力解除后，有害的代谢物质进入体内血液循环，加重了创伤后机体的全身反应。在酸中毒和酸性尿状态下，大量的有害代谢物质沉积于肾小管，加重对肾脏的损害，最终导致急性肾功能衰竭。

综上所述，挤压综合征的发生主要是肾缺血和肌肉组织坏死所产生对肾脏有害的物质，导致急性肾功能障碍。

二、病因病机

（一）瘀阻下焦

伤后血溢脉外，恶血内留，阻隔下焦，腹中满胀，尿少黄赤，大便不通，舌红有瘀斑，苔黄腻，脉弦紧数。此型多见于发病初期。

（二）水湿潴留

伤后患处气滞血瘀，气不行则津液不能敷布而为水湿。水湿潴留则小便不通，津不润肠则大便秘结，二便不通则腹胀满，津不上承故口干渴；湿困脾胃，中焦运化失常则苔腻厚，脉弦数或滑数。此型多见于肾衰少尿期。

（三）气阴两虚

患者长时间无尿或少尿，加之外伤、发热、纳差，致气阴两虚。肾气虚，固摄失司，故有尿多。尿多则进一步伤阴及气，而出现气短、乏力、盗汗、面色白、舌质红、无苔或少苔和脉虚细数等气阴两虚的一系列表现。此型多见于肾衰多尿期。

（四）气血不足

患者饮食与二便已基本正常，但肢体肌肉尚肿痛，面色苍白，全身乏力，舌质淡苔薄，脉细缓。此型多见于肾衰恢复期。

三、诊查要点

（一）外伤史

详细了解受伤原因、方式、受压部位、范围，以及肿胀时间、伤后症状、诊治经过等。注意伤后有无红棕色、深褐色、茶色尿及尿量情况，若每日少于400mL为少尿，少于 100mL 为无尿。

（二）症状及体征

1. 全身　由于内伤气血、经络、脏腑，伤者出现头目晕沉，食欲不振，面色无华，胸闷腹胀，大便秘结。积瘀化热可出现发热、面赤、尿黄、舌红、舌边瘀紫、苔黄腻、脉弦紧数等。严重者心悸、气急，甚至发生面色苍白、四肢厥冷、汗出如油、脉芤等脱证证候。

（1）休克　少数患者早期可能不出现休克，或休克期短期不被发现。大多数患者由于挤压伤剧痛的刺激，组织广泛的破坏，血浆大量的渗出，迅速产生休克且不断加重。

（2）肌红蛋白血症与肌红蛋白尿　患者伤肢解除压力后，24 小时内出现褐色尿或自述血尿，同时尿量减少，比重升高，应考虑是肌红蛋白尿。肌红蛋白在血与尿中的浓度，待伤肢减压后 3 ～ 12 小时达到高峰，以后逐渐下降，1 ～ 2 天后恢复正常，为诊断挤压综合征的一个重要依据。

（3）高血钾症　肌肉坏死，细胞内的钾大量进入循环，加之肾衰竭排钾困难，在少尿期血钾可每日上升 2mmol/L，甚者 24 小时内升高至致命水平。高血钾同时伴有高血磷、高血镁及低血钙，可以加重血钾对心肌抑制和毒性作用，应连续监测。少尿期患者常死于高血钾症。

（4）酸中毒及氮质血症　肌肉缺血坏死后，大量磷酸根、硫酸根等酸性物质释出，使体液 pH 值降低，导致代谢性酸中毒。严重创伤后组织分解代谢旺盛，大量中间代谢产物集聚体内，非蛋白氮与尿素氮迅速升高，临床上可出现神志不清、呼吸深大、烦躁口渴、恶心等酸中毒与尿毒症一系列表现。

（5）再灌注伤　由于缺血再灌流可引起心、肺、肝、脑等器官的损伤，出现相应的功能障碍与症状。

2. 局部　皮肉受损，血溢脉外，瘀阻气滞，经络不通，故伤处疼痛与肿胀，皮下瘀血，皮肤有压痕，皮肤张力增加，受压处及周围皮肤有水疱。伤肢远端血循环状态障碍，部分患者动脉搏动可以不减弱，毛细血管充盈时间正常，但肌肉组织等仍有缺血坏死的危险。伤肢肌肉与神经功能障碍，如主动与被动活动及牵拉时出现疼痛，应考虑为筋膜间隔区内肌群受累的表现。检查皮肤与黏膜有无破损、胸腹盆腔内器官有无损伤等并发症。

四、实验室检查

（一）血尿常规检查

根据血红蛋白、红细胞计数与血细胞比容估计失血、血浆成分丢失、贫血或少尿期水潴留的程度。

（二）尿常规检查

休克纠正后首次排尿呈褐色或棕红色，为酸性，尿量少，比重高，内含红细胞、血与肌红蛋白、白蛋白、肌酸、肌酐和色素颗粒管型等。每日应记出入量，经常观测尿比重，尿比重低于 1.018 以下者，是诊断急性肾衰竭的主要指标之一。多尿期与恢复期尿比重仍低，尿常规可渐渐恢复正常。

（三）凝血功能检查

血小板与出凝血时间 可提示机体出凝血、溶纤机理的异常。

（四）生化检查

根据谷草转氨酶（AST），肌酸激酶（CK）测定肌肉缺血坏死所释放的酶，可了解肌肉坏死程度及其消长规律，CK > 10000U/L，即有诊断价值。通过测定肾功能、血清钾离子、镁离子、血肌红蛋白，可了解病情的严重程度。

五、治疗方法

（一）现场急救处理

1. 医护人员迅速进入现场，尽早解除重物对伤员的压迫，避免或降低本病的发生率。

2. 伤肢制动，减少坏死组织分解产物的吸收与减轻疼痛，强调活动的危险性。

3. 伤肢用凉水降温或裸露在凉爽的空气中；禁止按摩与热敷，防止组织缺氧的加重。

4. 不要抬高伤肢，避免降低其局部血压，影响血液循环。

5. 伤肢有开放性伤口和活动性出血者应止血包扎，但避免使用加压包扎法和止血带。

6. 凡受压伤员一律饮用碱性饮料（每 8 ～ 10g 碳酸氢钠溶于 1000mL 水中，再加适量糖与食盐）碱化尿液，避免肌红蛋白与酸性尿液作用后在肾小管中沉积。如不能进食者，可用 5% 碳酸氢钠 150mL 静脉点滴。

（二）伤肢处理

1. 早期切开减压 切开减压适应证为有明显挤压伤史；伤肢明显肿胀，局部张力高，质硬，有运动和感觉障碍者；尿肌红蛋白试验阳性（包括无血尿时潜血阳性）或肉眼见有茶褐色尿。

切开可使筋膜间隔区内组织压下降，改善静脉回流，恢复动脉血供，防止或减轻挤压综合征的发生或加重。如肌肉已坏死，清除坏死组织，同时引流可防止坏死分解产物进入血液，减轻中毒症状，减少感染的发生或减轻感染程度。切开后伤口用敷料包扎时不能加压；如伤口渗液量多，应保证全身营养供给，防治低蛋白血症。

2. 截肢 截肢适应证为伤肢肌肉已坏死，并见尿肌红蛋白试验阳性或早期肾衰的迹象；全身中毒症状严重、经切开减压等处理仍不见症状缓解、已危及伤员生命者；伤肢并发特异性感染，如气性坏疽等。

（三）急性肾衰的治疗

对挤压综合征患者，一旦有肾衰竭的证据，应及早进行透析疗法。本疗法可以明显降低由于急性肾衰所致高钾血症等造成的死亡，是一个很重要的治疗方法。有条件的医院可以做血透析（即人工肾）；腹膜透析操作简单，对大多数患者亦能收到良好效果。

（四）其他治疗

纠正电解质紊乱，随时监测血钾、钠、氯和钙的浓度，严格控制使用含钾量高的药物和食物，不用长期库存血，发生酸中毒立即给予纠正；增进营养，给予高脂高糖低蛋白食物；正确应用抗生素防治感染等。

（五）辨证论治

1. 瘀阻下焦 治宜化瘀通窍，方用桃仁四物汤合皂角通关散加琥珀。
2. 水湿潴留 治宜化瘀利水、益气生津，方用大黄白茅根汤合五苓散加减。
3. 气阴两虚 治宜益气养阴、补益肾精，方用六味地黄汤合补中益气汤加减。
4. 气血不足 治宜益气养血，方用八珍汤加鸡血藤、肉苁蓉、红花、木香。

（肖伟平　杨文龙）

第六节　脂肪栓塞综合征

脂肪栓塞综合征是指人体严重创伤或骨折手术后，骨髓腔内游离脂肪滴进入血液循环，在肺血管床内形成栓塞，引起一系列呼吸、循环系统的改变，病变以肺部为主，表现为呼吸困难、意识障碍、皮下及内脏瘀血和进行性低氧血症为主要特征的一组症候群。新生儿及老人均可发病，但以成年男性发病率最高，死亡病例中老年人比例最大。

一、病因病理

脂肪栓子的来源目前缺乏统一看法，以机械学说和化学毒素学说为主。

（一）机械学说

脂肪细胞的组织受损伤后，细胞破裂释放出脂肪小滴状的脂质。在血液脂肪滴和创伤（骨折）后机体应激反应共同作用下，血液流变学发生改变，使得血管内血液循环受阻，发生血管凝血，血管凝血后纤维蛋白沉积增大了脂肪滴的体积，从而导致肺部脂肪栓塞形成，造成机械性阻塞。

（二）化学学说

发生骨折或创伤后，机体应激反应通过交感神经－体液效应释放出大量的茶酚胺物质，增强了脂肪组织和肺部内酯酶活力，茶酚胺物质在肺酯酶的作用下水解，产生游离脂酸和甘油，肺部游离脂酸过多聚集，增强毛细血管的通透性，引发肺间质水疱和出血，最终导致以纤维蛋白栓子和肺不张为主要特征的肺部病理改变。

二、病因病机

（一）瘀阻肺络

患者创伤骨折后出现胸部疼痛、咳呛震痛，胸闷气急，痰中带血，神疲身软，面色无华，皮肤出现瘀血点，上肢无力伸举，脉多细涩。

（二）瘀贯胸膈

患者创伤骨折后出现神志恍惚，严重呼吸困难，口唇发绀，胸闷欲绝，脉细涩。

（三）瘀攻心肺

患者创伤骨折后昏迷不醒，有时出现痉挛、手足抽搐等症状，呼吸喘促，面黑，胸胀，口唇发绀，颈侧方、腋下和侧胸壁出现瘀斑。

三、诊查要点

（一）主要诊断

主要诊断标准包括呼吸系统症状、肺部 X 线影像学表现；皮肤尤其是头、颈及上胸部点状出血；非头部外伤导致的神志不清或昏迷；

（二）次要诊断

次要诊断标准包括血红蛋白＜ 100g/L、动脉血氧分压＜ 60mmHg。

（三）参考标准

参考标准包括发热（38 ～ 40℃）；心动过速、脉率快（120 次 / 分以上）；血中游离脂肪酸增加；血小板数量减少；血、尿液检查发现脂肪滴；血沉加快（大于 70mm/h）及血清脂肪酶升高。

若以上三种标准中出现有一项主要标准，而参考标准或次要标准在四项以上，则可以确诊为脂肪栓塞综合征。无主要标准，只有一项次要标准及四项以上参考标准这，则可诊断为隐形脂肪栓塞综合征。

四、临床分型

早期诊断将脂肪栓塞综合征分为三种类型，即暴发型、完全型（典型症状群）和不完全型（部分症状群，亚临床型）。因暴发型具有发病急的特点，在临床中还没有及时诊断时就已经死亡，尸体诊断也存在一定的局限性，因此暴发型诊断比较困难；亚临床型在临床中缺乏特异性表现，主要根据发热、心动过速及呼吸频率增高等进行诊断，此判断标准缺乏特异性表现，因此将该种诊断方式作为诊断标准有些牵强。

五、辅助检查

胸部 X 线和 CT 扫描能早期有效地发现肺脂肪栓塞，X 线片早期常呈阴性，部分患者肺纹理增浓，或两肺弥漫性结节状、斑片状边缘模糊的渗出性病灶，严重者可出现"暴风雪"样改变或弥漫性实变影。

肺脂肪栓塞的影像表现无明显特异性，较常规胸片来说，CT 扫描更具有优势。胸部 CT 主要表现为肺内多发结节灶（直径常 < 10mm），斑片状、云絮状渗出性病变或实变影，以及肺间质增厚等改变，以两肺背侧及外围为著；伴或不伴有胸腔积液，常无心脏增大。

六、治疗方法

目前尚无一种药物可以直接溶解脂肪、消除脂栓，因此均应以症状治疗为主。主要措施是对重要脏器（肺、脑）的保护，纠正缺氧和酸中毒，防止各种并发症。

（一）呼吸支持疗法

1. 部分症候群 可予以鼻管或面罩给氧，使氧分压维持 70mmHg 以上即可，创伤后 3 ～ 5 天以内应定期行血气分析和胸部 X 线检查。

2. 典型症候群 应迅速建立通畅气道，暂时性呼吸困难可先行气管内插管，病程长者应行气管切开。进行性呼吸困难、低氧血症患者应尽早择用机械辅助通气。

（二）保护脑部

1. 头部降温 用冰袋冷敷以减少耗氧量，保护脑组织。

2. 改善脑水肿 应用甘露醇治疗可以显著减轻脑水肿，消除自由基，防止脑细胞继发性损害。

3. 镇静药 与脑外伤冬眠疗法相同。

（三）药物疗法

1. 激素 激素是通过抑制炎症反应，降低血浆中的游离脂肪酸并提高动脉血氧分压在血浆中的含量。因此在有效的呼吸支持下血氧分压仍不能维持在 8kPa 以上时，可应用激素。一般采用大剂量氢化可的松，每日 1.0 ～ 1.5g，连续用 2 ～ 3 天，逐渐减量。

2. 抗脂肪酸药物 抗脂肪酸药物可以有效抑制创伤或骨折后高血脂、血管内纤溶活动。抑制骨折血肿内激肽释放和组织蛋白分解，减慢脂肪滴进入血流的速度，并可对抗血管内高凝和纤溶活动。治疗剂量，每日用 100 万 KIU。

3. 白蛋白 抗脂肪酸药物可与体内多余的游离脂肪酸结合，降低血中游离脂肪酸的浓度，减少其对血管的损伤；还可维持胶体渗透压防止肺间质水肿。

4. 其他药物　肝素、低分子右旋糖酐、氯贝丁酯等的应用尚无定论，应用时必须严密观察。

5. 抗生素　选用正确的抗生素，按常规用量，预防感染。

（四）骨折的治疗

根据骨折的类型和患者的一般情况而定，对严重患者可做临时外固定，对病情许可者可早期行内固定。

（五）辨证论治

1. 中药内治

（1）瘀阻肺络者宜活血化瘀、化痰通络，用化痰通络汤。

（2）瘀贯胸膈者宜豁痰醒神，用安宫牛黄丸合半夏白术天麻汤加减。

（3）瘀攻心肺者宜醒神开窍，其中亡阴宜益气养阴，用生脉饮加减；亡阳宜温阳固脱，用四逆汤和参附汤加减。

2. 针灸治疗　治疗原则以化瘀活血、通络化痰、调整阴阳。常选用涌泉、足三里、丰隆、血海、人中为主穴，内关、太冲、百会为配穴，昏迷则加十宣穴，呼吸困难则加素髎穴。暴发型者，病情危笃，若不及时采取有力措施，则死亡率较高。

七、疾病转归

脂肪栓塞是一种潜在的致命并发症，通常与股骨骨折和涉及股骨的矫形手术有关。脂肪栓塞综合征轻者有自然痊愈倾向，而肺部病变明显的患者经呼吸系统支持疗法，绝大多数可以治愈。对暴发型，病情危笃者，若未及时治疗，病死率较高。目前，脂肪栓塞的最佳治疗方法是早期预防和早期诊断。对于骨折患者，尤其是涉及股骨部位骨折的患者进行早期固定可能是最有效的预防措施。皮质类固醇虽然能有效降低脂肪栓塞的风险，但其具体疗效还不确切，需要进一步大样本随机对照研究给予循证医学临床证据支持。对于怀疑脂肪栓塞患者需要给予支持治疗并密切监测呼吸功能和生命体征，并且股骨骨折术后患者需要加强护理管理。

（杨文龙）

第十二章 骨伤病康复

【学习目标】

1. 掌握康复定义及运动康复原则，步行辅助器的使用方法。

2. 熟悉肌肉训练的分类及方法，下肢负重等级。

3. 了解围手术期快速康复定义及治疗要点，练功疗法的分类及作用。

第一节 骨伤病康复的基础

一、康复的定义

康复是复原的意思，是指运用有效措施促进患者肢体功能恢复、减轻残疾的影响和帮助残疾人重返社会。骨伤康复是康复医学重要组成部分，是在治疗原发疾病基础上，通过促进功能复原、功能代偿和功能替代三种途径实现功能康复。

康复属于中医学"治未病"范畴，强调"养生防病"，包含两个方面：一是"已病防变"，二是"未病先防"。"未病先防"的原则是预防疾病的发生，"已病防变"的原则是通过早期的康复诊断和治疗防止疾病进一步恶化，并避免复发。无论采取保守治疗或手术治疗，"治未病"理念应贯穿治疗全过程。

二、运动康复的原则

运动治疗是恢复肢体功能的主要疗法，应根据疾病性质、病程和患肢当前功能状态采取不同的治疗方法。遵循因人而异的个体化治疗原则，对患者进行全面检查，确切评估患肢残存能力。制订治疗计划需掌握以下原则。

（一）循序渐进

一方面要注意量（活动范围）的渐进，另一方面要注意质（方法）的渐进，练习以稍感疲劳为度。骨折康复早期阶段，受损肌群结构脆弱，肌力未恢复到正常水平之前，不宜勉强进行耐力增进练习。早期锻炼以等长收缩为主，中期锻炼以等张收缩为主，速度练习可提高肌肉收缩的质量，适用于康复后期阶段。

（二）持久及全身性锻炼

持久锻炼才能产生相应的疗效，如患者缺乏主动性，对治疗方案存疑，无法取得最佳疗效；锻炼局部肢体功能同时应重视全身体力改善，符合中医学整体观念。

（三）合理使用运动疗法

运动疗法一般分为三类：①根据力学和运动学原则来改善关节活动范围，增进肌力、耐力和提高全身体力。②神经促进法，即根据神经发育的生理规律促进和强化神经损伤修复。③功能丧失无法恢复时，采取补偿法、替代法。三者在康复实践中均得到广泛应用。

三、肌力训练

肌力训练在运动康复中占据重要地位，是针对肌萎缩的疗法，根据患肢肌力水平应采取相应运动方式，具体如下。

（一）肌力 0 级

训练目的为维持患者各关节的生理活动度及尽量恢复神经功能，训练手段为电针刺激及传递冲动练习。患者努力收缩瘫痪肌肉，大脑运动皮质发放神经冲动，经运动通路向周围传递，可增强神经营养，促进周围神经再生及功能康复，常与被动运动方式结合进行。

（二）肌力 1 ～ 2 级

肌肉已有一定的肌电活动，可采用肌电反馈电刺激法，即用肌电图表面电极拾取肌肉主动收缩时的肌电信号，加以放大，以启动脉冲电刺激以引起或加强肌肉收缩。是肌电生物反馈与电刺激疗法的结合，可取得较好疗效。此时，传递冲动能引起一定的肌肉收缩，可与被动运动结合，成为助力运动，需注意强调主观用力，仅需给予最低限度助力，以防止被动运动代替助力运动，助力可通过医生手法、健侧肢体，滑轮系统提供。

（三）肌力 3 ～ 4 级

骨伤疾病康复时如无严重神经损害，肌力多在 3 级以上，以抗阻练习为主。可利用肌肉的不同收缩方式进行抗阻练习（图 12-1）。

1. 等长收缩训练　等长收缩是指肌肉在收缩过程中肌肉长度不变，但肌肉内部的张力增加。等长练习即利用肌肉等长收缩进行的肌力练习，因不引起明显的关节运动，是骨科创伤后最早可以开始的练习，又称静力练习。

等长练习操作简便，应用广泛，可在肢体被固定、关节活动度明显受限、关节损伤包括软骨软化症或关节炎症等情况下进行，可预防肌萎缩或促进肌力恢复。缺点是以增强静态肌力为主，具显著角度特异性。

2. 等张收缩训练　等张收缩是指肌肉在收缩过程中张力保持不变，但长度缩短或延长，引起关节活动。等张练习又称动力性练习，即利用肌肉等张收缩进行的抗阻练习。

典型的方法是举起重物练习，如举哑铃、沙袋，或拉力器练习。特点是所举重物产生的运动负荷不变，肌肉产生的最大张力也不变。等张练习增进肌力的关键在于用较大阻力以求重复较少次数的运动引起肌肉疲劳，即大负荷少重复的原则。等张收缩练习可分为向心练习和离心练习，两者为日常活动必需，具体如下：

（1）向心练习　等张肌力练习时肌肉主动缩短，使肌肉的两端相互靠近。

（2）离心练习　由于阻力大于肌力，肌肉在收缩中被动拉长，致其两端互相分离。离心运动易产生迟发性肌肉酸痛，且需要肌肉保持足够的控制力，因此训练难度较向心练习更难。

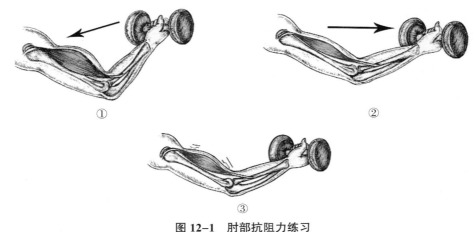

图 12-1　肘部抗阻力练习

①向心练习　②离心练习　③等长练习

3. 等动收缩训练　等动收缩是指在整个关节活动范围内肌肉以恒定的速度，且外界的阻力与肌肉收缩时肌肉产生的力量始终相等的肌肉收缩形式。由于在整个收缩过程中收缩速度是恒定的，等动收缩也可称为等速收缩。现已被公认为最先进的肌肉训练方法，但需要有昂贵配套设备辅助，因此推广受到限制。

（杨文龙）

第二节　围手术期加速康复

一、快速康复的定义

近年来，一些专家极力推广快速康复（ERAS）的理念，旨在通过多种围手术期干预措施（重点为无痛、无肿、无血、无吐、无风险）使得患者住院时间明显缩短，显著改善了患者术后康复速度，使得许多疾病的临床治疗模式发生了很大的变化。快速康复外科的概念是指在术前、术中及术后应用各种已证实有效的方法以减少手术应激及并发症，加速患者术后的康复。它是一系列有效措施的组合而产生的协同结果。

二、处理措施

（一）疼痛管理

骨科围手术期患者创伤大、术后疼痛剧烈且持续时间较长，更易导致患者精神焦虑，影响术后康复。可采用多模式镇痛方案，即术前药物超前镇痛、术中神经阻滞、局部"鸡尾酒"封闭、术后镇痛泵等。

中医对于损伤后疼痛一般分为以下几类。

1. 瘀血作痛　跌打损伤之后出现肿胀疼痛，瘀血内积，气血运行受阻，不通则痛；血液瘀积不散而凝结则见肿块紫暗。临证应先针刺受伤部位，排出瘀血以疏通壅塞经络，通则不痛。瘀血不去，新血不生，日久易致血虚，瘀血排出后，予以四物汤调血活血。

2. 血虚作痛　跌打损伤之后气血不足，肌肉筋骨失去濡养，不荣则痛。症见发热口渴，情绪烦躁，胸闷头晕。血为阴液，跌打损伤导致阴血亏虚，机体失却濡养，阴不制阳，以至阴虚内热。八珍汤加丹皮、麦冬、五味子、肉桂、骨碎补以益气养阴，活血补血。

3. 肌肉作痛　跌打损伤之后肌肉疼痛，荣卫气滞无法护卫人体不受外邪侵犯所致，宜用复元通气散。

4. 骨伤作痛　跌打损伤之后骨骼疼痛，皮色不变，宜用葱熨法，内服没药丸，隔日间服地黄丸。如骨折或骨碎，须酌情采取手法或手术治疗。

（二）血液管理

出血为创伤的常见病证，凡血不循常道，上溢于口鼻诸窍之鼻衄、齿衄、呕血、咯血，下出于二阴之便血、尿血及溢于肌肤之间的肌衄等均属本证范畴，治疗需减少出血、预防贫血、预防深静脉血栓。

1. 减少出血、预防贫血　措施为术中控制性降压、微创手术、应用氨甲环酸。因手术创伤损伤脉络，血溢脉外，离经之血化而为瘀，阻滞局部气血流通，经脉气机不畅，发为肿胀。中医辨证分型可分为血热证、气不摄血证、气随血脱证。肝经郁热，血热迫血妄行，可见各种出血，以疏肝清热为要；脾气虚弱，失去统摄，致血溢脉外，治宜健脾补气、益气。损伤大出血，气随血脱，阳气虚衰，此证危急，治以回阳救逆。

2. 预防深静脉血栓　深静脉血栓骨科创伤及关节置换后严重并发症，易致肢体肿胀疼痛，影响术后患肢功能康复，形成肺栓塞时可威胁患者生命。基本预防措施包括：①手术操作尽量轻柔、精细，避免静脉内膜损伤。②规范使用止血带。③术后抬高患肢，防止深静脉回流障碍。④常规进行静脉血栓的相关知识宣教，鼓励患者勤翻身、早期功能锻炼、主动和被动活动、做深呼吸和咳嗽动作，特别是老年患者这一点尤为重要。⑤术中和术后适度补液，多饮水，避免脱水。⑥建议患者改善生活方式，如戒烟、戒酒、控制血糖及血脂等。

（三）呕吐管理

不论是小手术或大手术，在快速康复计划中术后尽早地恢复正常口服饮食是一个重要的环节。为了达到这一目的，必须控制术后的恶心、呕吐及肠麻痹。使用 5-羟色胺受体拮抗剂、达哌啶醇、地塞米松等是有效的方法，而使用甲氧氯普胺常无效。研究表明，多途径地控制比单一使用止吐药更有效。另外，在止痛方案中应去除或减少阿片类药物的使用，这有利于减少术后恶心、呕吐的发生。

（杨文龙）

第三节　练功疗法

一、练功疗法基础

练功疗法又称功能锻炼，古称"导引"，它是通过自身锻炼防治疾病、增进健康、促进肢体功能恢复的一种疗法。患肢关节活动与全身功能锻炼能推动损伤部位气血流通和加速祛瘀生新，改善血液与淋巴液循环，促进血肿、水肿的吸收和消散，加速骨折愈合，使关节、经筋得到濡养，防止筋肉萎缩、关节僵硬、骨质疏松，有利于功能恢复。

（一）练功分类

1.按锻炼部位分类　按照锻炼部位可以分为局部锻炼和全身锻炼。

（1）局部锻炼　指导患者进行伤肢主动活动，防止组织粘连、关节僵硬、肌肉萎缩，尽快恢复功能。如肩关节受伤，练习耸肩、上肢前后摆动、握拳等；下肢损伤，练习踝关节背伸、跖屈，以及股四头肌舒缩活动、膝关节屈伸活动等。

（2）全身锻炼　指导患者进行全身锻炼，促使气血运行，恢复脏腑功能。全身功能锻炼可防病治病，补充方药之不及，促使患者更快恢复劳动能力。

2.按有无辅助器械分类　按照有无器械可以分为有器械锻炼和无器械锻炼。

（1）有器械锻炼　采用器械锻炼可加强伤肢力量，弥补徒手不足。如下肢各关节可采用大竹管搓滚舒筋及蹬车活动，肩关节练功可采用滑车拉绳，手指关节可采用搓转胡桃或小铁球等。

（2）无器械锻炼　不应用任何器械，依靠自身进行练功活动，简单方便有效，如太极拳、易筋经及八段锦等。

（二）练功疗法的作用

以练功疗法治疗骨关节以及软组织损伤，对提高疗效、减少后遗症有重要意义。骨伤科各部位练功法具有加强局部肢体关节的活动功能，促进全身气血运行、增强体力。练功疗法对损伤的防治作用可归纳如下：

1.活血化瘀，消肿定痛　损伤发生后瘀血凝滞，络道不通导致疼痛肿胀，练功可促进血液循环、活血化瘀，通则不痛，可消肿定痛。

2.濡养患肢关节筋络　损伤后期或肌筋劳损，局部气血不充，筋失所养，酸痛麻木。练功可促使血行通畅，化瘀生新，舒筋活络，濡养筋络，关节滑利，屈伸自如。

3. 促进骨折愈合 功能锻炼可活血化瘀、生新；改善气血之道不得宜通，利于续骨。在夹板固定下进行功能锻炼，可保持良好骨位，还可逐渐矫正骨折的轻度残余移位，骨折愈合与功能恢复并进，缩短疗程。

4. 防治筋肉萎缩 骨折或筋伤严重可导致肢体废用，因此骨折、扭伤、劳损及韧带不完全断裂，都应积极进行适当的功能锻炼，可使筋伤修复快，愈合快，功能恢复好，减轻或防止筋肉萎缩。

5. 避免关节粘连和骨质疏松 患肢长期固定和缺乏活动锻炼是导致关节粘连、僵硬强直以及骨质疏松发生的主要原因。积极、合理地进行功能锻炼，可以促使气血通畅，避免关节粘连、僵硬强直和骨质疏松，是保护关节功能的有效措施。

6. 扶正祛邪 局部损伤可致全身气血虚损、营卫不固及脏腑不和，风寒湿邪易乘虚侵袭。练功可扶正祛邪，调节机体功能，促使气血充盈，肝血肾精旺盛，筋骨强劲，关节滑利，有利于损伤和全身机能的恢复。

（三）练功注意事项

1. 内容和运动强度 应辨明病情，估计预后，因人而异，因病而异，再确定练功内容和运动强度，制订锻炼计划。根据疾病的病理特点，在医护人员指导下选择适宜疾病不同阶段的练功方法。对骨折患者更应分期、分部位对待。

2. 动作要领 正确指导患者练功，是取得良好疗效的关键。要将练功的目的、意义及必要性对患者进行解释，增强患者其练功的主动性、信心和耐心。

（1）上肢 上肢练功的目的是恢复手部功能。凡上肢各部位损伤，均应注意手部各指间关节、掌指关节的早期练功活动，特别注意保护各关节的灵活性，以防发生关节功能障碍。

（2）下肢 下肢练功目的是恢复负重和行走功能，保持各关节的稳定性。正常的行走功能需要依靠强大而有力的臀大肌、股四头肌和小腿三头肌。

3. 循序渐进 严格掌握循序渐进的原则是防止损伤加重和出现偏差的重要措施。练功动作应逐渐增加，动作幅度由小到大，锻炼时间由短到长，次数由少到多。

4. 随访 定期复查可以了解患者病情和功能恢复的程度，并适时调整练功内容和运动量，修订锻炼计

5. 其他注意事项

（1）练功时应思想集中，全神贯注，动作缓而慢。

（2）练功次数，一般每日 2 ～ 3 次。

（3）练功过程中，对骨折、筋伤患者，可配合热敷、熏洗、搽擦外用药水、理疗等。

（4）练功过程中要顺应四时气候的变化，注意保暖。

二、传统功法介绍

（一）八段锦

八段锦起源于北宋，至今共有八百多年的历史。锦者，誉其似锦之柔和优美。正如

明朝高濂在《遵生八笺》中记载："子后午前做，造化合乾坤。循环次第转，八卦是良因。""锦"字是由"金""帛"组成，以表示其精美华贵。除此之外，"锦"字还可理解为单个导引术式的汇集，如丝锦那样连绵不断，是一套完整的健身方法，如下所示（图12-2①）。

（二）五禽戏

五禽戏起源于东汉，至今共有1800年的历史。五禽戏是中国传统导引养生的一个重要功法，其创编者为华佗。华佗在《庄子》"二禽戏"的基础上创编了"五禽戏"。其名称及功效据《后汉书·方术列传·华佗传》记载："吾有一术，名五禽之戏：一曰虎，二曰鹿，三曰熊，四曰猿，五曰鸟。亦以除疾，兼利蹄足，以当导引。体有不快，起作一禽之戏，怡而汗出，因以著粉，身体轻便而欲食。普施行之，年九十余，耳目聪明，齿牙完坚。"如下所示（图12-2②）。

（三）易筋经

清代凌延堪在《校礼堂文集·与程丽仲书》中，认为《易筋经》是明代天台紫凝道人假托达摩之名所作。当然，还有其他说法，孰是孰非，莫衷一是。易筋经中多是导引、按摩、吐纳等中国传统的养生功夫，如下所示（图12-2③）。

图12-2　功法介绍
①八段锦　②五禽戏　③易筋经

（杨文龙）

第四节　步行辅助器的使用

辅助人体支撑体重，保持平衡和行走的工具称为助行器。下肢创伤导致患肢轻度负重或部分负重，需要借助步行辅助装置行走，帮助患者了解相关知识、并能够正确使用，可减少并发症的发生，安全、有效地发挥其作用。

一、负重等级

根据临床康复各阶段特征，可以将负重等级分为五级。

1. Ⅰ级　不负重，患肢不能下地。

2. Ⅱ 级　轻负重，可以用脚趾点地来维持平衡，点地重量不超过体重 10% 并不超过 6kg。

3. Ⅲ 级　部分负重，可以将身体部分体重分担在患肢上，但不超过体重的 30% 并不超过 30kg。

4. Ⅳ 级　可忍耐负重，可将大部分体重甚至所有重量负担在患肢，能忍耐即可，一般不超过 60kg。

5. Ⅴ 级　完全负重，可将所有体重负担在患肢。

骨折端达到骨性愈合，患肢肌肉能抵抗一定的阻力或肌力接近正常水平时，可考虑完全负重。一般为 8 周，不宜过早，否则会导致骨折畸形甚至内固定折弯、断裂，严重时需再次手术；也不宜过晚，部分患者对骨折愈合存虑，不敢完全负重行走，不利于康复。

二、负重前准备

（一）患者宣教

应向患者及家属进行步行辅助器的宣教，包括使用目的、意义、类型、各部分的功能、高度的确定、使用方法、身体需具备的条件，使患者及家属认识到正确使用拐杖对患肢康复的意义。根据患者自身条件选择合适的拐杖，为下地行走做好准备。

（二）肌力训练

使用步行辅助器需要上肢有一定的支撑力，负重前应进行增强上肢肌肌力的训练：在床上进行扩胸练习、徒手出拳、使用拉力器或哑铃；同时进行下肢股四头肌主动收缩训练，可促进患肢恢复，减轻肿胀，增强健肢的肌力，每日至少 3 次，每次 20 分钟。

三、步行辅助器分类及使用方法

步行辅助器目前多使用无动力式助行器，结构简单、价格低廉、使用方便，可以满足下肢骨伤患者术后需要功能锻炼、早期下床活动减少卧床并发症的需求。按照外形及功能特点可以分为双臂操作助行器和单臂操作助行器（拐杖）（图 12-3），其中前者可分为步行式和轮式助行器，后者又可分腋拐、肘拐、前臂拐和手杖四大类。按照稳定性大小排列为助行器（步行式＞轮式）＞腋拐＞臂拐＞手杖（多足大于单足），下面分别阐述。

（一）拐杖

1. 拐杖的分类及功能

（1）手杖　用单侧手支撑的普通手杖，按手杖杆类型分为直杆和弯杆，按底座类型可分为单脚手杖和

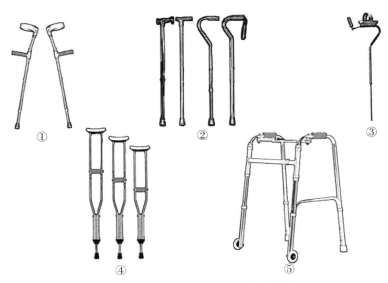

图 12-3　各种类型的步行辅助装置
①肘拐　②单足手杖　③前臂拐　④腋拐　⑤轮式助行器

多脚手杖。适用于手部握力好，有一定步行能力的患者。优点为简便轻巧、方便携带，缺点为稳定性较差。

（2）肘拐　肘拐上下两端均可调节，调节上端手柄以适应前臂长度，调节下端肘托改变肘杖的高度。适用于握力差，前臂力量较弱的患者，优点为轻便美观、用拐的手可以自由活动，缺点为稳定性比腋拐差。

（3）前臂拐　又称为平台拐，形态上配备前臂托板、固定带和把手利用前臂支撑的杖类助行器，适用于类风湿关节炎等手部疾病无法握住拐杖患者。优点为支撑面积大、稳定性特别是侧方稳定性良好。缺点为携带不方便。

（4）腋拐　利用腋下部位和手共同支撑，可单侧手或双侧手同时使用。双拐同时使用可减轻下肢承重，获得最大支撑力，提高行走的稳定性。适用于支撑能力较差者。优点是可靠稳定、可以按照负重等级调整患肢负重程度。缺点是笨重不便、使用不当容易压迫腋神经和腋部血管。

2. 腋拐的使用方法

腋拐在骨科临床使用最为广泛。拐杖的长短和把手位置可按患者身材高低、上臂长短进行调节。拐杖上端的横把及把手要柔软，避免磨伤皮肤，并用纱布缠绕（以便污染后及时更换），下端要有防滑橡皮头。腋下拐杖的长短和中间把手位置的高低可进行调节，以适应不同高度患者的需要。

（1）高度调整　腋拐长度应为身长减去 41cm，立位时大转子的高度即为把手或手杖的高度。测量时患者着常穿的鞋自然站立（注意保护防止摔倒），将腋拐轻轻贴近腋窝，在小趾前外侧 15cm 与足底平齐处即为腋拐最适当的长度（图 12-4）。腋拐高度过高会使患者悬挂在腋拐上，从而压迫神经血管，高度过低会造成患者身体倾斜，行走时应力不能完全传递到腋拐上。

（2）站立　患者身体站直，双手握住腋拐手柄以支撑体重，拐杖末端放于脚尖前 10cm、向外 10cm。拐杖手柄位置需要调节到双臂自然下垂时手腕水平，当需要支撑时，肘关节可以适当弯曲大约 20°。调节腋拐到合适高度，拐杖顶部距离腋窝约 3 指宽，切忌用腋窝顶于拐杖上，以免神经血管受压损伤。

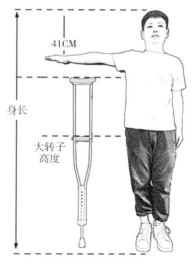

图 12-4　高度准备

（3）双拐行走

1）平地行走：根据步态特点可分为：①四点步态：适用于双侧下肢轻负重患者，如同四足动物的行走方式，即先出左侧拐杖，然后右脚跨出，接着右侧拐杖，最后左脚跨出，交替循环。②三点步态：适用于单侧下肢不能或只能部分负重的患者，行走时两侧拐杖同时跨出一小步，然后患肢跟进与拐齐平，最后健肢前进跟上（图 12-5）。③两点步态：适用于四点步态应用熟练者，速度较四点步态快且安全，因同时只有两点在支撑体重。步态为右拐与左脚同时向前，然后左侧拐杖与右脚再向前。

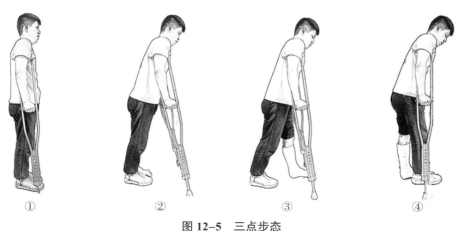

图 12-5　三点步态
①拄拐站立　②双拐先行　③患肢前进　④健肢跟进

2）上下台阶：平地行走熟练后，在行上下楼梯，上楼梯顺序为健肢、患肢、双拐；下楼梯顺序为双拐、患肢、健肢。

（4）单拐行走　使用单拐原则为部分负重行走，拐杖多置于健侧，目的包括：①患肢骨折端刚愈合，不能完全负重，让健肢借助单拐的力量支撑全身重量。②纠正成角：小腿骨折、股骨骨折有轻度向外成角者，先去患侧拐，可纠正和防止成角加重。③单拐置于健侧腋下与患肢前行，增加支持面积，增强了稳定性。行走顺序：健肢先行，患肢及对侧单拐再同时前行，健肢再行，如此往复。

（二）助行器

由于助行器稳定性最好，适用于身体较弱，单侧下肢无力，行走时需要更可靠的稳定性，容易摔跤的老年患者，例如髋膝关节置换术后患者。按照助行器形态可以分为步行式助行器和轮式助行器（图 12-6）。

1.高度准备 助行器高度过低则会造成身体前倾不利于行走，可以通过调整助行器支撑腿的高度使之达到合适水平。助行器高度合适时，患者手握助行器时，身体可以完全伸直，肘部呈微屈曲状态。

2.站立 患者站于助行器中间，形成前左右方向包围，家属可立于侧后方保护。

3.行走

（1）调整助行器高度，患者手扶助行器站立时身体直立，双肘呈稍弯曲状态。

（2）行走时先移动助行器，患肢移动，健肢跟上，或超越患肢一小步。

（3）早期使用应有专人保护在侧后方，防止患者头晕或失去平衡导致摔倒。

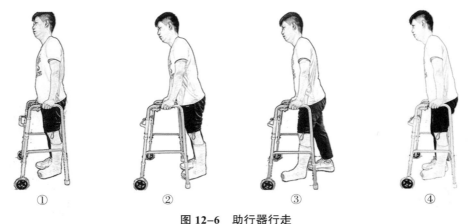

①   ②   ③   ④

图 12-6　助行器行走

①站立　②助行器先行　③患肢前进　④健肢跟进

（杨文龙）

主要参考书目

（1）詹红生，杨凤云．中医骨伤科学．北京：人民卫生出版社，2021.

（2）黄桂成，王拥军．中医骨伤科学．北京：中国中医药出版社，2016.

（3）杨明．中药药剂学．北京：中国中医药出版社，2016.

（4）李继承，曾园山．组织学与胚胎学．北京：人民卫生出版社，2018.

（5）韦贵康．实用中医骨伤科学．上海：上海科学技术出版社，2006.

（6）王鸿利，张丽霞．实验诊断学．北京：人民卫生出版社，2015.

（7）刘玉清，金征宇．医学影像学．北京：人民卫生出版社，2015.

（8）裴国献．数字骨科学．北京：人民卫生出版社，2016.

（9）陈孝平．外科学．北京：人民卫生出版社，2018.

（10）陈文彬，潘祥林．诊断学．北京：人民卫生出版社，2013.

（11）裴福星，翁习生．现代关节置换术加速康复与围手术期管理．北京：人民卫生出版社，2017.

（12）董福慧．中医正骨学．北京：人民卫生出版社，2005

（13）孙树椿．中医筋伤学．北京：人民卫生出版社，2006

（14）何洪阳．现代骨伤诊断与治疗．北京．人民卫生出版社，2002

（15）胥少汀，葛宝丰．实用骨科学．郑州：河南科学技术出版社，2019.

（16）邱贵兴，高鹏．奈特简明骨科学彩色解剖图谱．北京：人民卫生出版社，2007.

（17）陈启明．骨科基础科学．北京：人民卫生出版社，2001.

（18）徐万鹏，冯传汉．骨科肿瘤学．北京：人民军医出版社，2008.

（19）刘怀军，江建明．CT 和 MRI 阅片原则和报告书写规范．北京：中国医药科技出版社，2007.

（20）王云钊．中华影像医学．北京：人民卫生出版社，2002.

（21）格林斯潘．实用骨科影像学．北京：科学出版社，2012.

（22）格林斯潘．骨放射学．北京：中国医药科技出版社，2018.

（23）黎鳌．现代创伤学．北京：人民卫生出版社，1996.

（24）葛宝丰．创伤外科学．兰州；甘肃人民出版社，1985.

（25）王和鸣．中医骨伤科学基础．上海：上海科学技术出版社，1996.

（26）陈寿康．创伤诊断学．北京；人民军医出版社，1991.

（27）魏晴，郑山根．现代临床输血指南．武汉：华中科技大学出版社，2019.